高等职业教育“十四五”规划畜牧兽医宠物大类新形态纸数融合教材

U0193679

动物微生物与免疫技术

DONGWU WEISHENGWU YU MIANYI JISHU

主　编　杨　文　沈　萍　欧阳艳

副主编　方磊涵　向金梅　曹洪志　赵秀敏　刘莎莎　张小苗

编　者　（按姓氏笔画排序）

方磊涵　商丘职业技术学院
艾迪耶・萨比尔江　伊犁职业技术学院
向金梅　湖北生物科技职业学院
刘莎莎　娄底职业技术学院
杨　文　内江职业技术学院
沈　萍　湖南生物机电职业技术学院
张小苗　大理农林职业技术学院
陈　曦　湖南环境生物职业技术学院
欧阳艳　湖北三峡职业技术学院
赵秀敏　河南农业职业学院
赵福庆　辽宁农业职业技术学院
郭　勇　浙江美保龙生物技术有限公司
诸明欣　内江职业技术学院
曹洪志　宜宾职业技术学院
戴碧红　内江职业技术学院
魏椿萱　兰州现代职业学院

華中科技大學出版社
http://press.hust.edu.cn
中国・武汉

内容简介

本书为高等职业教育"十四五"规划畜牧兽医宠物大类新形态纸数融合教材。

本书除绪论外，共六个项目，包括细菌、病毒、其他微生物、消毒与灭菌、抗感染免疫、微生物的其他应用，大部分项目还编写有对应技能训练。

本书除了适用于高职高专畜牧兽医、动物医学、动物营养、动物防疫与检疫等相关专业外，也可作为企业技术人员的培训教材，还可作为广大畜牧兽医工作者短期学习、技术服务和继续学习的参考书。

图书在版编目(CIP)数据

动物微生物与免疫技术/杨文，沈萍，欧阳艳主编. —武汉：华中科技大学出版社，2022.8(2024.8 重印)
ISBN 978-7-5680-8545-8

Ⅰ. ①动… Ⅱ. ①杨… ②沈… ③欧… Ⅲ. ①兽医学-微生物学-高等职业教育-教材 ②兽医学-免疫学-高等职业教育-教材 Ⅳ. ①S852

中国版本图书馆 CIP 数据核字(2022)第 128183 号

动物微生物与免疫技术 杨 文 沈 萍 欧阳艳 主编
Dongwu Weishengwu yu Mianyi Jishu

策划编辑：罗 伟
责任编辑：丁 平 李艳艳
封面设计：廖亚萍
责任校对：刘小雨
责任监印：周治超
出版发行：华中科技大学出版社(中国·武汉) 电话：(027)81321913
武汉市东湖新技术开发区华工科技园 邮编：430223
录 排：华中科技大学惠友文印中心
印 刷：武汉科源印刷设计有限公司
开 本：889mm×1194mm 1/16
印 张：10
字 数：295 千字
版 次：2024 年 8 月第 1 版第 3 次印刷
定 价：39.80 元

华中出版

本书若有印装质量问题，请向出版社营销中心调换
全国免费服务热线：400-6679-118 竭诚为您服务
版权所有 侵权必究

高等职业教育“十四五”规划
畜牧兽医宠物大类新形态纸数融合教材

编审委员会

委员（按姓氏笔画排序）

于桂阳　永州职业技术学院
王一明　伊犁职业技术学院
王宝杰　山东畜牧兽医职业学院
王春明　沧州职业技术学院
王洪利　山东畜牧兽医职业学院
王艳丰　河南农业职业学院
方磊涵　商丘职业技术学院
付志新　河北科技师范学院
朱金凤　河南农业职业学院
刘　军　湖南环境生物职业技术学院
刘　超　荆州职业技术学院
刘发志　湖北三峡职业技术学院
刘鹤翔　湖南生物机电职业技术学院
关立增　临沂大学
许　芳　贵州农业职业学院
孙玉龙　达州职业技术学院
孙洪梅　黑龙江职业学院
李　嘉　周口职业技术学院
李彩虹　南充职业技术学院
李福泉　内江职业技术学院
张　研　西安职业技术学院
张龙现　河南农业大学
张代涛　襄阳职业技术学院
张立春　吉林农业科技学院
张传师　重庆三峡职业学院
张海燕　芜湖职业技术学院
陈　军　江苏农林职业技术学院
陈文钦　湖北生物科技职业学院
罗平恒　贵州农业职业学院
和玉丹　江西生物科技职业学院
周启扉　黑龙江农业工程职业学院
胡　辉　怀化职业技术学院
钟登科　上海农林职业技术学院
段俊红　铜仁职业技术学院
姜　鑫　黑龙江农业经济职业学院
莫胜军　黑龙江农业工程职业学院
高德臣　辽宁职业学院
郭永清　内蒙古农业大学职业技术学院
黄名英　成都农业科技职业学院
曹洪志　宜宾职业技术学院
曹随忠　四川农业大学
龚泽修　娄底职业技术学院
章红兵　金华职业技术学院
谭胜国　湖南生物机电职业技术学院

网络增值服务

使用说明

欢迎使用华中科技大学出版社医学资源网 yixue.hustp.com

1 教师使用流程

（1）登录网址：http://yixue.hustp.com（注册时请选择教师用户）

（2）审核通过后，您可以在网站使用以下功能：

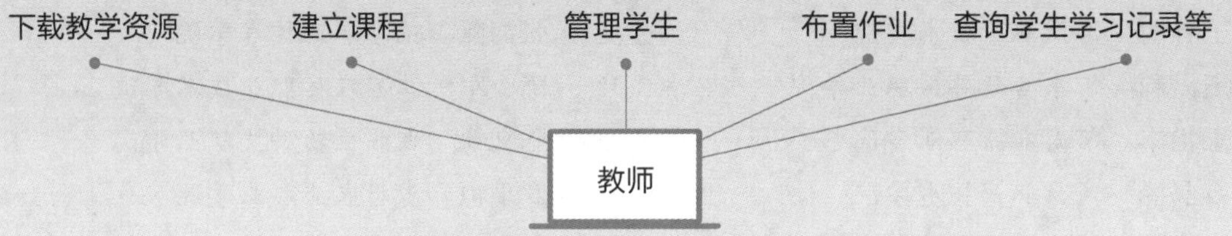

2 学员使用流程

（建议学员在PC端完成注册、登录、完善个人信息的操作）

（1）PC 端操作步骤

①登录网址：http://yixue.hustp.com（注册时请选择普通用户）

②查看课程资源：（如有学习码，请在个人中心－学习码验证中先验证，再进行操作）

（2）手机端扫码操作步骤

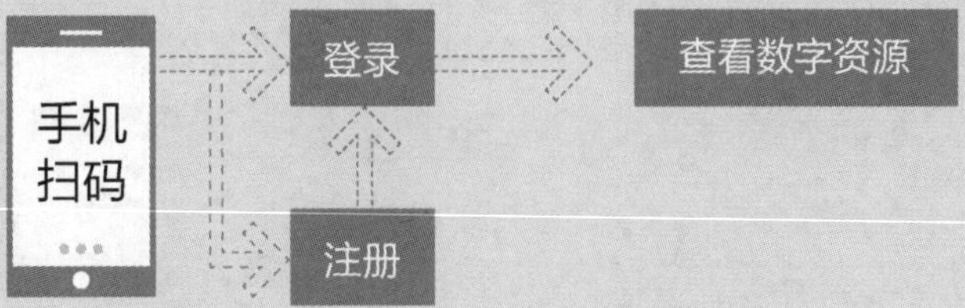

出版说明

随着我国经济的持续发展和教育体系、结构的重大调整，尤其是2022年4月20日新修订的《中华人民共和国职业教育法》出台，高等职业教育成为与普通高等教育具有同等重要地位的教育类型，人们对职业教育的认识发生了本质性转变。作为高等职业教育重要组成部分的农林牧渔类高等职业教育也取得了长足的发展，为国家输送了大批"三农"发展所需要的高素质技术技能型人才。

为了贯彻落实《国家职业教育改革实施方案》《"十四五"职业教育规划教材建设实施方案》《高等学校课程思政建设指导纲要》和新修订的《中华人民共和国职业教育法》等文件精神，深化职业教育"三教"改革，培养适应行业企业需求的"知识、素养、能力、技术技能等级标准"四位一体的发展型实用人才，实践"双证融合、理实一体"的人才培养模式，切实做到专业设置与行业需求对接、课程内容与职业标准对接、教学过程与生产过程对接、毕业证书与职业资格证书对接、职业教育与终身学习对接，特组织全国高等职业院校编写了这套高等职业教育"十四五"规划畜牧兽医宠物大类新形态纸数融合教材。

本套教材充分体现新一轮数字化专业建设的特色，强调以就业为导向、以能力为本位、以岗位需求为标准的原则，本着高等职业教育培养学生职业技术技能这一重要核心，以满足对高层次技术技能型人才培养的需求，坚持"五性"和"三基"，同时以"符合人才培养需求，体现教育改革成果，确保教材质量，形式新颖创新"为指导思想，努力打造具有时代特色的多媒体纸数融合创新型教材。本教材具有以下特点。

(1)紧扣最新专业目录、专业简介、专业教学标准，科学、规范，具有鲜明的高等职业教育特色，体现教材的先进性，实施统编精品战略。

(2)密切结合最新高等职业教育畜牧兽医宠物大类专业课程标准，内容体系整体优化，注重相关教材内容的联系，紧密围绕执业资格标准和工作岗位需要，与执业资格考试相衔接。

(3)突出体现"理实一体"的人才培养模式，探索案例式教学方法，倡导主动学习，紧密联系教学标准、职业标准及职业技能等级标准的要求，展示课程建设与教学改革的最新成果。

(4)在教材内容上以工作过程为导向，以真实工作项目、典型工作任务、具体工作案例等为载体组织教学单元，注重吸收行业新技术、新工艺、新规范，突出实践性，重点体现"双证融合、理实一体"的教材编写模式，同时加强课程思政元素的深度挖掘，教材中有机融入思政教育内容，对学生进行价值引导与人文精神滋养。

(5)采用"互联网+"思维的教材编写理念，增加大量数字资源，构建信息量丰富、学习手段灵活、学习方式多元的新形态一体化教材，实现纸媒教材与富媒体资源的融合。

(6)编写团队权威，汇集了一线骨干专业教师、行业企业专家，打造一批内容设计科学严谨、深入浅出、图文并茂、生动活泼且多维、立体的新型活页式、工作手册式、"岗课赛证融通"的新形态纸数融合教材，以满足日新月异的教与学的需求。

本套教材得到了各相关院校、企业的大力支持和高度关注，它将为新时期农林牧渔类高等职业教育的发展做出贡献。我们衷心希望这套教材能在相关课程的教学中发挥积极作用，并得到读者的青睐。我们也相信这套教材在使用过程中，通过教学实践的检验和实践问题的解决，能不断得到改进、完善和提高。

高等职业教育"十四五"规划畜牧兽医宠物大类
新形态纸数融合教材编审委员会

前言

动物微生物与免疫技术是畜牧兽医、动物医学、动物营养、动物防疫与检疫等专业的一门重要的专业基础课程，在专业学习中占有非常重要的地位，可以为动物病理、动物药理、动物传染病、兽医卫生检验、动物内科、动物外产科、动物环境卫生、动物生产技术等后续课程奠定理论基础，同时训练学生相关操作技能。

为满足现代畜牧业发展对高素质技能型人才知识结构与技能的要求，本教材的编写注重培养相关岗位人员必需的基本知识和基本技能，坚持“以能力为本位，以就业为导向”的重要原则，淡化学科体系，强化岗位要求，重视能力的培养。在内容的安排上，按照畜牧兽医类专业岗位群所需要的基本理论和基本技能为主线设计教学内容，紧密联系生产实际，将知识和技能融为一体，尽量将动物微生物领域的新知识、新技术融入教材之中。本教材的编写尽量做到适用、实用、够用，使之可操作性强，符合高职学生学习和就业的需求。

全书配套丰富的立体化数字资源，如课件、案例、微视频、微课、动画、在线答题等，以二维码的形式呈现；同时融入课程思政内容，突出岗课赛证融通；本教材加强理实一体、工学结合、校企合作，尽可能与实际工作岗位技能紧密衔接。

我国地域辽阔，畜牧业发展水平不一。各地教学条件与人才需求各不相同，因此各学校可根据各自实际情况选取相关教学内容进行教学，以便更有针对性地解决生产中的问题。

本教材编写分工如下：绪论、技能训练七由郭勇编写，项目一任务一、任务二和技能训练一至六由沈萍编写，项目一任务三、任务四和技能训练十一、十二由戴碧红编写，项目一任务五由诸明欣编写，项目二任务一、任务二、任务三由刘莎莎编写，项目二任务四和技能训练八、九、十由欧阳艳编写，项目二任务五、项目三由赵秀敏编写，项目四由艾迪耶·萨比尔江编写，项目五任务一、任务二由方磊涵编写，项目五任务三、任务四、任务五由向金梅编写，项目五任务六、任务七、任务八和技能训练十三、十四、十五由曹洪志编写，项目六由陈曦编写，赵福庆、张小苗、魏椿萱负责书稿审校工作，杨文负责全书统稿与数字化资源制作和策划工作。

除编写人员外，杨兴涛、李福泉、张娟、张玲、段茜、温倩、杨薇参加了本教材数字资源的建设工作。

由于编写时间仓促，编者水平有限，经验不足，教材中缺点、错误之处在所难免，敬请广大读者提出宝贵意见，以便今后进一步修订。

编　者

目录

绪　论

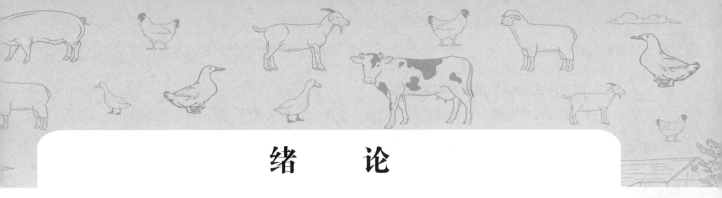

一、微生物的概念、种类与特点

二维码 0-1

微生物是指存在于自然界的一大群个体微小、结构简单、肉眼不能直接看见，必须借助光学显微镜（光镜）或电子显微镜（电镜）放大数百倍、数千倍，甚至数万倍才能观察到的微小生物。

根据微生物有无细胞的基本结构、分化程度、化学组成等特点，可将其分为三大类。

视频：绪论

（一）非细胞型微生物

该类微生物无细胞结构，缺乏产生能量的酶系统，能通过细菌滤器，由单一类型的核酸（RNA/DNA）和蛋白质外壳组成，必须在活细胞内才能增殖。病毒即为此类微生物。

（二）原核细胞型微生物

该类微生物具备细胞结构，但细胞核分化程度低，仅有核质（即 DNA）盘绕而成的拟核，无核膜和核仁，不具备核的形态，除核糖体外无其他细胞器。该类微生物包括细菌、衣原体、立克次体、支原体、螺旋体和放线菌。

（三）真核细胞型微生物

该类微生物的细胞核分化程度较高，具有核膜和核仁，具备典型的细胞核形态，胞质内具有多种完整的细胞器，如内质网、高尔基体、线粒体等。真菌属于此类微生物。

绝大多数微生物对人类和动、植物是有益的，而且有些是必需的。自然界中，N、C、S 等元素的循环要依靠有关的微生物的代谢活动来完成。例如，土壤中的微生物能将死亡动、植物的有机氮化物转化为无机氮化物，以供植物生长，而植物又为人类和动物所食用。因此，没有微生物，植物就不能进行代谢，人类和动物也将难以生存。

在农业方面，可以应用微生物制造菌肥、植物生长激素等，也可以利用微生物感染昆虫这一自然现象来杀死害虫。

在工业方面，微生物在食品、皮革、纺织、石油、化工、冶金等行业的应用日趋广泛。例如：采用盐酸水解法生产 1 吨味精需要 30 吨小麦，现改用微生物发酵法生产 1 吨味精只需 3 吨薯粉。

在医药工业方面，许多抗生素是微生物的代谢产物，也可应用微生物来制造维生素、辅酶、ATP 等药物。

二、微生物学与免疫学发展简史

二维码 0-2

（一）微生物学与免疫学经验时期

古代人已将微生物知识用于工农业生产和疾病防治之中。古埃及在 5000 多年前就掌握了啤酒酿造技术。中国距今 4000 多年的夏禹时代就有仪狄造酒的记载。酱油、醋、酒的发明都很早，但是缺乏文字记载，而北魏贾思勰《齐民要术》一书是最早记载酱油、醋、酒制作过程的著作。

在预防医学方面，明代李时珍在《本草纲目》中指出，将患者的衣服蒸过再穿，患者就不会再感染到疾病，表明那时候已有消毒的记载。

古代人早已认识到天花是一种烈性传染病，一旦与天花患者接触，几乎都将受感染，且死亡率极高。但已康复者去护理天花患者，则不会再得天花。这种免得瘟疫的现象，是“免疫”一词的最早概念。我国祖先在这个现象的启发下，开创了预防天花的人痘接种法，在明隆庆年间，人们已经广泛使用人痘接种法，该法先后传至俄国、朝鲜、日本、土耳其、英国等国家，这是我国在预防医学上的一大贡献。

Note

（二）微生物学与免疫学实验时期

1. 微生物的发现 首先观察到微生物的是荷兰人列文虎克，他于1676年创制了一架能放大266倍的原始显微镜，检查了污水、齿垢、粪便等标本，发现许多肉眼看不见的微小生物，并正确地描述了微生物的形态。

19世纪60年代，欧洲一些国家的酿酒和蚕丝工业分别发生酒味变酸和蚕病流行，这促进了欧洲人对微生物的研究。法国科学家巴斯德首先用实验证明有机物质发酵和腐败是由微生物引起的，而酒类变质是因污染了杂菌所致，从而推翻了当时盛行的"自然发生说"。巴斯德的研究，开始了微生物的生理学时代。

巴斯德为防止酒类变质，创建了巴氏消毒法。英国外科医生李斯特创建了苯酚喷洒手术室和煮沸手术用具，以防止术后感染的方法，为防腐、消毒以及无菌操作奠定了基础。

德国学者科赫创建固体培养基，从环境或患者排泄物等标本中分离细菌使其成为纯培养物，利于对各种细菌的特性进行分别研究。他还创建了染色方法和实验动物感染法，为发现多种传染病的病原菌提供了实验手段。在19世纪的最后20年中，科赫和在他带动下的一大批学者相继发现并成功分离培养许多传染病的病原菌，如炭疽芽孢杆菌、伤寒沙门菌、结核分枝杆菌、霍乱弧菌、白喉棒状杆菌、葡萄球菌、破伤风梭菌、脑膜炎奈瑟菌、鼠疫耶尔森菌、肉毒梭菌、痢疾志贺菌等。

科赫根据对炭疽芽孢杆菌的研究，提出了著名的科赫法则，科赫法则在鉴定一种新病原体时具有重要的指导意义。

1892年，俄国学者伊凡诺夫斯基发现了第一个病毒，即烟草花叶病病毒。1897年，Loeffler和Frosch发现动物口蹄疫病毒。对人致病的病毒首先被证实的是黄热病病毒。细菌病毒（噬菌体）则分别由Twort（1915年）和d'Herelle（1917年）发现。随后，人们相继分离出许多人类和动物、植物致病性病毒。

2. 免疫学的兴起 18世纪末，英国琴纳创建牛痘预防天花的方法，为预防医学开辟了广阔天地。随后，巴斯德成功研制鸡霍乱、炭疽和狂犬病疫苗。

人们对感染免疫现象本质的认识始于19世纪末。当时有两种不同的学术观点：一派是以俄国梅契尼可夫为首的吞噬细胞学说，另一派是以德国艾利希为代表的体液抗体学说。两派长期争论不休。不久，Wright在血清中发现了调理素抗体，并证明了吞噬细胞的作用在体液抗体的参与下可大为增强，两种免疫因素是相辅相成的，从而统一了两学说间的矛盾，使人们对免疫机制有了一个较全面的认识。

澳大利亚学者Burnet于1958年提出了关于抗体生成的克隆选择学说。该学说的基本观点是将机体的免疫现象建立在生物学的基础上，它不仅阐明了抗体产生的机制，同时可对抗原的识别、免疫记忆的形成、自身耐受的建立和自身免疫的发生等重要免疫生物学现象作出解答。这样，免疫学跨越了感染免疫的范畴，逐渐形成了生物医学中的一门新学科。

（三）现代微生物学与免疫学时期

近年来，科学技术的发展，尤其是生物化学、遗传学、细胞生物学、分子生物学等学科的发展，以及电镜、色谱、免疫标记、分子生物学技术的进步，大大促进了微生物学与免疫学的发展。

但是，微生物学与免疫学还有很多问题悬而未决，如多种病毒性疾病的致病机制尚未阐明，对病毒性疾病还缺乏有效的治疗措施。细菌的耐药性变异、微生物诊断方法与技术的标准化等都有待于进一步研究解决。此外，新病原体以及再现病原体（多为变异或多重耐药）所致的传染性疾病易暴发、流行。因此，应加强有效疫苗、快速诊断、抗病毒药物、抗微生物的中草药以及病原微生物基因组的测序等方面的研究，为微生物学与免疫学的发展、保障动物与人类的健康做出应有的贡献。

三、动物微生物与免疫技术的任务

动物微生物与免疫技术是畜牧兽医、动物医学、动物防疫与检疫等专业的一门重要的专业基础课程，可为学生打下微生物学与免疫学理论基础和操作技能基础，可为今后学习动物病理、动物药

Note

理、动物传染病、兽医卫生检验、动物内科、动物外产科、动物环境卫生学、动物生产技术等课程提供必要的基础理论知识和操作技能。因此，这门课程在畜牧兽医、动物医学、动物防疫与检疫等专业的学习中占有非常重要的地位。学习动物微生物与免疫知识可以为诊断、防治动物感染性疾病，保障畜牧业生产服务，还可利用相关知识为环境保护、食品安全服务。

Note

项目一 细 菌

项目目标

【知识目标】

1. 掌握细菌的基本形态、大小。
2. 掌握细菌细胞的基本结构、特殊结构及功能。
3. 掌握细菌生理特性及生长繁殖的条件。
4. 掌握动物细菌性疾病实验室诊断一般程序和方法。
5. 掌握细菌的致病作用。

【能力目标】

1. 能熟练使用显微镜观察细菌的形态与结构。
2. 能正确进行常用培养基制备、细菌培养及涂片、染色等操作。
3. 能正确进行细菌性病料的采集、保存与送检。
4. 能正确使用与维护微生物实验室常用仪器。
5. 了解细菌生化鉴定的方法。

【素质与思政目标】

1. 严格遵守《病原微生物实验室生物安全管理条例》等畜牧兽医法规，具有遵纪守法的思想规范和意识。
2. 培养互助协作的团队精神和认真的工作态度及社会责任感。
3. 热爱畜牧兽医事业，培养科学求实的态度、严谨细致的作风和开拓创新的精神。
4. 培养规范操作、勤俭节约等素质与主人翁意识。

案例引入

某猪场有2月龄的断奶仔猪发病，发病仔猪关节肿胀，跛行，严重的无法站立，取发病仔猪关节液涂片经革兰染色，发现菌体被染成紫色，短链排列。

问题：该病最有可能的病原是什么？确切诊断该病还需要做哪些工作？

任务一 细菌的形态学检查技术

二维码 1-1

细菌属于单细胞原核微生物，个体微小，结构简单，没有完整细胞核，只有核质，无核膜和核仁，不能进行有丝分裂，除核糖体外，无其他细胞器。

一、细菌的大小与形态

（一）细菌的大小

细菌个体非常微小，须经染色后借助显微镜放大数百倍甚至上千倍才能看到，细菌大小常用微

Note

米(μm)作为单位。一般球菌以直径表示,杆菌和螺旋菌用长和宽表示。如一般球菌的直径为 0.5～2.0 μm,杆菌长 1～10 μm,宽 0.3～1.0 μm,螺旋菌以其两端的直线距离为长度,一般长 2～20 μm,宽 0.2～1.2 μm。

视频:细菌的大小与形态

(二) 细菌的基本形态

细菌有三种基本形态,即球形、杆形和螺旋形,据此可将细菌分为球菌、杆菌和螺旋菌(图 1-1、图 1-2)。

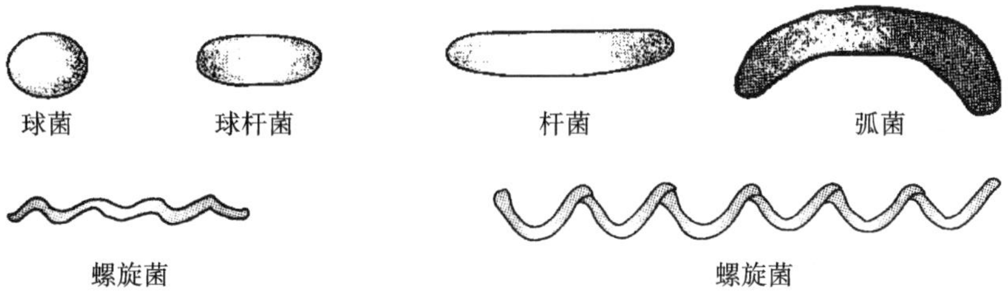

图 1-1　细菌的基本形态

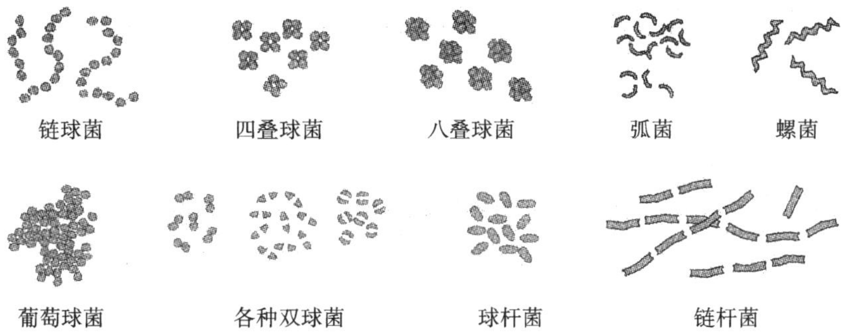

图 1-2　细菌的各种形态及排列式

1. 球菌　菌体呈球形或近似球形,根据球菌分裂的方向以及分裂后排列方式的不同,又分为以下几种。

(1) 微球菌:分裂后单个散在,菌体多为正球形。

(2) 双球菌:在一个平面上分裂,分裂后两个菌体成双排列,两两相连,如脑膜炎双球菌、肺炎双球菌。

(3) 链球菌:在一个平面上分裂,分裂后的菌体排列成链状或呈长链排列,如猪链球菌。

(4) 葡萄球菌:在多个平面上分裂,分裂后菌体无规律地堆积成一串葡萄状,如金黄色葡萄球菌。

(5) 四叠球菌和八叠球菌:在多个平面上分裂,分裂后 4 个菌体排列成正方形,称为四叠球菌,8 个菌体黏附成包裹状,称为八叠球菌。

2. 杆菌　杆菌一般呈正圆柱形,也有近似卵圆形的。菌体多数平直,少数微弯曲;两端多为钝圆,少数平截。其长短、大小、粗细差异很大,大的杆菌(如炭疽芽孢杆菌)长 3～10 μm,中等杆菌(如大肠埃希菌)长 2～3 μm,小杆菌(如布氏杆菌)长仅 0.6～1.5 μm。

杆菌的分裂方向与菌体长轴垂直(横分裂),多数杆菌分裂后单个存在,称为单杆菌;有的杆菌成对排列,称为双杆菌;有的杆菌可排列成链状,称为链杆菌,如炭疽芽孢杆菌;有的呈分支状,如结核分枝杆菌;有的呈“八”字或栅栏状,如白喉棒状杆菌。

3. 螺旋菌　菌体为弯曲状或螺旋状的圆柱形,两端圆或尖突,可分为两类。

(1) 弧菌:只有一个弯曲,呈弧状或逗号状,如霍乱弧菌。

(2) 螺菌:菌体较长,有数个弯曲,如小螺菌。

细菌基本形态易受各种因素的影响,如温度、培养时间、pH、培养基成分等。一般情况下,在生

Note

长条件适宜时，培养 18～24 h 的细菌形态较为典型，可作为细菌分类和鉴定的依据之一。当细菌衰老时或在陈旧培养物中，或环境发生改变而有不利于细菌生长的物质（如药物、抗生素、抗体、过高的盐分等）存在时，细菌常会出现不规则的形态，表现为多形性，或呈梨形、气球状、丝状等，称为退化型或衰老型，不易识别，因此，观察细菌形态和大小特征时，应注意来自机体或环境中的各种因素所导致的细菌形态变化。

视频：细菌的结构与功能

二、细菌细胞结构与功能

细菌细胞结构包括基本结构和特殊结构（图 1-3）。

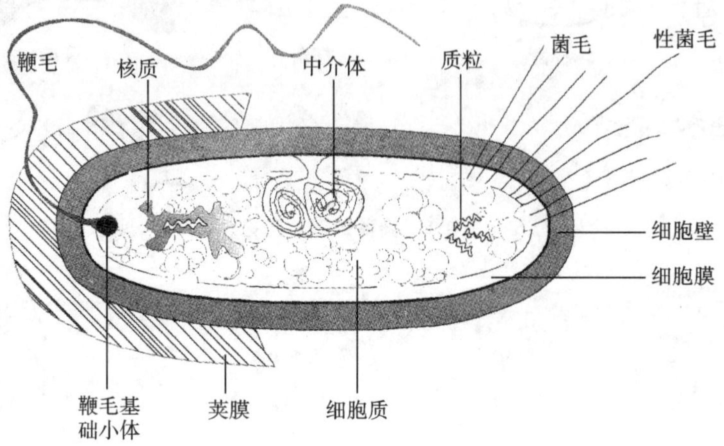

图 1-3　细菌细胞的结构示意图

二维码 1-2

（一）细菌细胞的基本结构

基本结构是所有细菌细胞都具有的结构，包括细胞壁、细胞膜、细胞质（细胞浆）、核质等。

1. 细胞壁　细胞壁位于细菌细胞的最外层，是紧贴在细胞膜之外具有韧性和弹性的复杂膜状结构，能维持菌体固有形态并起保护作用，使细菌在低渗透环境中不破裂不变形；同时细胞壁上有许多微孔，允许水和可溶性物质（$\phi<1$ nm）自由通过，与细胞膜共同完成菌体内外的物质交换；细胞壁上带有多种抗原决定簇，决定菌体的抗原性，可用于细菌的鉴定；与细菌致病性有关。

由于不同细菌细胞壁的结构和化学组成不同，革兰染色法可将细菌分为革兰阳性菌和革兰阴性菌，两类细菌的细胞壁结构在染色性、免疫原性、致病性、对抗生素和溶菌酶的敏感性等方面均有很大的差异。

1）革兰阳性菌细胞壁（图 1-4）　革兰阳性菌细胞壁由肽聚糖和穿插于其内的磷壁酸组成。

（1）肽聚糖：细菌细胞壁中的主要成分，是原核生物细胞所特有的成分。肽聚糖由三个部分组成：①聚糖骨架是由 N-乙酰葡萄糖胺和 N-乙酰胞壁酸交替间隔排列，以 β-1，4-糖苷键连接而成，各种细菌细胞壁的聚糖骨架完全相同；②短肽侧链由 4 或 5 个氨基酸组成，侧链上氨基酸的种类、数量和连接方式随菌种不同而有差异，如金黄色葡萄球菌的四肽侧链由 L-丙氨酸、D-谷氨酸、L-赖氨酸和 D-丙氨酸组成，L-丙氨酸端与聚糖骨架上的胞壁酸相连，四肽侧链之间由交联桥连接；③五肽交联桥由 5 个甘氨酸组成，其中一端与四肽侧链的第 3 位氨基酸相连，另一端与另一个四肽侧链末端的第 4 位丙氨酸相连，使两个相邻四肽侧链连接在一起，从而构成十分坚韧的三维网状结构。革兰阳性菌细胞壁可聚合成多层（15～50 层）肽聚糖框架，其含量为细胞壁干重的 50%～80%。凡能破坏肽聚糖分子结构或抑制其合成的物质，都有杀菌或抑菌的作用。如溶菌酶能破坏肽聚糖中的 N-乙酰葡萄糖胺和 N-乙酰胞壁酸之间的 β-1，4-糖苷键；青霉素、头孢菌素可抑制五肽交联桥与四肽侧链末端第 4 位丙氨酸的连接；万古霉素、杆菌肽可抑制四肽侧链的连接，从而破坏肽聚糖骨架，干扰细菌细胞壁的合成，导致细菌死亡。因人体细胞无细胞壁，也无肽聚糖，故这些物质对人体无毒性作用。

（2）磷壁酸：革兰阳性菌细胞壁的特有成分，含量最多的细菌中磷壁酸约占细胞壁干重的 50%。按其结合部位可分为壁磷壁酸（结合在聚糖骨架的胞壁酸分子上）和膜磷壁酸（结合在细胞膜的磷脂

Note

上)。多个磷壁酸分子组成长链穿插于肽聚糖层中,并延伸至细胞壁外。磷壁酸的免疫原性很强,是革兰阳性菌重要的表面抗原。某些细菌的磷壁酸具有黏附宿主细胞的功能,这与其致病性有关。如人类口腔黏膜与皮肤细胞、淋巴细胞、血小板、红细胞等细胞表面具有膜磷壁酸的受体,A族溶血性链球菌的膜磷壁酸可与之结合而导致疾病。

此外,某些革兰阳性菌细胞壁表面尚有一些特殊的复合多糖(即C多糖)及表面蛋白质,如金黄色葡萄球菌A蛋白、A族链球菌的M蛋白等,均与细菌的致病性和抗原性有关。

2) 革兰阴性菌细胞壁(图1-4) 革兰阴性菌细胞壁由少量肽聚糖和复杂的外膜组成。

(1) 肽聚糖:革兰阴性菌细胞壁所含肽聚糖较少,仅1～2层,占细胞壁干重的5%～10%,其组成与革兰阳性菌不同,仅由聚糖骨架和四肽侧链两个部分组成,无五肽交联桥结构。如大肠埃希菌的肽聚糖,四肽侧链中的第3位氨基酸是二氨基庚二酸(DAP),直接由DAP与相邻聚糖骨架四肽侧链末端的第4位D-丙氨酸连接,因而仅能构成单层平面网络的二维疏松薄弱结构。革兰阴性菌细胞壁由于含肽聚糖较少,且有外膜保护,故对溶菌酶、青霉素不敏感。

(2) 外膜:革兰阴性菌细胞壁的特有成分,约占细胞壁干重的80%。外膜由脂蛋白、脂质双层和脂多糖三个部分组成。①脂蛋白:由脂质和蛋白质部分组成,位于肽聚糖和脂质双层之间,蛋白质部分结合于肽聚糖四肽侧链的DAP上,脂质部分与脂质双层非共价结合,使外膜和肽聚糖层构成一个整体。②脂质双层:与细胞膜相似,双层内镶嵌着多种蛋白质,有的为微孔蛋白,允许小分子物质通过,有的蛋白质参与特殊物质的扩散过程,有的为噬菌体、性菌毛或细菌素的受体。③脂多糖(LPS):由脂质A、核心多糖和特异性多糖三个部分组成,它是革兰阴性菌的内毒素,牢固地结合在脂质双层上,菌体溶解时方可释放。脂质A为一种糖磷脂,耐热,是内毒素的毒性成分,无种属特异性,毒性作用大致相同;核心多糖位于脂质A的外侧,具有属特异性,同一属细菌的核心多糖相同;特异性多糖位于最外层,是由多个低糖重复单位构成的多糖链,为革兰阴性菌的菌体抗原,即O抗原,故也称O特异性多糖,不同种或型的细菌其O抗原不同,借此可鉴定细菌。

2. 细胞膜(图1-4) 细胞膜又称胞浆膜,是在细胞壁与细胞质之间的一层无色透明、富有弹性的半透膜,占细胞干重的10%～30%,主要由磷脂、蛋白质和糖类组成,各成分含量分别为约50%、约40%、2%～10%。

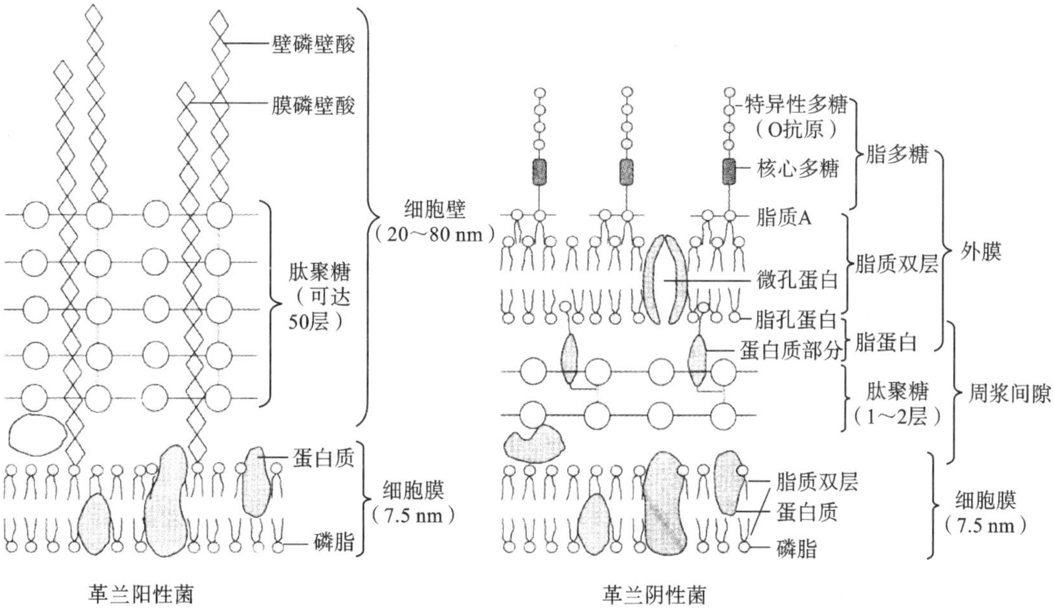

图1-4 细菌细胞壁和细胞膜的结构示意图

细胞膜具有很重要的生理功能:①能控制细胞内、外物质的运输和交换;②维持细胞内正常渗透压;③合成细胞壁各种组分(LPS、肽聚糖、磷壁酸)和荚膜等的场所;④呼吸作用;⑤鞭毛的着生点。

此外,细菌的细胞膜向细胞内凹陷折叠形成管状或囊状结构,称为中间体,多见于革兰阳性菌。一个细菌内可有一个或数个中间体,中间体常位于菌体侧面或靠近中部。中间体扩大了细胞膜的表面积,相应地增加了呼吸酶的含量,参与细菌的呼吸作用及生物合成,类似于真核细胞的线粒体,还与细菌的分裂繁殖有关。

3. 细胞质 细胞质又称细胞浆,是细胞膜包围的除核质外的一切无色透明、胶状、颗粒状物质的总称。细胞质主要成分是水、蛋白质、脂类、多糖、无机盐等,细胞质是细菌合成蛋白质和核酸及进行营养物质代谢的重要场所。细胞质内重要内容物有以下几种。

(1) 质粒:细菌核质外的遗传物质,为闭合环状双股DNA。质粒可携带某些遗传信息,控制细菌的某些遗传性状,例如,耐药因子、细菌素及性菌毛的基因均存在于质粒上。质粒能进行独立复制,失去质粒的细菌仍能正常存活。质粒可通过接合和转导作用等将有关性状传递给另一个细菌。

(2) 核糖体:细菌合成蛋白质的重要场所。核糖体由蛋白质(40%)和RNA(60%)构成。核糖体由大、小两个亚单位组成,由于沉降系数不同,核糖体又分为70S型和80S型。70S型核糖体主要存在于原核细胞及叶绿体、线粒体基质中;80S型核糖体主要存在于真核细胞中。细菌的核糖体与人和动物的核糖体不同,故某些药物(如红霉素和链霉素)能干扰细菌核糖体合成蛋白质导致细菌死亡,而对人和动物的核糖体不起作用。

(3) 胞质颗粒:细胞质中含有各种颗粒,多为细菌储存的营养物质,如多糖、脂质、异染颗粒等,它们并不是细胞的必需组成成分和恒定结构,它们可随菌种、菌龄及环境不同而不同。其中有一种颗粒,主要成分是RNA和多偏磷酸盐,嗜碱性强,用特殊染色法可将此颗粒染成与菌体其他部位不同的颜色,故称异染颗粒,如巴氏杆菌的异染颗粒位于菌体两端,用瑞氏染色法染色后菌体有两极深染、中间浅染的特点,异染颗粒常用于细菌的鉴定。

4. 核质 细菌属于原核微生物,没有成形的核,且无核仁和核膜,为了与真核细胞中细胞核有所区别,细菌的相应结构称为核质、拟核或原始核。其结构简单,不能与细胞质截然分开,分布在细胞质的中心或边缘区,呈球形、哑铃状、带状等形态。核质是闭合、环状双股DNA盘绕而成的大型DNA分子,是遗传物质储存和复制的场所,功能相当于真核细胞的细胞核,携带着细菌大部分遗传信息,控制细菌几乎所有的遗传性状,与细菌生长、繁殖、遗传变异有密切的关系。

(二) 细菌细胞的特殊结构

二维码 1-3

有些细菌细胞除具有上述基本结构以外,还具有一些特殊结构,包括荚膜、鞭毛、菌毛、芽孢等。

1. 荚膜 某些细菌在生长繁殖时可在细胞壁外分泌一层黏性胶状物质,包围整个细菌,这一层黏性胶状物质被称为荚膜。当多个细菌的荚膜融合形成一个大的胶状物,内含多个细菌时,则称为菌胶团。

细菌的荚膜用普通染色法不易着色,故经普通染色后,镜下仅可见菌体周围有一层无色透明圈,用特殊染色法可将荚膜染成与菌体不同的颜色,则可清楚看到荚膜的存在(图1-5)。荚膜一般是在机体内或营养丰富的环境中形成的,在普通培养基培养时易消失。荚膜的成分随菌种不同而有所差异,大多数为多糖,如肺炎链球菌与脑膜炎奈瑟菌荚膜;少数为多肽,如炭疽芽孢杆菌与鼠疫耶尔森菌荚膜。荚膜具有免疫原性,可用来鉴别细菌或进行细菌分型。

荚膜是细菌的重要致病因素,它的功能如下:①抗吞噬作用;②黏附作用,荚膜多糖可使细菌彼此间粘连,也可黏附于组织细胞或无生命物体表面,是引起感染的重要因素;③抗干燥作用。致病菌失去荚膜后,其致病力也随之减弱或消失。如有荚膜的肺炎链球菌只需几个菌即可杀死一只小鼠,当失去荚膜后,则需几亿个菌才能杀死一只小鼠。

2. 鞭毛 多数弧菌、螺菌、许多杆菌和个别球菌的菌体表面长有一根至数十根长丝状、弯曲的附属物,此附属物称为鞭毛。鞭毛的直径仅有0.01～0.02 μm,必须通过电镜才可以直接观察到。但是鞭毛在经过染料加粗后,也可以用光镜观察到。

Note

鞭毛的成分是蛋白质,具有抗原性,称为H抗原。根据鞭毛的数量和在菌体上的排列位置不同，有鞭毛的细菌可分为单毛菌、双毛菌、丛毛菌及周毛菌四类（图 1-6）。细菌是否产生鞭毛以及鞭毛的数目、着生的位置都具有种的特性，是鉴定细菌的依据之一。

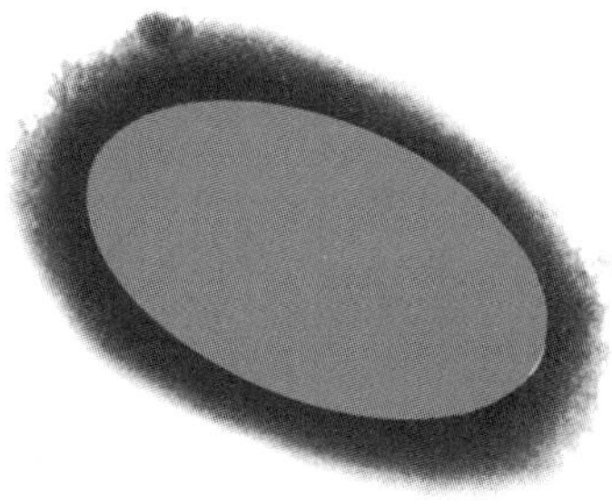

图 1-5　细菌荚膜的模式图

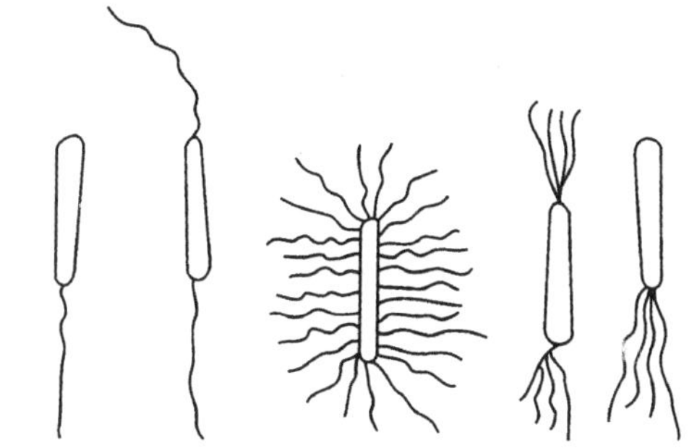

图 1-6　细菌鞭毛的模式图

鞭毛有规律地收缩，引起细菌的运动。细菌的运动有化学趋向性，常向营养物质处前进，而逃离有害物质。有些细菌的鞭毛与致病性有关。例如，霍乱弧菌、空肠弯曲菌等通过活跃的鞭毛运动穿透小肠黏膜表面的黏液层，使菌体黏附于肠黏膜上皮细胞，产生毒性物质导致病变的发生。

3. 菌毛　大多数革兰阴性菌和少数革兰阳性菌的菌体上生长有一种比鞭毛数目多、较直、较短的毛发状细丝，称为菌毛，又称纤毛，菌毛只能在电镜下看见。

菌毛分为普通菌毛和性菌毛两类。普通菌毛较纤细和较短，数量较多，周身排列，可以使菌体牢固地吸附在动物、植物细胞上，以利于摄取营养，与致病性有一定关系，在某些细菌所致的肠道或泌尿生殖道感染中，有菌毛菌株的黏附可抵抗肠蠕动或尿液的冲洗作用而有利于定植。一旦丧失菌毛，细菌致病力亦消失。性菌毛较粗、长，每个细菌一般不超过 4 条。该菌毛只存在于某种具接合作用的细菌，性菌毛通过细菌接合作用可以传递细菌的毒力及耐药性等。

4. 芽孢　某些革兰阳性菌在一定环境条件下，细胞质和核质脱水浓缩在菌体内形成的一个折光性强、圆形或卵圆形小体，称为芽孢（图 1-7），芽孢是细菌的休眠状态。带有芽孢的菌体称为芽孢体，未形成芽孢的菌体称为繁殖体，如炭疽芽孢杆菌、破伤风梭菌等均能形成芽孢。细菌是否形成芽孢，芽孢的形状、大小以及在菌体的位置等，都随着细菌的不同而不同，这在细菌鉴定上具有重要意义。

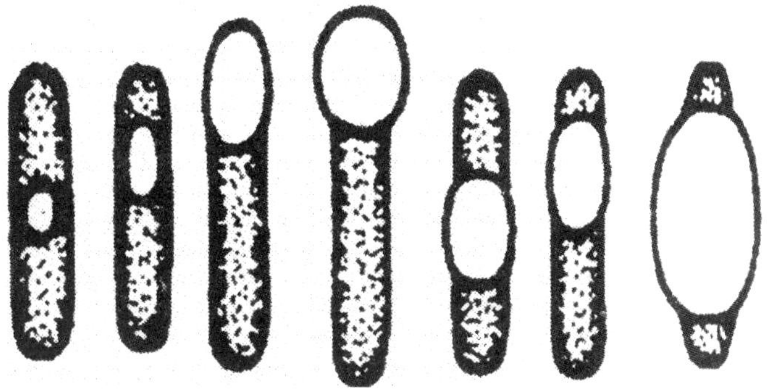

图 1-7　芽孢的形状和位置模式图

一个细菌只形成一个芽孢，一个芽孢发芽也只生成一个菌体，细菌数量并未增加，因而芽孢不是细菌的繁殖方式。与芽孢相比，未形成芽孢而具有繁殖能力的菌体称为繁殖体。

芽孢最主要的特性就是抗性强，对热、干燥、辐射、化学消毒剂等理化因素均有强大的抵抗力。主要原因是其含水量低（40%），且含有耐热的小分子酶类，富含大量特殊的吡啶二羧酸钙和带有二硫键的蛋白质，以及具有多层次厚而致密的芽孢壁等。一般细菌繁殖体在 80 ℃水中迅速死亡，而有的细菌芽孢可耐 100 ℃水数小时。芽孢的休眠能力很强，被炭疽芽孢杆菌芽孢污染的草原，传染性可保持 20～30 年。

被芽孢污染的用具、敷料、手术器械等，用一般方法不易将其杀死，杀灭芽孢最可靠的方法是高压蒸汽灭菌。当进行消毒灭菌时，应以芽孢是否被杀死作为判断灭菌效果的指标。

三、细菌形态和结构的观察方法

细菌菌体无色半透明，利用光镜直接检查只能看到细菌的轮廓及其运动，必须经过染色才能用显微镜观察到细菌的形态、大小、排列方式、染色特性及细菌的特殊结构。

（一）普通光镜观察法

普通光镜以可见光为光源，细菌经 100 倍的物镜和 10（或 16）倍的目镜联合放大 1000（或 1600）倍后，达到 0.2～2 mm，肉眼才可以看见。

1. 不染色标本检查法　细菌标本不经染色直接镜检，是检查细菌的运动性等生理活动的方法，常用的有压滴法、悬滴法等。

（1）压滴法：用接种环依次取生理盐水和细菌培养物，置于洁净的载玻片中央，使其成为均匀的细菌悬液，盖上盖玻片。检查时先用低倍镜找到适宜的位置，再用高倍镜或油镜观察。观察时必须缩小光圈，适当下降聚光器，以造成一个光线较弱的视野，才便于观察细菌的运动情况。

（2）悬滴法：将细菌液滴于洁净的盖玻片上，另取一张凹玻片，在凹孔周边涂一薄层凡士林，然后将其凹面向下，对准盖玻片中央并盖于其上，然后迅速翻转，用小镊子轻轻按压。观察时先用低倍镜找到悬滴边缘，再换高倍镜观察（因凹玻片较厚，一般不用油镜），可观察到细菌的运动状态。

2. 染色标本检查法　细菌细胞无色半透明，需经过染色才能在光镜下清楚地看到。常用的细菌染色法包括单染色法和复染色法。单染色法，只用一种染料使菌体着色，如美蓝染色法；复染色法，用两种或两种以上的染料染色，可使不同菌体呈现不同颜色，故又称为鉴别染色法，如革兰染色法、抗酸染色法等，其中最常用的复染色法是革兰染色法。此外，还有细菌特殊结构的染色法，如荚膜染色法、鞭毛染色法、芽孢染色法等。

（二）电镜观察法

电镜技术的应用是建立在光镜的基础之上的，光镜的分辨率为 0.2 μm，透射电镜的分辨率为 0.2 nm，也就是说透射电镜在光镜的基础上放大了 1000 倍。经负染等处理后，在透射电镜下可观察到细菌内部的超微结构，比如观察细胞器的局部结构，核糖体以及病毒等。因为电镜必须在真空干燥的状态下检查标本，所以不能用于观察活的微生物。

任务二　细菌的培养技术

二维码 1-4

视频：细菌的营养代谢与生长繁殖

一、细菌营养需要

细菌种类繁多，营养需要各不相同，其基本营养要求包括水分、无机盐类、含碳化合物和含氮化合物，个别细菌还需要生长因子等特殊物质。

（一）水分

水分是最重要的组分，也是不可缺少的化学组分。它的生理作用主要有以下几点：

（1）溶剂作用：所有营养物质都必须先溶解于水，然后才能参与各种生化反应。

（2）参与各种生化反应（如脱水反应、水解反应）。

（3）维持蛋白质、核酸等生物大分子稳定的天然构象。

（4）能维持和调节一定的温度。水的比热高，热传导性好，能有效吸收代谢过程产生的热并将热散发出去。

（二）无机盐类

细菌的生长需要多种无机盐。根据细菌需要量的多少，无机盐类可以分成微量元素和常量元

Note

素，前者如铁、铜、锰、锌等，后者如钙、磷、钠、钾等。一般情况下，这些元素在所供给的水、营养物质中均含有，不需额外提供。无机盐类在细胞中的主要作用如下。

(1) 构成细胞的组成成分，如 H_3PO_4 是 DNA 和 RNA 的重要组成成分。

(2) 作为酶的组成成分，如蛋白质和氨基酸的巯基(—SH)。

(3) 维持酶的活性。

(4) 维持适宜的渗透压，如 Na^+、K^+、Cl^-。

(5) 自养型细菌的能源，如 S、Fe^{2+}。

(三) 碳源

凡是提供细菌细胞组分或代谢产物中碳元素来源的各种营养物质都称为碳源。它分有机碳源和无机碳源两种，前者包括各种糖类、蛋白质、脂肪、有机酸等，后者主要指 CO_2(CO_3^{2-} 或 HCO_3^-)。碳源的作用是提供细胞骨架和代谢物质中碳元素的来源以及生命活动所必需的能量来源。自养型细菌利用无机碳源合成自身成分；异养型细菌只能利用有机碳源，如实验室制备培养基常利用各种单糖、双糖等。

(四) 氮源

凡是提供细菌细胞组分中氮元素来源的各种物质均称为氮源。氮源也可分为两类：有机氮源(如蛋白质、蛋白胨、氨基酸等)和无机氮源(如 NH_4Cl、NH_4NO_3 等)。许多致病菌不能利用无机氮源，多以有机氮化合物作为氮源，氨基酸或蛋白质是致病菌良好的有机氮源，也是普通培养基的主要成分。氮源的作用是提供细胞新陈代谢中所需的氮元素，氮元素是构成细菌蛋白质和核酸的重要元素。

(五) 生长因子

某些细菌在含有上述介绍的营养物质外，还需特殊的物质才能生长或促进其生长，这类物质称为生长因子。根据化学组分的不同，生长因子可分为 4 类：氨基酸类、嘌呤类、嘧啶类、维生素类。如在制备培养基时，常在肉浸液、酵母浸液和含血液培养基中加入生长因子让某些细菌生长良好。

二、细菌营养类型

细菌种类繁多，根据细菌对碳源利用情况的差异，可将细菌分为两大营养类型。

(一) 自养型

此类细菌营养需求简单，具有完备的酶系统，合成能力较强，能以二氧化碳或碳酸盐作为唯一碳源。

(二) 异养型

此类细菌不具有完备的酶系统，合成能力较差，需要利用含碳有机化合物作为营养和能源的来源。在自然界中，绝大部分细菌是异养型细菌。异养型细菌又可以分为腐生菌、寄生菌两类。

1. 腐生菌　有些异养型细菌能从无生命的有机物质中摄取营养，这类细菌称为腐生菌。

2. 寄生菌　有些异养型细菌寄生于活的动、植物体内，从宿主体内的有机物质中获得营养和能量，这类细菌称为寄生菌。大部分致病菌属于寄生菌。

三、细菌摄取营养的方式

外界的各种营养物质必须吸收到细胞内才能被利用，由于细胞膜及其半渗透性的存在，各种营养物质并不能自由地透过和进出细菌细胞，它们必须通过特殊的吸收和运输途径才能进入细菌细胞内部参与生化反应，根据营养物质的吸收和运输特点，物质进出细菌细胞的方式可分为以下四种。

1. 被动扩散　被动扩散是细胞内外物质最简单的交换方式，也是细菌吸收水分及一些小分子有机化合物的方式。它的特点是物质的转运靠浓度差进行分子扩散，运输过程不需消耗能量，物质的分子结构不发生变化，如水、氧气、二氧化碳和甘油等依靠这种方式进行交换。但这种方式无选择性，速度较慢，细胞内、外物质浓度达到一致时，扩散便停止，不是物质运输的主要途径。

Note

2. 促进扩散 促进扩散的特点与被动扩散相似，靠着浓度差进行分子扩散，运输过程不需消耗能量，不同的是一些物质在细胞膜载体蛋白的帮助下由膜的高浓度一侧向低浓度一侧扩散或转运，其转运的速率大大超过被动扩散，有饱和现象，对转运的物质有结构特异性的要求，可被结构类似物竞争性抑制。如单糖类和氨基酸等营养物质与载体蛋白结合，转运至细胞内的过程属于促进扩散。

3. 主动运输 主动运输是细菌吸收营养物质的最主要方式。它的最大特点是逆浓度差将营养物质“泵”入细胞，因此，运输过程中需要消耗能量。其余特点与促进扩散相似，也需要载体蛋白的参与，通过载体蛋白的构象及亲和力的改变完成物质的运输过程。绝大部分营养物质通过这种方式被吸收而进入细胞内部。

4. 基团转位 基团转位与主动运输非常相似，同样靠特异性载体将物质逆浓度转运到细胞内，运输过程需要消耗能量，但基团转位过程中被吸收的营养物质与载体蛋白之间会发生化学反应，因此物质结构有所改变。通常是营养物质与高能磷酸键结合，从而处于“活化”状态，进入细胞以后有利于物质的代谢反应。基团转位主要用于糖的运输，及脂肪酸、核苷、碱基等营养物质的运输。

四、细菌的生长繁殖

（一）细菌生长繁殖的条件

1. 充足的营养 充足的营养物质能为细菌的新陈代谢及生长繁殖提供必需的原料和足够的能量，营养物质不足导致微生物生长所需要的能量、碳源、氮源、无机盐等成分不足，可导致细菌生长停止。因此，在制备培养基时应根据细菌的不同类型进行营养物质的合理搭配。

2. 适宜的温度 细菌只能在一定温度范围内进行生命活动，温度过高或过低，细菌生命活动受阻乃至停止。大部分致病菌最适生长温度为人体的体温，即 37 ℃，故实验室一般在 37 ℃培养细菌。

3. 合适的 pH 微生物生长过程中细胞内发生的绝大多数反应是酶促反应，而酶促反应都有一个最适 pH 范围，低于或高出这个范围，微生物的生长就被抑制。多数致病菌最适 pH 为 7.2～7.6。

4. 必要的气体环境 根据氧与微生物生长的关系，微生物可分为专性需氧菌、微好氧菌、兼性厌氧菌和专性厌氧菌四种类型。因此，在培养不同类型的微生物时，一定要采取相应的措施保证不同类型的微生物能正常生长。例如：培养专性需氧菌可以通过振荡或通气等方式来提供充足的氧供它们生长，如结核分枝杆菌、霍乱弧菌等；培养专性厌氧菌则要排除环境中的氧，同时通过在培养基中添加还原剂的方式降低培养基的氧化还原电势，如破伤风梭菌、肉毒梭菌等。大多数致病菌属于兼性厌氧菌，在有氧及无氧的条件下均能生存，但有氧时生长较好。

5. 合适的渗透压 细菌细胞需在合适的渗透压下才能生长繁殖，盐腌、糖渍之所以具有防腐的作用，是因为一般细菌和霉菌在高渗透压条件下不能生长繁殖。

（二）细菌的生长繁殖方式与速度

1. 细菌的个体生长繁殖 细菌的繁殖方式是无性二分裂。在适宜条件下，细菌生长速度很快，大多数细菌分裂一次仅需 20～30 min；少数细菌繁殖较慢，如结核分枝杆菌 18～24 h 分裂一次。若按此速度计算，一个细菌经 7 h 可繁殖到约 200 万个，10 h 后可达 10 亿个以上，但事实上，由于细菌繁殖中营养物质逐渐耗竭，有害代谢产物逐渐积累，细菌不可能始终保持高速度的无限繁殖。经过一段时间后，细菌繁殖速度渐减，死亡细菌数增多，活菌增长率随之下降并趋于停滞。

2. 细菌的群体生长繁殖 将一定数量的细菌接种在适宜的液体培养基中，并置于适宜的条件下培养，然后定期取样测定培养基中的细菌数目可发现细菌在体外生长的规律。以时间为横坐标，以细菌数目的对数为纵坐标作图，便可以得到反映细菌生长规律的曲线，这就是细菌生长曲线。细菌的生长曲线可分为四个时期（图 1-8）。

(1) 迟缓期：细菌进入新环境后的短暂适应阶段。此期曲线平坦稳定，细菌繁殖极少。迟缓期长短不一，按菌种、接种菌的菌龄和菌量，以及营养物等不同而异，一般为 1～4 h。该期菌体增大，代谢活跃，为细菌的分裂繁殖合成和积累充足的酶、辅酶和中间代谢产物。

Note

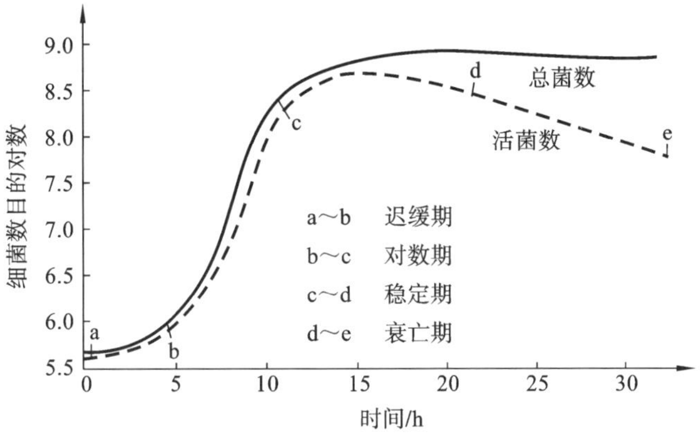

图 1-8 细菌的生长曲线

(2) 对数期：又称指数期。细菌经过迟缓期后生长迅速，活菌数以稳定的几何级数增长，生长曲线图上细菌数目的对数随时间延长而增大，基本呈直线上升，达到顶峰状态。此期细菌的形态、染色性、生理性状等都较典型，对外界环境因素的作用敏感。因此，研究细菌的生物学性状(形态染色、生化反应、药物敏感试验等)应选用该期的细菌。抗生素对该期细菌作用最佳。一般细菌生长对数期在培养后的 8～18 h。

(3) 稳定期：该期的生长菌群总数处于稳定阶段，但细菌群体活力变化较大。由于培养基中营养物质的消耗，有害代谢产物积聚，该期细菌繁殖速度渐减，死亡细菌数逐渐增加，细菌形态、染色性和生理性状常有改变。细菌的芽孢、外毒素和抗生素等代谢产物大多在稳定期产生。

(4) 衰亡期：稳定期后细菌繁殖越来越慢，死亡细菌数越来越多，并超过活菌数。该期细菌形态显著改变，出现衰退型细菌或菌体自溶，染色特性不典型，难以辨认；生理代谢活动也趋于停滞，此期的细菌若不移植到新的培养基，最后可能全部死亡。

细菌的生长曲线在研究工作和生产实践中具有重要意义。掌握细菌生长规律，可以人为地改变培养条件，调整细菌的生长繁殖阶段，从而更为有效地利用对人类有益的细菌。例如，在培养过程中，不断地更新培养液和给需氧菌通气，使细菌长时间地处于生长旺盛的对数期，处于对数期的细菌，生长繁殖速度快，代谢旺盛，因此，生产上常用这个时期的细菌进行细菌鉴定和检测细菌运动性实验，因为在这个时期，细胞显示的才是它们正常的大小和生理反应，具运动性的细胞才会有鞭毛。

五、细菌的人工培养

了解细菌的生理需要，掌握细菌生长繁殖的规律，可用人工方法提供细菌所需要的条件来培养细菌，以满足不同的需求。

(一) 培养基的概念和配制原则

培养基是指人工配制的适合不同细菌生长繁殖或积累代谢产物的营养基质，培养基的主要用途是促进细菌的生长繁殖。配制培养基过程中，应遵循以下几个原则。

(1) 根据不同细菌的营养需要配制不同的培养基。培养细菌常采用牛肉膏蛋白胨培养基，培养放线菌采用高氏一号培养基，培养霉菌采用蔡氏培养基，培养酵母采用麦芽汁培养基。

(2) 调节适宜的 pH。

(3) 根据细菌的不同需求考虑添加生长因子。

(4) 不含抑菌物质。

(5) 培养基本身要灭菌。

Note

（二）培养基的分类

1. 按培养基的物理性状分类

（1）液体培养基：将营养物质溶于水，未加任何凝固剂，调节至适宜 pH，经灭菌处理后，即为液体培养基。此类培养基含有细菌生长繁殖所需的基本营养物质，可供大多数细菌生长。在用液体培养基培养细菌时，振荡或搅拌可以增加培养基的通气量，同时使营养物质分布均匀。液体培养基常用于大规模工业生产，以及在实验室进行微生物的基础理论和应用方面的研究，如疱肉培养基。

（2）半固体培养基：在液体培养基中加入 0.3%～0.5% 的琼脂，加热融化灭菌后冷却制成的培养基，常用于观察微生物的运动特征。

（3）固体培养基：在液体培养基中加入 1.5%～2% 的琼脂，加热融化灭菌后冷却凝固即成。在实验室中，固体培养基一般是加入平皿或试管中，制成培养细菌的平板或斜面。固体培养基为细菌提供一个营养表面，单个细菌细胞在这个营养表面进行生长繁殖，可以形成单个菌落。固体培养基常用来进行细菌的分离、鉴定，活菌计数及菌种保藏等。

2. 按培养基的用途分类

（1）基础培养基：含有一般细菌生长繁殖所需的基本营养物质的培养基。牛肉膏蛋白胨培养基是最常用的基础培养基。

（2）加富培养基：也称营养培养基，即在基础培养基中加入某些特殊营养物质制成的一类营养丰富的培养基，这些特殊营养物质包括血液、血清、酵母浸膏、动植物组织液等。加富培养基一般用来培养对营养要求比较苛刻的细菌，如培养百日咳博德特氏菌需要用含有血液的加富培养基。

（3）鉴别培养基：用于鉴别不同类型细菌的培养基。在培养基中加入某种特殊化学物质，某种细菌在培养基中生长后能产生某种代谢产物，而这种代谢产物可以与培养基中的特殊化学物质发生特定的化学反应，产生明显的特征性变化，根据这种特征性变化，可将该种细菌与其他细菌区分开来。

（4）选择培养基：根据某种（类）细菌特殊的营养要求或对某些特殊化学、物理因素的抗性而设计的，抑制不需要的细菌的生长，有利于所需细菌的生长，从而能选择性地区分这种（类）细菌的培养基。

（三）细菌在人工培养基中的生长情况

在不同物理性状的人工培养基中，细菌生长的表现不一。了解细菌的生长情况有助于识别和鉴定细菌。

（1）液体培养基主要用于细菌的增菌。细菌在液体培养基中生长可表现为液体变混浊，表面形成菌膜，管底出现沉淀物等。

（2）半固体培养基可用于观察细菌的运动特征。用穿刺接种法将细菌接种到半固体培养基中，具有鞭毛的细菌有较强的运动能力，则可沿穿刺线扩散生长而出现放射状、羽毛样或云雾状混浊；而无鞭毛的细菌仅沿穿刺线生长，周围培养基保持清亮。

（3）在固体培养基中，细菌可形成单个菌落，其生长表现为细菌的不同菌落形态，各种不同的细菌，其菌落的大小、形态、色泽、透明度，表面隆起（或凹）、光滑或粗糙、湿润或干燥、边缘整齐与否、溶血性（血液琼脂平板上）等也不同，这些构成菌落特征。

（四）细菌人工培养的实际意义

1. 在医学中的应用　细菌培养在疾病的诊断、预防、治疗和科学研究等多方面都具有重要的意义。

（1）传染性疾病的病原学诊断、治疗：取患者标本，进行细菌分离培养、鉴定和药物敏感试验是诊断传染性疾病最可靠的依据，同时可指导临床治疗用药。

（2）细菌学研究：研究细菌的生理、遗传变异、致病性、免疫性和耐药性等，均需人工培养细菌。

Note

（3）生物制品的制备：将分离培养出来的纯种细菌，制成诊断菌液，可供传染病诊断使用。制备疫苗、类毒素以供预防传染病使用。将制备的疫苗或类毒素注入动物体内，获取免疫血清或抗毒素，用于传染病治疗。上述制备的制剂统称生物制剂，生物制剂在医学上有广泛用途。

2. 在工农业生产中的应用 细菌在培养过程中产生多种代谢产物，经过加工处理，可制成抗生素、维生素、氨基酸、有机溶剂、酒、酱油、味精等产品。细菌培养物还可用于处理废水和垃圾、制造菌肥和农药，以及生产酶制剂等。

3. 在基因工程中的应用 因为细菌具有繁殖快、易培养的特点，所以大多数基因工程的实验和生产先在细菌中进行。如将带有外源性基因的重组 DNA 转化给受体菌，使其在受体菌内获得表达，现已用此方法成功制备出胰岛素和干扰素等生物制剂。

任务三　细菌的致病性

二维码 1-5

视频：细菌的致病性

细菌的致病性是指细菌在一定条件下能引起人或动物发病的能力。大部分细菌对人和动物没有危害，在任何条件下都不能引起动物发病，这些细菌称为非病原性细菌；只有少数细菌能够引起人或动物发病，这些细菌称为致病菌或病原菌。有些细菌在正常情况下不引起人或动物发病，而在一定条件下（如人或动物机体抵抗力降低时）才能引起人或动物发病，这类细菌称为条件致病菌或机会致病菌。

致病菌致病能力的强弱程度称为毒力，毒力常用半数致死量（LD_{50}）或半数感染量（ID_{50}）表示，即在一定时间内，通过一定途径，能使一定体重的实验动物半数死亡或半数感染所需要的最小细菌数或毒素量。通常致病菌的毒力越大，其致病性就越强。但是同一种致病菌，因菌株的不同，其毒力大小也不相同。致病菌的毒力取决于该致病菌的侵袭力和产生的毒素。

一、细菌的侵袭力

侵袭力是指致病菌突破宿主机体防御屏障，侵入组织或细胞中生长繁殖、扩散、蔓延的能力。侵袭力包括细菌的三种能力，即黏附与侵入的能力、繁殖和扩散的能力、抵抗宿主防御功能的能力。细菌的侵袭力是依靠侵袭性毒力因子的作用和抵抗宿主的防御功能来实现的。

构成细菌侵袭力的物质基础主要有黏附素、荚膜和微荚膜及侵袭性物质。

（一）黏附素

黏附是指致病菌附着于宿主呼吸道、消化道和泌尿生殖道黏膜细胞，避免被清除的功能。具有黏附作用的细菌特殊结构及有关物质称为黏附素或黏附因子。细菌的黏附素可分为菌毛和非菌毛黏附物质。

1. 菌毛 菌毛主要存在于革兰阴性菌。细菌通过菌毛与宿主细胞表面受体相互作用使细菌吸附而立足，获得定居的机会，故菌毛又称定居因子。不同的细菌有不同的菌毛，例如，大肠埃希菌相关的 P 菌毛可引起人尿路感染；大肠埃希菌的 F_4、F_{18} 菌毛黏附于猪小肠，可引起断奶仔猪发生腹泻与水肿病。

2. 非菌毛黏附物质 非菌毛黏附物质主要见于革兰阳性菌，是菌体表面的毛发样突出物，如 A 族链球菌的膜磷壁酸和金黄色葡萄球菌的脂磷壁酸等。

黏附是细菌黏附素与宿主细胞表面相应受体的特异性结合。细菌的黏附作用与其致病性有关。如在大鼠实验性肾盂肾炎模型中，应用抗特异性菌毛抗体进行处理，则能防止肾炎损伤的发生；另应用肠产毒型大肠埃希菌菌毛疫苗可预防该菌所致的新生牛和猪的腹泻。

（二）荚膜和微荚膜

荚膜和微荚膜成分主要为多糖。链球菌 M 蛋白、伤寒杆菌 Vi 抗原和大肠埃希菌 K 抗原都是微荚膜成分。荚膜和微荚膜均能保护细菌，具有抗吞噬和抗体液中杀菌物质（如补体）的损伤作用，使细菌能抵抗和突破宿主的防御功能，并迅速繁殖。

Note

（三）侵袭性物质

某些细菌可释放侵袭性物质，这些物质一般不损伤机体组织细胞，但能协助致病菌定植、繁殖与扩散。如致病葡萄球菌产生的血浆凝固酶能促进细菌抗吞噬；A 族链球菌产生的透明质酸酶、链激酶和链道酶可分解细胞间质的透明质酸以利于细菌在组织中扩散；淋病奈瑟菌、脑膜炎奈瑟菌、流感嗜血杆菌和肺炎链球菌等可产生分解 IgA 的蛋白酶，降低宿主特异性免疫功能。

二、细菌毒素

毒素是细菌在生命活动过程中产生的，对动物机体具有毒性作用的特殊物质。许多致病菌可通过其合成分泌的毒素，直接或间接地损害宿主的组织细胞或干扰宿主正常的生理功能，对机体产生致病作用。细菌毒素按其来源、性质和作用等不同，可分为外毒素和内毒素。

（一）外毒素

产生外毒素的细菌主要是革兰阳性菌中的破伤风梭菌、肉毒梭菌、白喉棒状杆菌、产气荚膜梭菌、A 族链球菌、金黄色葡萄球菌等。某些革兰阴性菌中的痢疾志贺菌、鼠疫耶尔森菌、霍乱弧菌、肠产毒型大肠埃希菌、铜绿假单胞菌等也能产生外毒素。大多数外毒素在细菌细胞内合成后分泌至细胞外；也有存在于菌体内，待菌体崩解后才释放出来的，痢疾志贺菌和肠产毒型大肠埃希菌的外毒素属此类。

外毒素的毒性强。1 mg 肉毒毒素纯品能杀死 2 亿只小鼠，毒性比氰化钾（KCN）强 1 万倍。不同细菌产生的外毒素，对机体的组织器官具有选择性作用，可引起特殊的病变。例如：肉毒毒素能阻断胆碱能神经末梢释放乙酰胆碱，使眼和咽肌等麻痹，引起眼睑下垂、复视、斜视、吞咽困难等，严重者可因呼吸麻痹而死亡；白喉外毒素对外周神经末梢、心肌等有亲和性，通过抑制靶细胞蛋白质的合成而导致外周神经麻痹和心肌炎等。

多数外毒素不耐热。例如，白喉外毒素在 58～60 ℃经 1～2 h，破伤风外毒素在 60 ℃经 20 min 可被破坏。但葡萄球菌肠毒素是例外，能耐 100 ℃ 30 min。大多数外毒素是蛋白质，具有良好的抗原性。在 0.3%～0.4%甲醛溶液作用下，经一定时间，可以脱去毒性，但仍保有免疫原性，称为类毒素。类毒素注入机体后，可刺激机体产生具有中和外毒素作用的抗毒素抗体。类毒素和抗毒素在防治一些传染病中有实际意义，前者主要用于人工主动免疫，后者常用于治疗和紧急预防。

（二）内毒素

内毒素是革兰阴性菌细胞壁外膜中的脂多糖（LPS），在细菌存活时，LPS 只是细胞壁的结构组分，通常不表现出毒性作用。只有当细菌死亡裂解后，LPS 才游离出来，发挥毒性作用。可见，若细菌大量繁殖后才使用抗生素，则可能因内毒素的大量释放而加重病情。

内毒素耐热，加热至 100 ℃经 1 h 也不被破坏，需加热至 160 ℃经 2～4 h，或用强碱、强酸或强氧化剂加温煮沸 30 min 才能被灭活。注射液、药品、输液用的蒸馏水若被革兰阴性菌污染后，虽经高压蒸汽灭菌法杀灭细菌，但内毒素不被破坏，仍可引起临床不良反应。内毒素抗原性很弱，不能用甲醛脱毒成类毒素。内毒素注射入机体可使机体产生相应抗体，但中和作用较弱。

不同革兰阴性菌的内毒素毒性作用大致相同，引起的主要反应如下。

1. 发热反应 极微量（1～5 ng/kg）内毒素就能引起人体体温上升，维持约 4 h 后恢复。其机制是内毒素作用于巨噬细胞等，使之产生并释放各种内源性致热原，它们再作用于下丘脑体温调节中枢，促使体温升高而发热。

2. 白细胞反应 内毒素入血后，血液循环中的中性粒细胞数量骤减，这与其移动并黏附至感染部位的毛细血管壁有关。1～2 h 后，LPS 诱生的中性粒细胞释放因子刺激骨髓释放中性粒细胞进入血液，使白细胞数量显著增加。

3. 内毒素血症与内毒素休克 细菌释放大量内毒素入血时，可导致内毒素血症，造成微循环障碍，表现为微循环衰竭和低血压、组织器官毛细血管灌注不足、缺氧、酸中毒等，严重时则导致以微循环衰竭和低血压为特征的内毒素休克。

Note

4. 弥散性血管内凝血(DIC) DIC是指继发于革兰阴性菌内毒素血症的常见综合征，主要表现为小血管内广泛微血栓形成和凝血功能障碍，最终造成局部缺血、缺氧、出血和重要组织器官衰竭等。

外毒素与内毒素的主要区别见表1-1。

表1-1 外毒素与内毒素的主要区别

区别要点	外毒素	内毒素
来源	革兰阳性菌与部分革兰阴性菌分泌	革兰阴性菌细胞壁成分
存在部位	从活菌分泌出，少数待菌体崩解后释出	细菌裂解后释出
化学成分	蛋白质	脂多糖
稳定性	大部分60～80 ℃，30 min可被破坏	耐热，160 ℃，2～4 h才被破坏
毒性作用	强，对组织器官有选择性毒性作用，引起特殊临床表现	较弱，各菌的毒性作用大致相同，引起发热、白细胞增多、微循环障碍、休克、DIC等
抗原性	刺激机体产生抗毒素；甲醛溶液处理脱毒形成类毒素	弱，刺激机体产生抗体的中和作用弱。甲醛溶液处理不形成类毒素
致热作用	不引起宿主发热	引起宿主发热

二维码1-6

任务四 动物细菌性疾病的实验室诊断方法

动物细菌性疾病的诊断除根据临床症状、流行病学调查等外，常常还需要实验室诊断。细菌性疾病的实验室诊断需要在正确采集病料的基础上进行，常用的实验室诊断方法包括细菌的形态检查、细菌的分离培养、细菌的生化试验、细菌的血清学试验、动物接种试验和分子生物学检验等，可为临床进行合理的用药与预防提供依据。

一、病料的采集、保存及送检

（一）病料的采集

采集病料要求严格无菌操作，适时采集病料和使所采病料含致病菌多。若是死亡的动物，则应在动物死亡后立即采集病料，夏天不迟于死后8 h，冬天不迟于死后24 h。

1. 活体动物病料的采集

(1) 血液：一般应在疫病发作期或动物发热期采集。先用灭菌注射器吸取5%灭菌枸橼酸钠溶液或0.1%肝素1 mL，再从被检动物静脉吸取血液5～10 mL，混合后注入灭菌试管或灭菌小瓶中，封口并贴上标签，迅速送检。若不能立即送检，可暂时置4 ℃冰箱中保存，但放置时间不能过久，以免引起溶血。

(2) 口鼻分泌物：一般用灭菌棉签从口腔、鼻腔深部或咽喉部采集所需分泌物，也可用消毒的拭子采集咽或食道分泌物。

(3) 乳汁：先用消毒剂清洗并消毒乳房、乳头，然后将最初挤出的乳汁弃去，再以灭菌容器采集10～20 mL，加塞密封，冷藏保存。

(4) 尿液：用灭菌容器采集中段尿，可在自然排尿时采集，也可用导尿管采集。采集的尿液应立即送检，若不能及时检查，应置于4 ℃冰箱中保存。

(5) 生殖道分泌物：可用灭菌棉签采集阴道深部或子宫颈分泌物，采集后立即置入含有无菌肉汤或pH为7.4的磷酸盐缓冲液的试管中，冷藏送检。

(6) 粪便：先用消毒液擦净肛门周围的污物，然后用灭菌棉签蘸取粪便，置入装有少量pH为7.4的磷酸盐缓冲液的试管中，立即冷藏送检。

(7) 脓汁或渗出液：对未破口的肿胀病灶，用无菌注射器或吸管抽取脓汁或渗出液。对已破口的肿胀病灶，用无菌棉球或纱布，蘸取深部脓汁或渗出液。

(8) 体腔液：胸水、腹水、脑脊液、关节囊液等液体，可用穿刺的方法采集。

2. 死亡动物病料的采集

(1) 内脏实质器官：心、肝、脾、肺、肾等实质器官组织，无菌法采集有病变的部位 1～2 cm^3 小方块即可，无病变时也要采集。若动物幼小，也可采集完整的内脏器官，分别置于灭菌容器或青霉素瓶中。

(2) 淋巴结：采集与病变组织器官邻近的淋巴结，采集淋巴结时应与周围组织一起采集，并尽可能多采几个。

(3) 血液：通常在右心房采集心血，先用烧红的剪刀或刀片烙烫心肌表面，然后用灭菌的外科手术刀自烙烫处刺一小孔，再用灭菌吸管或注射器吸取血液，盛于灭菌的试管或青霉素小瓶中。

(4) 胆汁：个体小的动物，可采集整个胆囊，大动物可用灭菌注射器吸取胆汁数毫升，吸取方法同心血采集方法。

(5) 肠管或肠内容物：选择病变明显的一段肠管(5～10 cm)，用外科手术线扎紧两端，自扎线外侧剪断，把该段肠管置于灭菌器皿中。

(6) 皮肤及羽毛：皮肤病料采集要选择病变明显区的边缘部分，用剪刀和镊子采集约 10 cm×10 cm 的皮肤一块，保存于 30%甘油磷酸盐缓冲液中。羽毛也应在病变明显的部位采集，用刀刮取少许羽毛及根部皮屑，放入灭菌容器中送检。

(7) 脑脊髓及管骨：脑可纵切取其一半，必要时可采集部分脊髓或脊髓液，某些情况下，可采集整个头部。若动物尸体腐败，可采集长骨或肋骨，从骨髓中检查细菌。脑及脊髓病料浸入 50%甘油生理盐水中，整个头部和骨骼可用浸泡过 0.1%升汞溶液的纱布或油布包裹。

(8) 生殖器官：母畜应分别采集子宫、胎盘等病变部位的组织及其分泌物。公畜采集睾丸及附睾。

(9) 胎儿、小动物及家禽：可采集整个动物尸体，用不透水的塑料薄膜包裹送检。

(二) 病料的保存与送检

供细菌学检验的病料，若能在 1～2 d 内送到实验室，则可放在有冰的保温瓶或 4～10 ℃冰箱内，也可放入灭菌液体石蜡或 30%甘油盐水缓冲液中。供细菌学检验的病料，最好及时由专人送检，并带好说明，包括编号、检验说明书和送检报告单。

二、细菌性疾病的实验室诊断方法

(一) 形态检查

来自正确部位且形态染色性上具有特征的致病菌，进行形态检查后均有初步诊断价值。例如，脓汁中若发现葡萄串状的革兰阳性球菌则为葡萄球菌。形态检查一般只提供初步诊断或参考，要确诊致病菌需要做进一步鉴定。但有些不易进行人工培养或培养时间较长的细菌，只能通过染色镜检并结合临床症状进行诊断。

(二) 分离培养

用固体琼脂平板进行分区划线，分离出单个菌落后再进行纯培养。无菌部位的标本(如血液和脑脊液)可直接接种到液体或固体培养基上。有菌部位的标本则要接种在选择培养基或鉴别培养基上。大多数细菌经 37 ℃培养 16～20 h 后可长出肉眼可见的菌落。少数细菌，如布氏杆菌和结核分枝杆菌生长较慢，分别需要培养 3～4 周和 4～8 周才见菌落。分离培养阳性率较高，但需时较长。因此，遇到急性传染病时可根据临床症状和形态检查结果做出初步诊断并给予治疗。以后再根据分离培养及药敏试验结果进行调整。

(三) 生化试验

Note

不同的致病菌具有不同酶系统进行分解代谢，故其代谢产物不尽相同。因此，借助相应的生化反应将有助于鉴别细菌。例如，肠道菌种类繁多，形态、染色特性和菌落等较为相似，但肠道菌生化反应活泼，可根据其分解糖和蛋白质的差异进行区别。例如，肠道致病菌大多不分解乳糖，而大肠埃希菌则分解乳糖，借此可进行初步鉴定。目前，市场上有多种微量、快速、半自动或全自动的细菌自动鉴定系统（程序控制自动分析仪）销售，在 24 h 内能准确鉴定常见的致病菌。

（四）血清学试验

应用已知的特异性抗体的免疫血清检查未知纯种细菌，确定致病菌的种或型的方法称为血清学试验。常用的方法是玻片凝集试验，此试验在数分钟内便可获得结果。此外，免疫荧光、协同凝集、对流免疫电泳、酶联免疫吸附试验（ELISA）、间接血凝和乳胶凝集等试验可快速、灵敏地检出标本中微量致病菌抗原，有助于致病菌的确定。

（五）动物接种试验

动物接种试验主要用于某些疑难的、新的致病菌的分离鉴定、测定菌株的产毒性和科学研究。常用的实验动物有小鼠、豚鼠和家兔等。接种途径有皮内、皮下、腹腔、肌内、静脉、脑内注射和灌胃等。接种后的观察指标包括进食量、精神状态、局部变化、体重、体温和血液变化等，同时检查病变及死亡情况。动物接种试验不仅可以观察细菌的致病性，而且可以通过接种易感动物获得纯培养细菌，分离致病菌。动物接种试验可用于测定细菌的半数致死量（LD_{50}），以测定细菌的毒力。而细菌的内毒素或致热原则可用鲎试验进行测定。

（六）分子生物学检验

近年来应用核酸杂交和聚合酶链式反应（PCR）技术等分子生物学技术检测致病菌，是临床诊断学的重大发展。PCR 技术是 20 世纪 80 年代末发展起来的一种快速的 DNA 特定片段体外合成扩增技术。此项技术具有特异性强、灵敏度高、操作简便、检测快速、重复性好、对原材料要求较低等特点。它尤其适合那些培养时间较长的病原体的检查，如结核分枝杆菌、支原体等。此外，还有逆转录 PCR（RT-PCR）、免疫 PCR 等技术也常用于检测病原体。

任务五　常见致病菌

一、葡萄球菌

葡萄球菌广泛分布于自然界，例如空气、水、土壤、物品，以及人和动物的皮肤及与外界相通的腔道中。致病性葡萄球菌常引起各种化脓性疾病、败血症或脓毒血症，也可污染食品、饲料引起机体中毒。

（一）生物学特性

1. 形态、染色　葡萄球菌呈球形或略呈椭圆形，直径 0.5～1 μm。典型的葡萄球菌排列成葡萄串状，固体培养基上生长的细菌常呈典型排列方式，在脓汁或液体培养基中生长者，常为双球形或短链状。葡萄球菌无鞭毛，无芽孢，体外培养时一般不形成荚膜。活葡萄球菌革兰染色呈阳性，衰老、死亡或被中性粒细胞吞噬后的菌体常转为革兰染色阴性。

2. 培养特性与生化反应　葡萄球菌需氧或兼性厌氧，对营养要求不高。在基础培养基上生长良好，在含有血液或葡萄糖的培养基中生长更佳。在肉汤培养基中孵育 24 h，呈均匀混浊生长，管底稍有沉淀。在普通琼脂平板上孵育 24～48 h 后，形成直径 2 mm 左右、圆形、隆起、湿润、表面光滑且边缘整齐的不透明菌落。菌落因种不同而产生金黄色、白色或柠檬色等颜色的色素。该色素属胡萝卜素类，具有脂溶性，故培养基不着色。在血琼脂平板上，有的菌株菌落周围形成明显的全透明溶血环（β 溶血），溶血菌株大多有致病性。

多数菌株能分解乳糖、葡萄糖、麦芽糖和蔗糖，产酸而不产气；致病菌株多能分解甘露醇；能还原硝酸盐,不产生靛基质;触酶阳性,氧化酶阴性。

3. 抗原结构与分类 现已发现葡萄球菌有 30 种以上抗原,重要的抗原有细胞壁蛋白抗原和多糖抗原。细胞壁蛋白抗原主要是葡萄球菌 A 蛋白(SPA),其是存在于细胞壁上的一种表面蛋白。SPA 是一种单链多肽,90%以上的金黄色葡萄球菌菌株有 SPA,SPA 可与人类和多种哺乳动物 IgG 分子 Fc 段非特异性结合,结合后的 IgG 仍能与相应抗原进行特异性反应,这一性质已被广泛应用于免疫实验诊断。多糖抗原用于葡萄球菌的定型。

根据产生的色素及生化反应等特性,葡萄球菌可分为金黄色葡萄球菌、表皮葡萄球菌和腐生葡萄球菌三种。其中金黄色葡萄球菌多可致病,表皮葡萄球菌偶尔致病,腐生葡萄球菌一般不致病。

4. 抵抗力 葡萄球菌对外界因素的抵抗力强于其他无芽孢菌。葡萄球菌在干燥脓汁和痰中可存活 2～3 个月;加热至 60 ℃保持 1 h 或至 80 ℃保持 30 min 才会被杀死;在 2%苯酚溶液中 15 min 或 1%升汞溶液中 10 min 死亡;耐盐性强,在含 10%～15% NaCl 的培养基中仍能生长。对碱性染料敏感,例如,1∶(100000～200000)的龙胆紫溶液可抑制其生长。由于抗生素的广泛使用,葡萄球菌的耐药菌株日渐增多。

(二)毒力因子与致病性

1. 毒力因子 葡萄球菌的毒力因子有多种,包括侵袭性酶类和毒素。如凝固酶、透明质酸酶、溶血素、肠毒素、杀白细胞素、表皮剥脱毒素、毒性休克综合征毒素-1。

2. 致病性 葡萄球菌所致疾病有侵袭性和毒素性两种类型。侵袭性疾病是指葡萄球菌通过多种途径侵入机体,主要引起化脓性炎症的疾病,包括局部感染(如皮肤软组织感染(疖、痈、毛囊炎、蜂窝织炎和伤口化脓等))、内脏器官感染(如肺炎、脑膜炎、心包炎、心内膜炎、关节炎、乳腺炎等)、全身感染(如败血症、脓毒血症等)。毒素性疾病是指引起人与动物中毒性呕吐、肠炎及人的毒性休克综合征。

(三)微生物学检查

对不同疾病类型应采集不同的病料:化脓病灶取脓汁、渗出物,败血症取血液,乳腺炎取乳汁,食物中毒取可疑食物、呕吐物及粪便等。

1. 镜检 取上述病料直接涂片,用碱性美蓝或革兰染色,镜检,根据细菌形态、大小、排列方式即可初步做出诊断。

2. 分离培养与生化试验 取病料接种于血液琼脂平板,检查菌落生长特征、产生的色素、溶血情况并进行涂片染色镜检,必要时可进行分离培养,用生化试验鉴定。

3. 葡萄球菌肠毒素的检查 从食物中毒动物的剩余饲料、呕吐物或粪便中分离可疑菌落,在做细菌鉴定的同时,接种至肉汤培养基上,孵育后取滤液注射至 6～8 周龄的幼猫腹腔。若幼猫在注射后 4 h 内发生呕吐、腹泻、体温升高或死亡等,提示有肠毒素存在的可能。此外,也可采用 ELISA 等免疫学方法和 DNA 探针杂交技术进行检测。

(四)免疫防治

动物患病后不产生明显持久的免疫力,可多次感染。葡萄球菌感染的治疗可使用抗生素与磺胺类药物,但应注意葡萄球菌易产生耐药性。

二、链球菌

链球菌是化脓性球菌中的一大类常见细菌,该菌广泛分布于自然界,如水、尘埃及动物体表、消化道黏膜、呼吸道黏膜、泌尿生殖道黏膜、乳汁,有些是人与动物体内正常菌群,有些可引起人与动物的肺炎、乳腺炎、败血症等。

(一)生物学特性

1. 形态、染色 链球菌呈球形或椭圆形,直径 0.6～1.0 μm,链状排列。在液体培养基中形成链的长度比在固体培养基上的长,可达 20～30 个菌细胞。该菌无芽孢,无鞭毛,幼龄菌能形成透明质

Note

酸荚膜，该荚膜后因细菌自身产生的透明质酸酶而消失。细胞壁外有菌毛样结构，含有型特异的 M 蛋白。链球菌呈革兰染色阳性，陈旧培养基上的老龄菌或被中性粒细胞吞噬后，可呈革兰染色阴性。

2. 培养特性 链球菌多数为兼性厌氧，少数为专性厌氧，对营养要求较高，普通培养基上生长不良，常需补充血液、血清和葡萄糖等。在血清肉汤培养基中呈絮状沉淀样生长，在血琼脂平板上形成灰白色、表面光滑、边缘整齐且直径 0.5～0.75 mm 的细小菌落，不同菌株的溶血情况不一。

3. 分类

(1) 根据溶血现象分类：在血琼脂平板上生长后，按溶血现象，链球菌可分为三类。

①甲型(α)溶血性链球菌：菌落周围有 1～2 mm 宽的草绿色溶血环。溶血环中的红细胞并未完全溶解，称甲型溶血或 α 溶血，其中的草绿色物质可能是细菌产生的 H_2O_2 破坏血红蛋白所致。这类细菌亦称草绿色链球菌，多为条件致病菌。

②乙型(β)溶血性链球菌：菌落周围形成 2～4 mm 的透明溶血环，溶血环中的红细胞完全溶解，致病力强，能引起人和动物多种疾病。

③丙型(γ)溶血性链球菌：菌落周围不形成溶血环，无致病性，多见于乳汁和粪便中。

(2) 根据抗原结构分类：

①按细胞壁中多糖抗原结构的不同，链球菌可分成 A、B、C、D、E、F、G、H、K、L、M、N、O、P、Q、R、S 和 T 族，近年又增加了 U 族和 V 族，共 20 族。

②按表面抗原的蛋白质组成不同，链球菌可分为 M、R、T、S 几个型，有毒性的主要是 M 抗原，其具有抗吞噬作用，并能使链球菌易于黏附在上皮细胞表面。R、T、S 抗原与链球菌的致病性和毒力关系不大。根据 M 抗原的不同可将 A 族链球菌分为 80 多个型。

4. 抵抗力 链球菌的抵抗力较葡萄球菌弱，对热敏感，在干燥尘埃中可生存数月，对常用消毒剂敏感。乙型溶血性链球菌对青霉素、红霉素、四环素和磺胺类药都很敏感，青霉素是链球菌感染的首选药物。

（二）毒力因子与致病性

1. 毒力因子 链球菌细胞壁某些成分，如 M 蛋白、脂磷壁酸(LTA)、肽聚糖等，与某些疾病的发生有关，此外链球菌产生的多种外毒素和具有较强侵袭力的酶类可使动物致病，主要有溶血毒素 O、S，致热外毒素、红疹毒素、链激酶、DNA 酶、透明质酸酶、蛋白酶等。

2. 致病性 不同血清群的链球菌所引起的疾病也不相同。C 血清群中的马链球菌兽疫亚种及马链球菌主要引起猪的脑膜炎、淋巴结脓肿、急性败血症(D 血清群、L 血清群也能引起本病)或亚急性败血症、关节炎、肺炎、脓毒血症、仔猪心内膜炎。

牛感染链球菌后主要表现为乳腺炎和肺炎。羊败血性链球菌病的病原为 C 血清群马链球菌兽疫亚种，特征是引起全身出血性败血症及浆液性肺炎与纤维素性胸膜肺炎。

C 血清群中马链球菌马亚种引起的马腺疫，主要特征为颌下淋巴结呈急性化脓性炎症。

致病性链球菌以引起多种动物化脓性炎症为常见，尤其是牛的乳腺炎、鸡链球菌病和猪的溶血性链球菌病等，可给畜牧业造成极大的损失。

在公共卫生方面，致病性链球菌主要引起人的化脓性炎症、猩红热、心内膜炎、肾小球肾炎、风湿热以及局部感染。含有本菌的牛乳被人饮用后会引起咽喉痛。

（三）微生物学检查

1. 镜检 病料可为脓汁、渗出液、乳汁和血液等，发现链状排列球菌可做出初步诊断。

2. 分离培养 病料接种于血琼脂平板上，疑为败血症的血液标本，细菌数目增加后再分离培养。培养后在菌落周围观察溶血情况，进一步涂片观察分离菌的形态及染色特点，必要时做生化试验及血清学试验来鉴定，还可以采用 PCR 等技术进行诊断。

（四）免疫防治

发生猪链球菌感染的地区，可以用疫苗进行预防注射。治疗链球菌感染可以使用青霉素或磺胺

Note

类药。

三、大肠杆菌

大肠杆菌学名为大肠埃希菌，属于肠杆菌科埃希氏菌属。动物出生后数小时，大肠杆菌就进入其肠道，并终生伴随。大肠杆菌是肠道中重要的正常菌群，能为宿主提供一些具有营养作用的合成代谢产物；在宿主免疫力下降或细菌侵入肠道外组织器官后，大肠杆菌可成为条件致病菌，引起肠道外感染，故大肠杆菌也是肠道杆菌中最重要的一种条件致病菌；大肠杆菌在环境卫生和食品卫生学中，常用作被粪便污染样本的检测指标；在分子生物学和基因工程研究中，大肠杆菌是重要的实验材料。

（一）生物学特性

1. 形态、染色 大肠杆菌宽 0.4～0.7 μm，长 1～3 μm，革兰染色阴性，多数菌株周身有鞭毛，能运动；有菌毛，包括普通菌毛和性菌毛，有些菌株还有致病性菌毛。

2. 培养特性与生化反应 大肠杆菌兼性厌氧，对营养要求不高，在普通琼脂平板 37 ℃培养 24 h后，形成直径 2～3 mm 的圆形、凸起、灰白色 S 形菌落。有些菌株在血琼脂平板上呈乙型溶血性。大肠杆菌在液体培养基中呈均匀混浊状生长，管底有黏性沉淀物，液面出现菌环；在麦康凯培养基上培养 18～24 h 形成边缘整齐、稍凸起、表面光滑、湿润的红色菌落；在伊红美蓝琼脂培养基上形成黑色带金属光泽的圆形菌落；在远藤氏培养基上形成红色带金属光泽的圆形菌落。吲哚、甲基红、伏-波（VP）、枸橼酸盐试验（IMViC test）结果分别为＋、＋、－、－。大肠杆菌能分解葡萄糖、麦芽糖、甘露醇，产酸产气，大多数菌株能迅速发酵乳糖，约半数菌株不分解蔗糖。

3. 抗原结构 大肠杆菌抗原结构复杂，主要有菌体 O 抗原、鞭毛 H 抗原和荚膜 K 抗原。O 抗原有 170 多种，H 抗原有 60 多种，K 抗原有 100 多种。K 抗原按其物理性质不同又分为 L、A、B 三型。大肠杆菌的血清型别按 O:K:H 排列，如 $O_{111}:K_{58(B4)}:H_2$。

4. 抵抗力 大肠杆菌对理化因素抵抗力不强，60 ℃下 30 min 即死亡。常用氯进行饮水消毒。胆盐、煌绿等染料对非致病性肠杆菌科细菌有抑制作用，可借此性质制备选择培养基来分离有关致病菌。

（二）毒力因子与致病性

1. 毒力因子

(1) 侵袭力：大肠杆菌具有 K 抗原和菌毛，K 抗原有抗吞噬作用和抵抗抗体和补体的作用。菌毛能帮助大肠杆菌黏附于黏膜表面。

(2) 定居因子：致病性大肠杆菌必须先黏附于宿主肠壁，以免被肠蠕动和肠分泌液所清除。家畜中致腹泻大肠杆菌的定居因子是一种特殊的菌毛，称 K_{88}、K_{99} 或 987P。后来证实，人的致腹泻大肠杆菌也有类似菌毛。

(3) 肠毒素：大肠杆菌产生的肠毒素有两种：①不耐热肠毒素（LT）：化学组成为蛋白质，对热不稳定，加热至 65 ℃保持 30 min 即被破坏。②耐热肠毒素（ST）：ST 对热稳定，100 ℃加热 20 min 仍不被破坏。

2. 致病性 根据毒力因子与发病机制的不同，与动物疾病有关的致病性大肠杆菌可分为五类：产肠毒素大肠杆菌（ETEC）、产类志贺毒素大肠杆菌（SLTEC）、肠致病性大肠杆菌（EPEC）、败血性大肠杆菌（SEPEC）及尿道致病性大肠杆菌（UPEC）。其中研究得最清楚的是前两种。

ETEC 是一类致人和幼畜（初生仔猪、犊牛、羔羊及断奶仔猪）腹泻最常见的致病性大肠杆菌，其致病力主要由黏附素性菌毛和肠毒素两类毒力因子构成，二者密切相关且缺一不可。初生幼畜被 ETEC 感染后常因剧烈水样腹泻和迅速脱水死亡，发病率和死亡率均很高。

SLTEC 是一类在体内或体外生长时可产生类志贺毒素（SLT）的致病性大肠杆菌。在动物中，SLTEC 可致猪的水肿病，以头部、肠系膜和胃壁浆液性水肿为特征，常伴有共济失调、麻痹或惊厥等神经症状，发病率低但致死率很高。

此外，大肠杆菌在临床还可以引起肠道外感染，尤其在家禽，表现为气囊炎、心包炎、肺炎、肝周炎、腹膜炎、输卵管炎等。

（三）微生物学检查

对于败血症病例，可无菌操作采集其病变的内脏组织，直接在血琼脂或麦康凯平板上划线分离培养。对于幼畜腹泻及猪水肿病例，应取其各段小肠内容物或黏膜刮取物以及相应肠段的肠系膜淋巴结，分别在麦康凯平板和血琼脂平板上分离培养。挑取麦康凯平板上的红色菌落或血琼脂平板上呈β溶血（仔猪黄痢与猪水肿病菌株）的几个典型菌落，分别转种三糖铁（TSI）培养基和普通琼脂斜面做初步生化鉴定和纯培养。取TSI琼脂反应符合大肠杆菌的生长物或其相应的普通琼脂斜面纯培养物做O抗原鉴定，与此同时进行大肠杆菌常规生化试验的鉴定，以确定分离株是否为大肠杆菌。在此基础上，通过对毒力因子的检测便可确定其属于哪一类致病性大肠杆菌。

（四）免疫防治

目前，国内外已有多种预防幼畜腹泻的实验性或商品化菌苗，主要是含单价或多价菌毛抗原的灭活全菌苗或亚单位苗，以及类毒素苗、LT-B亚单位苗、志贺毒素B亚单位苗等。怀孕母畜接种这些疫苗后，均能使其后代从初乳中获得抗大肠杆菌感染的被动保护力。

预防禽大肠杆菌病、猪水肿病，通常可选择针对本地流行的3～4种常见O抗原的野毒菌株，制成灭活疫苗，这样可起到较好的预防效果。

抗菌药物最好选用经药敏试验确证为高效的抗生素，并应正确使用，防止产生耐药性和残留。

四、沙门氏菌

沙门氏菌属肠杆菌科沙门氏菌属，是一群寄生在人类和动物肠道中，生化反应与抗原结构相关的革兰阴性杆菌。沙门氏菌的血清型有2500种以上，广泛分布于自然界，绝大部分沙门氏菌对人和动物有致病性。

（一）生物学特性

1. 形态、染色　沙门氏菌为革兰阴性杆菌，宽0.6～1.0 μm，长2～4 μm。除个别鸡沙门氏菌和雏沙门氏菌外，都有周身鞭毛，一般无荚膜，均无芽孢。

2. 培养特性与生化反应　沙门氏菌兼性厌氧，在普通培养基上生长良好，形成半透明、中等大小、圆形光滑型菌落。在SS琼脂、MAC琼脂或中国蓝琼脂等肠道选择培养基上形成无色菌落。不发酵乳糖或蔗糖，可发酵葡萄糖、麦芽糖和甘露糖，除伤寒沙门氏菌不产气外，其他沙门氏菌均产酸产气。生化反应对沙门氏菌属的种和亚种鉴定有重要意义。

3. 抗原结构　沙门氏菌主要有O抗原和H抗原，少数有Vi抗原。

（1）O抗原：菌体抗原，为细胞壁脂多糖（LPS），性质较稳定，能耐100 ℃加热2 h。O抗原至少有58种，以阿拉伯数字表示，每种沙门氏菌含有一种或数种O抗原，有的O抗原是某一种沙门氏菌所特有，有的O抗原为几种沙门氏菌所共有。分类时将具有相同O抗原的沙门氏菌归为一个组，如此可将沙门氏菌分为A～Z，051～063，065～067，共42个组。引起动物疾病的大多在A～E组。

（2）H抗原：蛋白质，性质不稳定，60 ℃加热15 min即被破坏。H抗原有两相，第1相特异性高，称特异相，用a、b、c…表示。同一组内第1相抗原很少相同。第2相特异性低，称非特异相，用1、2、3…表示，同时具有第1相和第2相H抗原的，称双相菌；仅有一相者称单相菌。

（3）Vi抗原：因与毒力有关而命名为毒力抗原，为不耐热的酸性多糖聚合体，60 ℃加热30 min或经苯酚处理即被破坏。新分离的伤寒与希氏沙门氏菌等少数菌具有Vi抗原，人工培养传代后易消失。Vi抗原存在于菌体表面，它可阻止O抗原与相应抗体的凝集反应。

4. 抵抗力　沙门氏菌不耐热，60 ℃加热15 min即死亡；70%酒精或5%苯酚处理5 min可将其杀死；亚硒酸盐、煌绿等染料对本菌的抑制作用小于大肠杆菌，故常用其制备选择培养基，以利于分离粪便中的沙门氏菌。沙门氏菌在水中能生存2～3周，在粪便中可存活1～2个月，在冰冻土壤中可过冬；对氯霉素很敏感。

（二）毒力因子与致病性

1. 毒力因子

(1) 侵袭力：沙门氏菌有毒株能吸附于小肠黏膜上皮细胞表面，并穿过上皮细胞层到达皮下组织，在此部位该菌可被吞噬，但不被杀死，并在吞噬细胞内生长繁殖，且可随其移动而转移至其他部位。具有 Vi 抗原的沙门氏菌具有较强的侵袭力。Vi 抗原具有抗吞噬、阻挡抗体与补体的作用。

(2) 内毒素：沙门氏菌有较强的内毒素，可致机体发热、白细胞减少、中毒性休克等；并能激活补体系统，产生 C3a、C5a 等，吸引白细胞而导致肠道局部炎症反应。

(3) 肠毒素：某些沙门氏菌（如鼠伤寒沙门氏菌）能产生肠毒素，导致机体腹泻或解水样便。

2. 致病性　与畜禽有关的沙门氏菌主要有鼠伤寒沙门氏菌，引起各种畜禽及实验动物的副伤寒，副伤寒可致动物胃肠炎或败血症，也可引起人类的食物中毒。肠炎沙门氏菌主要引起畜禽的胃肠炎及人类肠炎和食物中毒。猪霍乱沙门氏菌主要引起幼猪和架子猪的败血症以及肠炎。鸡白痢沙门氏菌可引起雏鸡急性败血症，多侵害 20 日龄以内的幼雏，日龄较大的雏鸡可表现为白痢，发病率和死亡率相当高；对成年鸡，主要感染生殖器官，被感染的鸡呈慢性局部炎症或隐性感染，该菌可通过种蛋垂直传播。马流产沙门氏菌可使怀孕母马流产或继发子宫炎，对公马，可致鬐甲瘘或睾丸炎。

（三）微生物学检查

对未被污染的被检组织，可直接在普通琼脂、血液琼脂或鉴别培养基平板上划线分离，但已污染的被检材料，如饮水、粪便、饲料、肠内容物和已腐败组织等，因含杂菌数远超过沙门氏菌，故需要增菌培养后再进行分离。增菌培养基常用的有亮绿-胆盐-四硫磺酸钠肉汤、四硫磺酸盐增菌液、亚硒酸盐增菌液等。这些培养基能抑制其他杂菌的生长而有利于沙门氏菌大量繁殖。鉴别培养基常用麦康凯、伊红美蓝、SS 等琼脂培养基，绝大多数沙门氏菌因不发酵乳糖，所以在这类平板上形成的菌落颜色与大肠杆菌的不同。

挑取鉴别培养基上的几个可疑菌落分别纯培养，同时分别接种三糖铁琼脂培养基和尿素琼脂培养基，37 ℃培养 24 h。若此两项反应结果均符合沙门氏菌，则取其三糖铁琼脂培养基的培养物或与其相应菌落的纯培养物做沙门氏菌常规生化项目和沙门氏菌抗 O 抗原群的进一步鉴定试验。必要时可做血清型分型试验。

（四）免疫防治

目前应用的兽用疫苗多限于预防各种家畜特有的沙门氏菌病，如仔猪副伤寒弱毒冻干苗、马流产沙门氏菌灭活苗，均有一定的预防效果。防治家禽沙门氏菌病主要应严格执行卫生检验和检疫，并采取防止饲料和环境污染等的一系列规程性措施，净化鸡群。一些国家自实行规程以来，已消灭或控制了鸡白痢和鸡伤寒。现阶段有效的治疗药物有庆大霉素、卡那霉素、诺氟沙星或环丙沙星。用药之前最好做药敏试验，防止产生耐药性和残留。

五、多杀性巴氏杆菌

本菌是引起多种畜禽巴氏杆菌病的病原体，主要使动物发生出血性败血病或传染性肺炎。本菌广泛分布于世界各地。在同种或不同动物间可相互传染，也可感染人。过去曾按感染动物的名称，将本菌分别称为牛、羊、猪、禽、马、家兔巴氏杆菌，后统称为多杀性巴氏杆菌。

（一）生物学特性

1. 形态、染色　多杀性巴氏杆菌为球杆状或短杆状菌，两端钝圆，宽 0.25～0.4 μm，长 0.5～2.5 μm。单个存在，有时成双排列。病料涂片用瑞氏染色或美蓝染色时，可见典型的两极着色。无鞭毛，不形成芽孢，革兰染色阴性。

2. 培养特性与生化反应　多杀性巴氏杆菌为需氧菌或兼性厌氧菌，对营养要求较高。在普通培养基上生长不好，在麦康凯培养基上不生长。在加有血液、血清或微量血红素的培养基中生长良好。最适温度为 37 ℃，最适 pH 为 7.2～7.4。在血琼脂平板上培养 24 h，长成水滴样小菌落，无溶血现象。在血清肉汤中培养，表面形成菌环。从病料新分离的强毒菌株具有荚膜。菌落为黏液型，较大。本菌可分解葡萄糖、果糖、蔗糖、甘露糖和半乳糖，产酸不产气。大多数菌株可发酵甘露醇、山梨醇和木糖。一般不发酵乳糖、鼠李糖、杨苷、肌醇、菊糖、侧金盏花醇。可形成靛基质。触酶和氧化酶试验均为阳性，甲基红试验和 VP 试验均为阴性，石蕊牛乳试验无变化，不液化明胶，产生硫化氢和氨。

3. 血清型　本菌主要以其荚膜抗原和菌体抗原区分血清型，前者有 6 个型，后者至少有 16 个型。1984 年，Carter 提出本菌血清型的标准定名：以阿拉伯数字表示菌体抗原型，大写英文字母表示荚膜抗原型。我国分离的禽巴氏杆菌以 5∶A 为多，其次为 8∶A；猪的以 5∶A 和 6∶B 为主，8∶A 和2∶D 其次；羊的以 6∶B 为多；家兔的以 7∶A 为主，其次是 5∶A。C 型是犬、猫的正常栖居菌，E 型仅见于非洲的牛和水牛，F 型见于火鸡。

4. 抵抗力　多杀性巴氏杆菌抵抗力不强，在无菌蒸馏水和生理盐水中很快死亡。在阳光下暴晒 10 min，或在 56 ℃加热 15 min 或 60 ℃加热 10 min 可被杀死。此菌在厩肥中可存活 1 个月，埋入地下的病死鸡，4 个月后体内仍残存活菌。此菌在干燥的空气中 2～3 d 可死亡。3%苯酚、3%福尔马林、10%石灰乳、2%来苏尔、1%氢氧化钠等处理 5 min 可杀死本菌。对青霉素、链霉素、四环素、土霉素、磺胺类等抗菌药物敏感。

（二）致病性

本菌对鸡、鸭、鹅、野禽、猪、牛、羊、马、家兔等都有致病性，急性型病例呈出血性败血症，迅速死亡，如牛出血性败血症、猪肺疫、禽霍乱。慢性型病例则呈现萎缩性鼻炎（猪、羊）、关节炎及局部化脓性炎症等。

（三）微生物学检查

1. 显微镜检查及分离培养　采集渗出液、心血、肝、脾、淋巴结、骨髓等新鲜病料做涂片或触片，以碱性美蓝液或瑞氏染色液染色，显微镜检查，如发现典型的两极着色的短杆菌，结合流行病学及剖检，即可做出初步诊断。但慢性病例或腐败材料不易发现典型菌体，必须进行培养和动物试验。可用血琼脂分离培养，疑似菌落再接种在三糖铁培养基上，此时细菌生长，使底部变黄。必要时可进一步做生化反应进行鉴定。

2. 动物试验　用病料悬液或分离培养菌液，皮下注射小鼠、家兔或鸽，动物多在 24～48 h 内死亡。参照病畜的生前临床症状和剖检变化，结合分离菌株的毒力试验，做出诊断。

若要鉴定荚膜抗原型和菌体抗原型，则要用抗血清或单克隆抗体进行血清学试验。检测动物血清中的抗体，可用试管凝集、间接凝集、琼脂扩散试验或 ELISA。

（四）免疫防治

注射疫苗是控制畜禽巴氏杆菌病的有效方法，猪可选用猪肺疫氢氧化铝甲醛苗、猪肺疫弱毒苗或猪瘟-猪丹毒-猪肺疫三联苗，禽可用禽霍乱弱毒苗，牛可用牛出血性败血症氢氧化铝苗。畜禽预防和治疗还可用抗生素、磺胺类、喹诺酮类等药物。

六、炭疽杆菌

炭疽杆菌属于需氧芽孢杆菌属，是动物和人类炭疽病的病原体。本菌主要引起羊、牛等草食动物炭疽病，也可传给人和肉食动物。

（一）生物学特性

1. 形态、染色　炭疽杆菌为革兰染色阳性粗大杆菌，长 4～8 μm，宽 1～2 μm。菌体两端平截，呈长链状排列，如竹节状，无鞭毛。在机体内或含血清和碳酸氢钠的培养基中可形成荚膜。在活机体或未经剖检的尸体内不易形成芽孢，而在氧气充足的外界环境或人工培养基中易形成芽孢，其芽孢呈椭圆形，位于菌体中央，小于菌体宽度。

2. 培养特性与生化反应 本菌需氧，对营养要求不高，在普通培养基上生长良好，形成灰白色、表面粗糙、无光泽、不透明、边缘不整齐似卷发状、大而扁平的菌落。在肉汤中呈絮状沉淀样生长。在血平板上可形成轻微溶血环。有的毒株在含 $NaHCO_3$ 的血琼脂平板上，于 5% CO_2 环境中培养 48 h 可产生荚膜，菌落由粗糙型变为黏液型。无毒株不形成荚膜。本菌发酵葡萄糖，产酸而不产气，不发酵阿拉伯糖、木糖和甘露醇。本菌可水解淀粉、明胶和酪蛋白。VP 试验阳性，不产生吲哚和 H_2S，可还原硝酸盐，触酶试验阳性。

3. 抗原结构 炭疽杆菌具有荚膜抗原、菌体抗原、芽孢抗原及炭疽毒素等多种抗原成分。其中的炭疽毒素和荚膜抗原与其致病性有关，并具有较强的免疫原性。

4. 抵抗力 本菌的抵抗力与一般细菌相同，但芽孢的抵抗力甚强，在干燥土壤或皮毛中可存活数年至 20 余年，牧场一旦被污染，其传染性可保持 20～30 年。100 ℃煮沸 10 min，高压蒸汽 121 ℃灭菌 15 min，干热 160 ℃保持 3 h 方可杀灭芽孢。其芽孢对一般化学消毒剂的抵抗力也很强，但对碘及氧化剂较敏感，1∶2500 碘液处理 10 min，0.5%过氧乙酸处理 10 min 即可将芽孢杀死。其芽孢对青霉素、红霉素、氯霉素等敏感。

（二）毒力因子与致病性

1. 毒力因子 有致病性的炭疽杆菌能产生毒性很强的炭疽毒素，此毒素包括三种成分：水肿因子、保护性抗原和致死因子。此三种成分单用对动物没有毒性；若将前两种成分混合注射于家兔或豚鼠皮下，可引起皮肤水肿；后两种成分混合注射，可引起肺部出血水肿，并致豚鼠死亡。三种成分混合注射可出现炭疽病的典型症状。炭疽毒素的毒性作用主要有增强微血管的通透性，改变血液循环，损害肝脏以及干扰糖代谢，最后导致机体死亡。

2. 致病性 炭疽病主要发生于草食动物，牛、绵羊最易感，马、骆驼、山羊次之，猪虽能感染，但生前不易被发现，生产中多因屠宰后发现血凝不良和尸僵不全引起人们注意而被发现。肉食动物对本菌具有一定的抵抗力。

公共卫生：人容易通过体表、呼吸道、消化道途径感染，分别产生皮肤炭疽、肺炭疽和肠炭疽；本菌主要流行于牧区，多感染牧民及毛皮加工厂、皮革厂工人。

（三）微生物学检查

疑为炭疽病死亡动物的尸体严禁解剖或剥皮。

1. 标本采集 可在末梢血管部位，如耳部采血供涂片、染色、镜检用，切口用烧红的烙铁止血灭菌封口，以防不测。确有必要解剖时，须在严格消毒、防止病原扩散，并做好操作人员自身防护的条件下，谨慎地将尸体做局部切开，草食动物取小块脾送检；若为疑似炭疽病的猪，采样最好取咽淋巴结。切口用浸有 0.2%升汞或 5%苯酚的纱布堵塞。

病料装入试管或玻璃瓶内并严密封口，用浸有 0.2%升汞的纱布包好，并装入塑料袋内，再置广口瓶中，由专人送检。

2. 镜检 为确保安全，对送来的材料涂片时加 1∶1000 汞液固定 5 min。新鲜病料用碱性美蓝或瑞氏染液染色镜检，如发现有荚膜的典型粗大杆菌，即可初步诊断。

3. 分离培养 取病料接种于普通琼脂或血液琼脂上，37 ℃培养 18～24 h，观察有无典型或可疑的炭疽杆菌菌落。同时做革兰染色镜检。

4. 动物试验 将被检病料磨匀后加生理盐水适当稀释（若疑为炭疽杆菌培养物则可直接使用），小鼠腹腔注射 0.2 mL 或豚鼠皮下注射 0.3 mL，如小鼠和豚鼠在 24～36 h 内因败血症死亡，剖检并取其脏器、腹腔液或心血涂片镜检，可以找到大量典型的具有荚膜的炭疽杆菌。同时见到注射部位呈胶样水肿，脾显著肿大，即可确诊。

5. Ascoli 氏反应 对于腐败、陈旧或严重污染杂菌的动物尸体，以及干燥皮张，可用 Ascoli 氏反应判定。方法：取样（3 g 左右），用 3 倍生理盐水制成乳剂，经 100 ℃水浴 30 min 后用石棉滤板或脱脂棉过滤，获得的透明、淡黄色液体作为被检沉淀原，用炭疽沉淀素血清重叠进行沉淀反应。

Note

此外，还可通过串珠试验、荚膜肿胀试验等方法进行检查。

（四）免疫防治

对易感家畜采取预防接种是防治炭疽病的有效方法，常用疫苗有无毒炭疽芽孢苗和Ⅱ号炭疽芽孢苗两种。抗炭疽血清在疫区可用于紧急预防或治疗。治疗时，可用青霉素、链霉素等多种抗生素及磺胺类药物。炭疽病畜尸体应焚烧处理。

七、布氏杆菌

布氏杆菌病是一种严重的人畜共患慢性传染病，病程持续时间长，短的数月，长的可延续多年，而且呈周期性复发，表现为发热、子宫炎、流产、睾丸炎。人则为关节炎和波浪热等。

（一）生物学特性

1. 形态、染色 布氏杆菌呈球形或短杆形，新分离菌趋于球形；宽 0.5～0.7 μm，长 0.6～1.5 μm，多单独存在；不形成芽孢和荚膜，无鞭毛，不运动；革兰染色阴性。

2. 培养特性与生化反应 本菌为专性需氧菌，对营养要求较高，在含有肝浸液、血液、血清及葡萄糖等的培养基上生长良好，其中牛布氏杆菌初次培养时须在含 5%～10% CO_2 的环境中才能生长。本菌在 pH 6.6～7.4 发育最佳。本菌生长缓慢，初次培养 5～10 d 才能看到菌落。血清肝汤琼脂培养基中培养 2～3 d 后，形成湿润、闪光、无色、圆形、隆起、边缘整齐的小菌落。血液琼脂培养基中培养 2～3 d 后，形成灰白色、不溶血的小菌落。

本菌触酶、氧化酶、硝酸盐还原酶、脲酶试验阳性，不液化明胶，不溶解红细胞，吲哚、甲基红和 VP 试验阴性，石蕊牛乳试验无变化，不利用柠檬酸盐。

3. 抗原及种类 本菌抗原成分主要有两种：M 抗原（羊布氏杆菌菌体抗原）和 A 抗原（牛布氏杆菌菌体抗原）。两种抗原在各型菌株中含量不同。如羊布氏杆菌含 M 抗原较多，M 抗原与 A 抗原之比约为 20∶1；牛布氏杆菌含 A 抗原较多，A 抗原与 M 抗原之比约为 20∶1；猪布氏杆菌的 A 抗原和 M 抗原之比约为 2∶1。

根据其生物学特性，本菌可分为六种，对人畜危害较大的有三种：羊布氏杆菌（又称马耳他热杆菌）、牛布氏杆菌（又称流产布氏杆菌）和猪布氏杆菌。另外三种布氏杆菌为沙林鼠布氏杆菌、绵羊阴睾布氏杆菌和犬布氏杆菌。

4. 抵抗力 布氏杆菌在自然界中生存能力较强：在土壤和水中可存活 1～4 个月；在皮毛上可存活 2～4 个月；在干燥的胎膜中可存活 4 个月左右；在病畜肉、乳制品中可存活约 2 个月，在鲜乳中 8 d 仍有致病力。60 ℃加热 10～30 min 可被杀死；阳光直射 20 min 即可被杀死。本菌对常用的消毒剂敏感，对链霉素、四环素均敏感。

（二）毒力因子与致病性

1. 毒力因子 内毒素、荚膜、透明质酸酶、过氧化氢酶等为布氏杆菌的主要致病物质。

2. 致病性 本菌主要引起母畜流产，公畜睾丸炎和关节炎。其中以羊布氏杆菌毒力最强，猪布氏杆菌次之，牛布氏杆菌较弱。在自然条件下，除羊、牛、猪对本菌易感外，本菌还可感染马、骡、水牛、骆驼、鹿、犬、猫等多种动物。病畜通过皮肤和黏膜、消化道、呼吸道等途径感染，多为慢性，往往症状不明显，也很少死亡，但长时间经粪、乳、尿和子宫分泌物排菌而污染环境，传染人畜，危害极大。

公共卫生：人对羊布氏杆菌最为敏感，多因接触病畜或污染物引起感染和发病，表现为体温升高、下降有规律地交替出现，这被称为波浪热；也有的病畜表现为关节炎、睾丸炎等慢性疾病。

（三）微生物学检查

1. 细菌学诊断 取流产胎儿的胃内容物、肺、肝和脾，以及流产胎盘和羊水等作为病料，直接涂片，做革兰染色和柯兹洛夫斯基染色（简称柯氏染色）镜检。若发现革兰阴性、柯氏染色为红色的球状杆菌或短小杆菌，则可做出初步诊断。必要时进行细菌的分离培养和动物接种。

2. 血清学诊断 动物感染布氏杆菌 7～15 d 可出现抗体，检测血清中的抗体是布氏杆菌病诊断和检疫的主要手段。常用的方法是平板凝集试验和试管凝集试验，也可进行补体结合试验、间接血凝试验和乳汁环状试验。在实际工作中，最好用多种方法相互配合。在大规模检疫时可采用操作较简便的方法初步筛选，然后用准确度较高的方法予以复核。

3. 变态反应诊断 动物感染布氏杆菌后3～6周，产生Ⅳ型变态反应。临床上可用布氏杆菌水解素0.2 mL注射于羊尾根皱褶处或猪耳部皮内，24 h和48 h各观察一次，若注射部位发红肿胀则判为阳性反应。此法对慢性病例检出率较高，并且注射布氏杆菌水解素后无抗体产生，不妨碍以后的血清学检查。

动物感染布氏杆菌后，一般于7～14 d能出现凝集素，抗体(IgG)结合反应比凝集反应晚出现10～15 d，但持续时间长，皮肤变态反应的出现则更晚。因此，凝集反应、抗体结合反应、变态反应综合使用方能检出大量的病畜。

（四）免疫防治

我国应用的布氏杆菌疫苗有两种。一种是M90株弱毒活菌苗，系将羊布氏杆菌生物1型强毒株通过鸡体传代减毒育成，皮下注射或以气雾的方式应用，免疫期在绵羊和山羊可达1年半，牛、鹿均为1年。另一种是S2株弱毒活菌苗，由猪源菌株经培养基连续传代致弱而成。对怀孕母羊安全，可接种任何年龄的动物。可经饮水、气雾或皮下注射免疫。猪免疫期为1年，牛、绵羊和山羊均为2年。接种疫苗虽有显著效果，但欲根除此病，尚需采取严格畜群全面检疫及淘汰病畜的措施。

对于布氏杆菌病病畜，不提倡用抗生素治疗，以免耐药菌株在带菌动物中残留并成为传染源。

八、结核分枝杆菌

结核分枝杆菌又称结核杆菌，为人畜共患传染病(结核病)的病原，分人型、牛型、禽型和鼠型，其中牛型危害最大，引起的结核病广泛，世界各地均有此病发生。

（一）生物学特性

1. 形态、染色 结核分枝杆菌为细长略带弯曲的杆菌，直径约0.4 μm，长1～4 μm，呈单个或分枝状排列，常聚集成团；无鞭毛，不形成芽孢；细胞壁含肽聚糖和大量脂质。脂质占细胞壁干重的60%，其中主要是分枝菌酸。由于细胞壁结构中大量脂质的存在，一般染料难以渗入细胞壁和细胞内。因此，结核分枝杆菌虽为革兰染色阳性，但不易着色，一般用齐-尼氏抗酸染色法染色。这是结核分枝杆菌与其他细菌的重要区别。结核分枝杆菌经5%苯酚复红加热染色后可着色，但不能被3%盐酸乙醇脱色，故菌体呈红色，此为齐-尼氏抗酸染色阳性。而其他细菌呈蓝色，为齐-尼氏抗酸染色阴性。

2. 培养特性 结核分枝杆菌为专性需氧菌，最适温度为37 ℃，低于30 ℃或高于42 ℃均不生长；最适pH为6.4～7.0；对营养要求较高，生长缓慢，繁殖一代约需18 h；在宿主环境中生长繁殖速度更慢；分离培养常用罗氏培养基，内含蛋黄、甘油、马铃薯、无机盐和孔雀绿等；一般培养2～4周可见粗糙型菌落生长。菌落表面干燥呈颗粒、结节或菜花状，呈乳白色或米黄色，不透明。在液体培养基中，结核分枝杆菌菌体可相互粘连，并按纵轴平行排列成绳索状，且由于细菌含脂质量多，具有疏水性，加上有需氧要求，故易形成有皱褶的菌膜浮于液面。

3. 抵抗力 结核分枝杆菌细胞壁中含有的大量脂质使细菌对理化因素有较强的抵抗力。①抗干燥：在干燥痰内可存活6～8个月。②抗酸碱：在6% H_2SO_4溶液或4% NaOH溶液中30 min仍有活性，故常用酸碱处理标本来杀死杂菌和消化其黏稠物质。③抗染料：结核分枝杆菌对一定浓度的结晶紫或孔雀绿有抵抗力，这两种染料加在培养基中可抑制杂菌生长。结核分枝杆菌对湿热、紫外线及脂溶剂均敏感，在液体中加热至62～63 ℃保持15 min即被杀死，此法可用于牛奶消毒；阳光直接照射2～7 h可以被杀死。结核分枝杆菌对链霉素、异烟肼、利福平、环丝氨酸、乙胺丁醇、卡那霉素、对氨基水杨酸等敏感，但长期用药容易出现耐药性。

（二）毒力因子与致病性

Note

1. 毒力因子 荚膜、脂质、蛋白质、多糖为结核分枝杆菌的主要致病物质。

2. 致病性 牛分枝杆菌主要引起牛结核病，其他家畜、野生反刍动物、人、灵长目动物、犬、猫等肉食动物均可感染本菌。试验动物中豚鼠、兔对本菌有高度敏感性。本菌对小鼠有中等致病性，对家禽无致病性。禽分枝杆菌主要引起禽结核病，也可引起猪的局限性病灶。结核分枝杆菌可使人、畜禽及野生动物发生结核病，山羊和家禽对结核分枝杆菌不敏感。牛分枝杆菌和人结核分枝杆菌毒力较强，禽分枝杆菌毒力较弱。

（三）微生物学检查

1. 细菌学诊断 将病料结节切开，制成薄的涂片。乳汁以 2000～3000 r/min 离心 40 min，分别取脂肪层和沉淀层涂片。涂片干燥固定后经齐-尼氏抗酸染色，如发现红色成丛杆菌，可做出初步诊断。必要时进行细菌的分离培养和动物试验。

2. 变态反应诊断 本法是临床结核病检疫的主要方法。目前所用的诊断液为提纯结核菌素(PPD)，诊断方法为皮内试验。《动物检疫操作规程》规定，牛颈部皮内注射 0.1 mL(10 万 IU/mL) 72 h 后局部炎症反应明显，皮肤肿胀厚度≥4 mm 为阳性；如局部炎症不明显，皮肤肿胀厚度在 2～4 mm 间，为疑似；如无炎症反应，皮肤肿胀厚度在 2 mm 以下，为阴性。凡判为疑似反应的牛，30 d 后需复检一次，如仍为疑似，经 30～45 d 再次复检，如仍为疑似可判为阳性。

目前亦有应用间接血凝试验、荧光抗体、ELISA 试剂盒等血清学诊断方法进行诊断的，但变态反应诊断应用得最广泛。

（四）免疫防治

人类广泛采用卡介苗免疫接种，免疫期达 4～5 年。犊牛在 1 月龄时也可皮下接种卡介苗 100 mg，20 d 产生免疫力，可维持 12～18 个月。接种卡介苗的牛 1 年后仍维持变态反应阳性，在用结核菌素检疫时无法与自然感染牛区别，因而不宜推广应用。按规定，饲养牛群不接种卡介苗，每年春、秋需进行检疫，结核菌素变态反应检测阳性者，要隔离饲养。鉴于抗体产生与结核病的正相关性，在检疫时如将变态反应检测与 ELISA 结合进行，可提高检出率。对检出的患结核病的动物要扑杀处理。

结核病为人畜共患病，凡对人结核病有效的药物，对动物也有效。但除珍稀或观赏动物外，不提倡用药物治疗。

九、厌氧芽孢梭菌

本菌为厌氧芽孢梭菌属的细菌，是一群革兰染色阳性、能形成芽孢的大杆菌，由于芽孢的直径比菌体宽，使菌体一端膨大成梭状，故名厌氧芽孢梭菌。不同细菌的芽孢在菌体中的位置及其形态不同，有助于对菌种的鉴别。该属菌主要分布于土壤、人和动物肠道，多数为腐生菌，少数为致病菌，如破伤风梭菌、产气荚膜梭菌、肉毒梭菌等可导致动物与人类的破伤风、气性坏疽和肉毒毒素中毒等严重疾病。

（一）破伤风梭菌

破伤风梭菌是破伤风的致病菌。该菌大量存在于土壤、人和动物肠道内。当机体受到外伤，伤口被污染，及分娩时使用不洁器械断脐接生或脐部消毒不严格时，本菌可侵入局部创面引起外源性感染。

1. 生物学特性 破伤风梭菌为菌体细长的革兰阳性杆菌，长 2～18 μm，宽 0.5～1.7 μm，有周鞭毛，无荚膜。芽孢呈正圆形，其直径比菌体宽，位于菌体一端，使带有芽孢的细菌呈鼓槌状，此为本菌的典型特征。培养时严格厌氧，在血平板上，37 ℃培养 48 h 后可见薄膜状爬行生长，伴 β 溶血。菌落周边疏松，似羽毛状突起，边缘不整齐，呈羊齿状。本菌不发酵糖类，不分解蛋白质。其芽孢在 100 ℃ 保持 1 h 可被破坏，在干燥的土壤和尘埃中可存活数十年。本菌对青霉素敏感。

2. 毒力因子与致病性 破伤风梭菌能产生两种外毒素：破伤风痉挛毒素和破伤风溶血毒素。破伤风溶血毒素在功能与抗原性上与链球菌溶血素 O 相似，对氧敏感，但其在破伤风致病中的作用尚不清楚。

Note

破伤风痉挛毒素属神经毒素，毒性极强。产生后，由末梢神经沿轴索从神经纤维间隙中逆行至脊髓前角，上行至脑干，也可通过淋巴液和血液到达中枢神经系统。该毒素对脑干和脊髓前角神经细胞有高度的亲和力。该毒素与脊髓及脑干组织中的神经节苷脂受体结合，封闭脊髓的抑制性突触，从而阻止抑制性中间神经元、闰绍(Renshaw)细胞释放抑制性介质(甘氨酸和γ-氨基丁酸)及抑制性神经元的反馈调节，受刺激时伸肌与屈肌同时强烈收缩，肌肉强直痉挛。

破伤风梭菌由伤口侵入。其感染的重要条件是局部形成厌氧微环境。伤口窄而深，有泥土或异物污染；大面积创伤，坏死组织多，局部组织缺血、缺氧；同时伴有需氧菌或兼性厌氧菌混合感染时，均易造成伤口局部的厌氧微环境。其芽孢在局部发芽，细菌生长繁殖，释放毒素，引起破伤风。破伤风梭菌无侵袭力，仅在局部生长繁殖，其致病主要依赖于细菌所产生的毒素。

3. 微生物学检查 根据病史和典型的临床症状即可做出临床诊断，破伤风梭菌需在厌氧微环境中才能生长繁殖，在伤口局部检查到破伤风梭菌及其芽孢，不一定表明患病，故一般不采集标本进行微生物学检查。

4. 免疫防治 预防本病用破伤风类毒素，注射后1个月产生免疫力，免疫期为1年，第2年再注射1次，则免疫期可达4年。

动物一旦感染发病，应及时清创扩创，去除异物，将创面暴露于空气中，并用过氧化氢清创消毒。紧急预防接种或治疗破伤风动物时，可用精制破伤风抗毒素，因其免疫作用仅能维持14～21 d，应遵守早期使用、多次、足量的原则，这样才可收到较好的疗效。

(二) 产气荚膜梭菌

产气荚膜梭菌又称魏氏梭菌，广泛存在于土壤、人和动物肠道中，能引起人和动物多种疾病，也是引起严重创伤感染的重要致病菌。

1. 生物学特性 产气荚膜梭菌为两端平齐的革兰阳性粗大杆菌，长3～19 μm，宽0.6～2.4 μm；能形成荚膜，无鞭毛。芽孢位于次极端，呈椭圆形，其直径比菌体窄，但在感染的组织中和普通培养基上很少形成。在被感染的人或动物体内可形成明显的荚膜。产气荚膜梭菌厌氧要求不如破伤风梭菌严格，最适生长温度为42 ℃，繁殖周期仅8 min。在血琼脂平板上，多数菌株可形成双层溶血环，内层为不完全溶血，由θ毒素引起；外层为完全溶血，由α毒素引起。在蛋黄琼脂平板上，菌落周围出现乳白色混浊圈，由该菌产生的卵磷脂酶(α毒素)分解蛋黄中的卵磷脂所致。若在培养基中加入α毒素的抗血清，则不出现混浊，此现象称为Nagler反应，这是本菌的培养特点。产气荚膜梭菌代谢十分活跃，可分解多种常见的糖类，产酸产气。在庖肉培养基中，可分解肉渣中的糖类而产生大量气体。在牛乳培养基中，分解乳糖产酸，使酪蛋白凝固；同时产生大量气体，将凝固的酪蛋白冲烂成蜂窝状，并将培养基表面凝固的凡士林上推，甚至冲走试管塞，气势凶猛，因而称之为“汹涌发酵”现象。

2. 毒力因子与致病性

(1) 毒力因子：产气荚膜梭菌能产生多种外毒素和侵袭性酶类，外毒素有α、β、ε、ι、γ、δ、η、θ、κ、λ、μ和ν共12种。根据产气荚膜梭菌产生外毒素的种类不同，可将其分为A、B、C、D、E五个毒素型。

(2) 致病性：本菌致病作用主要在于它所产生的毒素。A型菌主要引起人气性坏疽和食物中毒，也可引起动物的气性坏疽，还可引起牛、羔羊、新生羊驼、野山羊、驯鹿、仔猪、犬、家兔等的肠毒血症。B型菌主要引起羔羊痢疾，还可引起驹、犊牛、羔羊、绵羊和山羊的肠毒血症或坏死性肠炎。C型菌主要引起绵羊猝狙，初生仔猪易感，表现为血痢和高死亡率，也能引起羔羊、犊牛、绵羊的肠毒血症和坏死性肠炎以及人的坏死性肠炎。D型菌可引起羔羊、绵羊、山羊、牛以及灰鼠的肠毒血症。E型菌可致犊牛、羔羊肠毒血症，但近年来很少发生。

3. 微生物学检查 A型菌所致气性坏疽及人食物中毒主要依靠细菌分离鉴定。其余各型所致的各种疾病，均系细菌在肠道内产生毒素所致。鉴于正常人畜肠道中常有本菌存在，动物也很容易于死后被侵染，从病料中检出该菌，并不能说明它就是病原，只有当分离到毒力强的菌株时，才具有一定的参考意义。

检查肠内容物毒素更为重要。其方法为取回肠内容物，经离心沉淀后将上清液分成两份，一份不加热，一份 60 ℃加热 30 min，分别静脉注射家兔（1～3 mL）或小鼠（0.1～0.3 mL）。如有毒素存在，不加热组动物常于数分钟至若干小时内死亡，而加热组动物不死亡。若要确定毒素的类别，则需进一步做毒素中和保护试验。目前，多重 PCR 等分子生物学方法已用于毒素基因的检测，快速方便。

4. 免疫防治 预防羔羊痢疾、猝狙、肠毒血症以及仔猪肠毒血症等，可用三联菌苗或五联菌苗。治疗早期可以使用抗血清，结合抗生素和磺胺类，有较好疗效。

（三）肉毒梭菌

肉毒梭菌主要存在于土壤中，在厌氧环境下能产生毒性很强的肉毒毒素而引起疾病，最常见的是肉毒毒素中毒。

1. 生物学特性 肉毒梭菌为革兰阳性粗短的杆菌，长 4～6 μm，宽约 0.9 μm；芽孢呈椭圆形，其直径比菌体宽，位于次极端，使带有芽孢的菌体呈网球拍状；有鞭毛，无荚膜；严格厌氧，可在普通琼脂平板上生长；能产生酯酶，在卵黄培养基上，菌落周围出现混浊圈。根据遗传特性，肉毒梭菌可分为Ⅰ、Ⅱ、Ⅲ、Ⅳ共四组；根据所产生毒素的抗原性不同，可将肉毒毒素分为 A、B、C、D、E、F、G 共 7 型，大多数菌株只能产生一种型别肉毒毒素。Ⅰ、Ⅱ组肉毒梭菌可引起人类疾病，以Ⅰ组多见，产生肉毒毒素的主要型别为 A、B 型，E、F 型偶见，我国报告的大多数肉毒梭菌为 A 型。Ⅰ组的肉毒梭菌对蛋白质有较强的分解能力，形成的芽孢对热的抵抗力强，可耐 100 ℃加热 1 h 以上，需高压蒸汽 121 ℃加热 30 min 或干热 180 ℃加热 5～15 min 才能将其杀死。Ⅱ组肉毒梭菌包括产生 E、B、F 型肉毒毒素的一些菌株，其分解糖类的能力强，不分解蛋白质，芽孢对热的抵抗力不及Ⅰ组肉毒梭菌强。Ⅲ组肉毒梭菌包括产生 C、D 型肉毒毒素的菌株，主要引起鸟类肉毒病。Ⅳ组肉毒梭菌为产生 G 型肉毒毒素的菌株。亦有专著根据Ⅳ组产生 G 型肉毒毒素的菌株不引起肉毒病，而将其划出，从而将肉毒梭菌分为三组 6 型。

2. 毒力因子与致病性

（1）毒力因子：为肉毒毒素，肉毒毒素是已知的毒性最强的神经外毒素，毒性比氰化钾强 1 万倍。小鼠经腹腔注入，其 LD_{50} 为 0.00625 ng；据推测，1 mg 结晶的纯肉毒毒素能杀死 2 亿只小鼠，1 g 肉毒毒素气溶胶可杀死 150 万人（对 70 kg 人的 LD_{50} 为 0.14 μg）。肉毒毒素不耐热，煮沸 1 min 可被破坏。肉毒毒素作用于外周神经肌肉接头处、自主神经末梢以及中枢神经系统的脑神经核，阻碍乙酰胆碱的释放，引起运动神经末梢功能失调，导致肌肉麻痹。

（2）致病性：食物中毒，主要由进食含有肉毒毒素的食品或饲料引起，在人类，肉毒毒素中毒最常见。食品在制作过程中被肉毒梭菌芽孢污染，制成后未经彻底灭菌，芽孢在厌氧环境中发芽、繁殖，产生肉毒毒素。食用前，受污染的食品又未经加热烹调，已产生的肉毒毒素进入机体，即发生食物中毒。

肉毒毒素中毒的临床表现与其他食物中毒不同，胃肠道症状很少见，主要为神经末梢麻痹。潜伏期可短至数小时，先有乏力、头痛等症状；接着出现复视、斜视、眼睑下垂等眼肌麻痹症状；再是吞咽、咀嚼困难，口齿不清等咽部肌肉麻痹症状；进而膈肌麻痹、呼吸困难，直至呼吸停止而导致死亡，肢体麻痹很少见。病程发展快，病死率高。

3. 微生物学检查

（1）毒素检查：取饲料或胃肠内容物用生理盐水制成混悬液，沉淀后取上清液注入小鼠腹腔，1～2 d 内观察发病情况，小鼠有流涎、眼睑下垂、四肢麻痹、呼吸困难等症状，最后死亡。

（2）细菌分离鉴定：利用本菌芽孢耐热性强的特性，接种检验材料混悬液于庖肉培养基，于 80 ℃加热 30 min，置 30 ℃增菌产毒培养 5～10 d，对上清液进行毒素检查。再移植于血琼脂平板上，35 ℃厌氧培养 48 h，挑取可疑菌落，涂片染色镜检并接种庖肉培养基，30 ℃培养 5 d，进行毒素检查及培养特性检查，以确定分离菌的型别。

4. 免疫防治 在动物肉毒毒素中毒多发地区，可用明矾沉淀类毒素做预防注射，有效免疫期可达 6～12 个月，也可用氢氧化铝或明矾菌苗接种。

人畜一旦出现肉毒毒素中毒症状，可立即用多价抗毒素血清进行治疗。若毒素型别已确定，则应用同型抗毒素血清。预防肉毒梭菌食物中毒，主要是要加强食品卫生管理和监督，定期进行食品安全检查。

技能训练

二维码 JX-1

技能训练一　显微油镜的使用及细菌形态的观察

【目的要求】

(1) 掌握显微油镜的使用及保养方法。

(2) 能利用显微油镜观察细菌的形态和结构。

【仪器与材料】

显微油镜、香柏油、乙醇-乙醚(二甲苯替代品,乙醇与乙醚比例为3∶7)、擦镜纸、细菌染色标本片等。

【操作方法与步骤】

1. 油镜的识别　油镜是显微镜物镜的一种,因使用时必须浸于香柏油内,故称油镜。油镜与其他物镜有以下区别。

(1) 一般来说,物镜的放大倍数越大,长度越长,油镜放大倍数最大,是所有物镜中最长的。

(2) 油镜头上标有其放大倍数“100×”或“90×”。

(3) 不同厂家生产的显微镜,常在不同镜头上标有不同颜色的线圈以示区别,或直接在油镜上标有“油”或“oil”或“HI”字样,使用时应注意区别。

2. 基本原理　显微油镜是在油镜与标本玻片之间加一滴香柏油,调整光源检查细菌标本的方法。因光线在香柏油中的折射率(n=1.515)与在玻璃中的折射率(n=1.52)相近,故可减少因折射而射入镜头外的光线,使进入物镜中的光线增多,提高视野的亮度,物像更清晰(图1-9)。

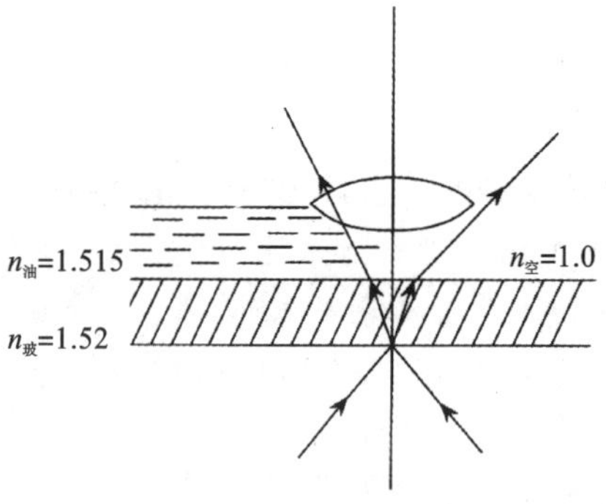

图1-9　显微油镜的原理

3. 使用方法　镜检者需姿势端正,一般用左眼观察,右眼用于绘图和记录,两眼同时睁开,以减轻视觉疲劳。光源用自然光或人工光,注意避免日光直射。

(1) 对光:使用前将显微镜放在平稳的实验台上,打开电源开关(或调节凹面反光镜),将聚光器升至最高,将光圈放大至最大,使射入镜头中的光线适中(明亮但不刺眼)。

(2) 装片:将标本片安放于载物台上,用弹簧片固定,将待检部位移至聚光器上,先用低倍镜寻找适当的视野,用高倍镜确定物像,下降载物台,然后在细菌染色标本片的欲检部位滴一滴香柏油(香柏油不可太多太厚,以免影响标本观察),通过转换器转换油镜观察。

(3) 调焦:先用粗调节螺母将载物台上升,使油镜与标本片几乎接触,然后,一边用眼睛观察目镜,一边徐徐转动粗调节螺母使载物台缓慢下降,待得到模糊物像时,再调节细调节螺母,至出现完全清晰的物像为止。

(4) 油镜的保养:油镜用毕,先用粗调节螺母将载物台下移,将细菌标本片取下,用擦镜纸吸去香柏油,如油已干或模糊不清,可在擦镜纸上滴1～2滴乙醇-乙醚(二甲苯或无水乙醇),然后将玻片上的香柏油吸净,并立即用干擦镜纸拭去残留的乙醇-乙醚;用同样的方法将油镜擦拭干净。然后将物镜转成“八”字形,调节粗调节螺母,使物镜与载物台接触,下降聚光器。将显微镜用绸布盖好后装入镜箱,置于阴凉干燥处,避免受潮生锈。

4. 细菌形态的观察　观察细菌染色标本,如葡萄球菌、链球菌、大肠埃希菌、枯草杆菌、螺旋状菌,及细菌的荚膜、芽孢和鞭毛。

Note

技能训练二　细菌标本片的制备及染色方法

二维码 JX-2

【目的要求】

(1) 掌握细菌标本片的制备和常用的染色方法。

(2) 认识细菌不同染色特性。

【仪器与材料】

细菌(葡萄球菌、大肠埃希菌)培养物、美蓝染色液、革兰染色液、瑞氏染色液、载玻片、酒精灯、接种环、香柏油、乙醇-乙醚、擦镜纸、吸水纸、染色缸、染色架、病料、镊子、剪刀、生理盐水等。

【操作方法与步骤】

一、细菌标本片的制备

视频：细菌标本片的制备及染色

(一) 涂片

1. 菌落涂片方法　涂片时,左手握菌种管,右手持接种环(又称铂金耳),取 1～2 环无菌生理盐水,置于载玻片上,然后将接种环放在火焰上灭菌,待冷后,从菌种管内钓取少许菌落,置于生理盐水中混匀,涂成直径 1.5 cm 的涂膜,此膜以既薄又均匀为好,待干即成。

2. 菌液涂片方法　用灭菌接种环蘸取菌液(液体培养物、血清、乳汁、组织渗出液等)1～2 环,均匀涂抹在载玻片上,使其成直径 1.5 cm 左右圆形或椭圆形膜,自然干燥后备用。

3. 血液涂片方法　先取一张干净无油垢、边缘整齐的载玻片,其一端蘸取少许血液,以 45°角放在另一张干净无油垢的载玻片一端,从这一端向另一端推成薄而均匀的血膜,待干后备用。

4. 组织涂片方法　先用镊子夹持组织局部,然后以灭菌剪刀剪取一小块,夹出后以其新鲜切面在载玻片上压印或涂成一薄层。

(二) 干燥

涂片最好在室温下自然干燥。必要时,可将标本面向上,在离酒精灯火焰远处烘干,切勿紧靠火焰,以免标本焦煳而不能检查。

(三) 固定

1. 火焰固定　将已干燥好的涂片的涂面向上,以钟摆摆动速度通过酒精灯火焰四次,使固定后的标本触及皮肤时,稍感烧烫为度。放置冷却后,进行染色。

2. 化学固定　血液、组织脏器等涂片作姬姆萨染色或单染色时,不用火焰固定而用甲醇固定,可将已干燥的涂片浸入甲醇中 2～3 min,取出晾干;或者在涂片上滴加数滴甲醇使其作用 2～3 min 后达到固定目的。

涂片固定的目的是使菌体蛋白凝固附着在载玻片上,形态固定,易于着色,水洗时不易被水冲掉。

二、常用的细菌染色方法

1. 美蓝染色法　在已干燥、固定好的涂片上,滴加适量的(足够覆盖涂片点即可)美蓝染色液,经 1～2 min,水洗,沥去多余的水分,吸干或烘干(不能太热),然后镜检。

2. 革兰染色法

视频：革兰染色法

(1) 在已干燥、固定好的涂片上,滴加草酸铵结晶紫染色液,经 1～2 min,水洗。

(2) 加革兰碘液于涂片上媒染,1～2 min,水洗。

(3) 加 95%酒精于涂片上脱色,30 s～1 min,水洗。

(4) 加稀释苯酚复红液复染 1～2 min,水洗。

吸干或烘干后镜检,革兰阳性细菌呈蓝紫色,革兰阴性细菌呈红色。

3. 瑞氏染色法　涂片自然干燥后,滴加瑞氏染色液于其上,为了避免很快变干,染色液可稍多加一些,或者视情况补充滴加,经 1～3 min,加与染色液大致等量的中性蒸馏水或磷酸盐缓冲液,轻轻晃动玻片,使之与染色液混匀,经 3～5 min,直接用水冲洗(不可先将染色液倾去),吸干或烘干,镜检,细菌被染成蓝色,组织、细胞等呈其他颜色。

Note

4. 抗酸染色法

(1) 在已干燥、固定好的涂片上滴加较多量的苯酚复红染色液，将玻片置酒精灯火焰上缓缓加热，至产生蒸汽即止(不要煮沸)，维持微微产生蒸汽状态，经3～5 min，水洗。

(2) 用3%盐酸乙醇脱色，至标本无颜色脱出为止，充分水洗。

(3) 用美蓝染色液复染约1 min，水洗。

吸干或烘干后镜检，抗酸性细菌呈红色，非抗酸性细菌呈蓝色。

5. 姬姆萨染色法

(1) 于5 mL新煮过的中性蒸馏水中滴加5～10滴姬姆萨染色液原液，即使之稀释成为常用的姬姆萨染色液。

(2) 涂片经甲醇固定并干燥后，在其上滴加足量的染色液或将涂片浸入盛有染色液的染色缸中，染色30 min，或染色数小时至24 h，取出水洗，吸干或烘干，镜检，细菌呈蓝青色，组织、细胞等呈其他颜色。视野常呈淡红色。

二维码 JX-3

技能训练三　常用仪器的使用与维护

【目的要求】

掌握微生物实验室常用仪器的使用与维护。

【仪器与材料】

恒温箱、电热鼓风干燥箱、冰箱、离心机、高压灭菌器等。

【操作方法与步骤】

一、恒温箱

恒温箱亦称温箱或孵育箱，是培养微生物的主要设备。常用的是以电力作为热源的电热温箱，温箱使用时应注意如下事项。

(1) 使用电热温箱时，用前应检查其所需要的电压与所供应的电压是否一致，如不一致，则应使用变压器。

(2) 使用隔水式温箱时，在使用前应先在箱壁夹层中加入与所需要的培养温度相接近的温水至止水点，之后接通电源。将温度调节器调至所需温度后，应观察一段时间，至温度恒定为止。以后每隔一段时间换水一次，以保持水的清洁和恒定的量，不用时应将水放出。

(3) 培养物取放时动作要敏捷。用毕均应关好箱门，以免温度发生波动，影响微生物的生长。

(4) 经常观察箱上的温度计所指示的温度是否与所需温度相符。

(5) 初用时应检查温度调节器是否准确，箱内各部分的温度是否均匀一致。

二、电热鼓风干燥箱

电热鼓风干燥箱亦称烘箱，常用于玻璃器皿或金属制品等的灭菌，其使用方法及注意事项如下。

(1) 将准备灭菌的玻璃器皿洗净、干燥，包装后，放入箱内，不得放满，以免妨碍空气流通。

(2) 关闭箱门，打开通气孔。接通电源加热。

(3) 待箱内的温度达60～80 ℃时，可开动鼓风机10 min，以使箱内温度均匀一致，当箱内温度升至100～105 ℃时，关闭通气孔，继续加热，待温度达到150～170 ℃时，维持2 h。

(4) 切断电源，此时切勿打开箱门，以免玻璃器皿骤然遇冷而爆裂。必须待箱内的温度降至60 ℃以下才能开门，取出灭菌物品。

(5) 在灭菌过程中，温度上升或下降都不能过急，否则玻璃器皿容易炸裂。

(6) 灭菌后，玻璃器皿上的棉塞和包装纸，应略呈淡黄色，而不应烤焦。

三、冰箱

在实验室中，冰箱主要用于储藏菌种、抗原、抗体等生物药品以及培养基和检验材料等的仪器。

(1) 购入冰箱时，应注意冰箱所需要的电压是否与所供应的电压一致，如不一致，须用变压器调

Note

整，也要检查供电线路上的负荷及保险丝的种类是否符合冰箱的要求。

(2) 冰箱应放置在通风阴凉的房间内。注意离墙壁要有一定的距离(10 cm及以上)，以利于散热。

(3) 使用时应将温度调节器调节到所需的温度。通常冰箱内冷藏室的温度为5～10 ℃，而冷冻室内应结冰。冷冻室内的器皿不可将水盛满，以免水膨胀后溢出器皿外。

(4) 打开冰箱取放物品时，要尽量缩短时间，过热的物品不得直接放入冰箱内，以免热量过多进入冰箱内，增加耗电量和冰箱的负荷。

(5) 冰箱内挥发管周围的冰层不宜过厚，以免妨碍传热，一般每1～2周应融化一次，这样可延长冰箱的使用年限。

(6) 冰箱内应保持清洁干燥，如有霉菌生长，应先将电路关闭，将冰融化后进行内部清理，然后用福尔马林气体熏蒸消毒。

四、离心机

微生物实验室常使用电动离心机来沉淀细菌、分离血清和其他密度不同的材料。普通离心机的旋转速度一般为3000～4000 r/min。离心机使用方法如下。

(1) 离心时，离心管所盛液体不能超过总体积的2/3，并应在天平上校正调整使相对的两管的质量相等(如材料仅一管，可用另一管盛清水平衡)。彼此相对地插入底部放有胶皮垫的离心管金属套内，将盖盖好。

(2) 开启电源，慢慢转动速度调节钮至所需速度的刻度上(通常为2000 r/min)。维持一定时间(通常为15～20 min)。

(3) 离心达到一定时间后，将速度调节钮的指针慢慢转回至零点，然后关闭电源。待转动盘自行停止转动后，方可将离心机盖打开取出离心管，此时注意勿摇动离心管，以免沉淀物上升。

(4) 使用过程中，如发现离心机振动，发出杂音，则表示内部质量不平衡，如发出金属音，则表示内部离心管破裂，均应立即停止离心，进行检查。

五、高压灭菌器

高压灭菌器是根据沸点与压力成正比的原理设计的，凡耐高热和潮湿的物品，如玻璃器皿、培养基、药液、纱布、棉花敷料及工作服等，都可用它进行灭菌。根据要灭菌物品的不同，灭菌所需的压力和时间长短亦不同。一般在0.105 MPa(121.3 ℃)下灭菌15～20 min，可将细菌和芽孢完全杀死。其使用方法及注意事项如下。

(1) 使用前应检查各部件是否正常，尤其是压力表和安全阀是否灵敏准确。

(2) 向灭菌器内加入适量的水，约近金属隔板处。

(3) 将包装好的要灭菌的物品放于金属隔板上，盖上高压灭菌器的盖子，按对角方向扭紧螺旋，关闭气门。

(4) 加热至压力表指针上升到约0.3 kg(0.35 kg以内)时，徐徐打开排气阀，排尽高压灭菌器内的冷空气，至压力表指到"0"为止。关闭排气阀，适当控制火力，使器内温度慢慢上升，以保证物品灭菌的效果。

(5) 压力上升到0.105 MPa(或其他要求的压力)时，开始计时，并控制热源，维持此蒸汽压力30 min(或其他规定的时间)后，撤去热源。

(6) 将排气阀慢慢打开放汽(放汽过急，压力突然降低会使液体冲到瓶口而污染棉塞，容易招致杂菌污染，甚至将瓶塞冲出，而更易引起污染)，至全部蒸汽放完，压力降至"0"，或者待压力自行降至"0"时，再将排气阀打开，然后扭开螺旋，揭盖取出灭菌物品。

(7) 使用完毕，将高压灭菌器内的水全部放出，以免生锈。

Note

二维码 JX-4

技能训练四　常用玻璃器皿的准备与灭菌

【目的要求】

掌握微生物实验室常用玻璃器皿的准备与灭菌方法。

【仪器与材料】

试管、烧杯、吸管、培养皿、锥形瓶、量筒、漏斗、普通棉花、脱脂棉花、牛皮纸、旧报纸、肥皂粉、新洁尔灭、重铬酸钾、粗硫酸、盐酸、橡胶手套、橡胶围裙等。

【操作方法与步骤】

（一）新购玻璃器皿的处理

新购玻璃器皿常附有游离碱质，不可直接使用，应先在1%～2%盐酸中浸泡数小时，以中和其中的碱质，然后用肥皂水及清水洗刷以除去遗留的酸质，用清水反复冲洗数次，最后用蒸馏水冲洗2～3次即可。

（二）使用后玻璃器皿的处理

凡被病原微生物污染过的玻璃器皿，必须进行严密的消毒后方可洗涤。具体方法如下。

(1) 一般玻璃器皿，如培养皿、试管、烧杯、烧瓶等，均可置于高压灭菌器内，在0.105 MPa压力下灭菌20～30 min。

(2) 吸管、载玻片、盖玻片等可浸泡于5%苯酚、2%～3%来苏尔或0.1%升汞中48 h。若其中有炭疽材料，尚应在升汞溶液中加入盐酸使其含量为3%。浸泡吸管的玻璃筒底部应垫以棉花，以防置入吸管时管尖破裂。

(3) 盛有固体培养基（如琼脂）或沾有油脂（如液体石蜡或凡士林等）的玻璃器皿，应于高压蒸汽灭菌后随即趁热将内容物倒净，用温水冲洗，再以肥皂（或合成洗衣粉）水煮沸5 min，然后以清水反复冲洗数次，倒立使之干燥。

(4) 凡曾吸取琼脂的吸管，必须于用后立即用热水冲洗干净，然后进行消毒洗涤。

（三）玻璃器皿的洗涤

(1) 将消毒处理过的玻璃器皿浸泡于水中，用毛刷或试管刷蘸去污粉或肥皂，刷去油脂和污垢，然后用清水冲洗数次，最后用蒸馏水冲洗。如仍有污渍难洗净，可用2%～3%烧碱或热肥皂水煮沸半小时然后刷洗，再用清水和蒸馏水冲洗干净。

(2) 吸管洗涤时要小心，从消毒液中取出后，用细铁丝取出管口的棉塞，然后浸泡于5%热肥皂水或洗衣粉水中，用吸管刷刷洗吸管内壁，最后用一根橡皮管，一端接吸管，另一端接冲洗球在清水中反复冲洗，或接自来水龙头冲洗，然后用蒸馏水冲洗数次，倒置于垫有纱布的铁丝筐中干燥。

(3) 用过的载玻片和盖玻片从消毒液中取出，用清水冲洗；置肥皂水或洗衣粉水中煮沸1 h，用纱布刷洗干净后，再用清水冲洗数次，拭干，浸于95%酒精中备用。

(4) 玻璃器皿用上述方法不能洗净时，可放入清洁液中浸泡数日，取出后用清水冲洗即可。清洁液的配制：

重铬酸钾　79 g　粗硫酸　100 mL　自来水　1000 mL

此液可连续使用，至液体变黑为止。其腐蚀性很强，应小心，避免溅滴在身上或衣服上。一旦溅在身上，应立即用大量清水冲洗。

（四）玻璃器皿的干燥

洗净的玻璃器皿，通常倒置于干燥架上令其自然干燥，必要时亦可放于温箱或50 ℃左右干燥箱，以加速其干燥，但温度不宜过高，以防破裂。干燥后用纱布或毛巾拭去干后的水迹，再做进一步的处理。

（五）玻璃器皿的包装

玻璃器皿在灭菌之前须按要求妥善包装，以免灭菌后又为杂菌所污染。

Note

1. 试管和三角瓶　在灭菌之前必须加上棉塞。制作棉塞时，根据管口大小取适量普通棉花（勿用脱脂棉，因其易吸水），棉塞的大小、长短、深浅、松紧均须适当，通常以易于拔出和塞入、手提棉塞略加摇摆空试管不脱落为佳。口径较大的三角瓶等，应用纱布包裹棉花来缝制棉塞，塞好后，再用纸张将瓶口包扎。

2. 吸管　先用细铁丝或长针头塞少许棉花于吸管口端，其长短、松紧要适度。然后用 4～5 cm 宽的长纸条，做螺旋式包扎，余下少许纸尾，标记吸管容量，再用纸张将每 10 支包成一束或置于金属筒中，标上记号，即可进行灭菌。

3. 平皿　应用无油脂的纸包装，像普通包装物品一样将其单个或数个包成一包，置于金属盒内或直接进行灭菌。

（六）玻璃器皿的灭菌

玻璃器皿洗净、干燥、包装后，应进行干热灭菌（160 ℃灭菌 2 h）或高压灭菌（0.105 MPa 压力下，20～30 min），灭菌后的器皿，烘干备用。

技能训练五　常用培养基的制备

二维码 JX-5

【目的要求】

掌握常用培养基制备的原则和要求，熟悉常用培养基制备的过程。

【仪器与材料】

牛肉浸汁（或牛肉膏）、蛋白胨、无机盐类、蒸馏水、琼脂、糖、血液、动物血清、烧瓶、量杯、漏斗、吸管、试管、天平、电炉、pH 试纸、盐酸、氢氧化钠溶液等。

【操作方法与步骤】

一、培养基制备的原则和要求

培养基是根据各类微生物生长繁殖的需要，用人工方法将多种物质混合制成的营养物。一般用来分离、培养细菌。在制备培养基时，应掌握如下原则和要求。

（1）制备培养基所用的化学药品必须纯净，称取的分量务必准确。

（2）培养基的酸碱度应符合细菌生长要求。

（3）培养基的灭菌时间和温度，应按照各种培养基的规定进行，以保证灭菌效果且不损失培养基的必需营养成分。培养基经灭菌后，必须置于 37 ℃温箱中培养 24 h，无细菌生长者方可应用。

（4）所用器皿须洁净，忌用铁质或铜质器皿，要求没有抑制细菌生长的物质存在。

（5）制成的培养基应该是透明的，以便观察细菌生长性状以及其他代谢活动所产生的变化。

二、培养基制备过程

不同培养基的制备方法也不同，一般包括以下步骤：称量→溶化→校正 pH→过滤→分装→灭菌。

三、基础培养基的制备

（一）牛肉浸液（肉水）

1. 成分　新鲜牛肉 500 g，水 1000 mL。

2. 制法

（1）取新鲜牛肉，剔除肌膜、脂肪，切成小块，用绞肉机绞碎。

（2）按上述比例加水，浸泡过夜（夏天应将浸泡液放置在温度低的地方，防止腐败；如果没有冷藏条件，可省去浸泡过夜这一步），其间应搅拌数次。

（3）次日取上液煮沸 1 h，并不断搅拌。

（4）补足蒸发的水分，用白布或绒布过滤后分装于三角瓶中，准备灭菌。

（5）置高压灭菌器内，121.3 ℃灭菌 20～30 min，置低温、暗处保存备用。

3. 用途　此培养基为制备各种培养基的基础液。

（二）牛肉浸液肉汤（普通肉汤）

1. 成分　牛肉浸液 1000 mL，蛋白胨 10 g，氯化钠 5 g，磷酸氢二钾 2 g。（或牛肉膏 3～5 g，蛋白胨 10 g，氯化钠 5 g，磷酸氢二钾 2 g，蒸馏水 1000 mL。）

2. 制法

(1) 将以上固体成分加热溶于牛肉浸液中。

(2) 用 1 mol/L 的 NaOH 溶液或 1 mol/L 盐酸调 pH 至 7.4～7.6。

(3) 用滤纸过滤后分装。

(4) 121.3 ℃灭菌 20～30 min 后备用。

3. 用途　此培养基可作一般细菌培养用。

（三）营养琼脂培养基（普通琼脂培养基）

1. 成分　牛肉浸液 1000 mL，蛋白胨 10 g，磷酸氢二钾 1 g，氯化钠 5 g，琼脂 20 g。（或牛肉膏 3～5 g，蛋白胨 10 g，氯化钠 5 g，磷酸氢二钾 2 g，蒸馏水 1000 mL，琼脂 20 g。）

2. 制法

(1) 将上述成分混合后，加热溶解，补足蒸发的水分。

(2) 用 1 mol/L 的 NaOH 溶液或 1 mol/L 盐酸调 pH 至 7.4～7.6。

(3) 用纱布夹棉花过滤。

(4) 分装于试管或三角瓶中。

(5) 121.3 ℃灭菌 20～30 min 后，将试管摆成斜面，保存备用。

3. 用途　此培养基可用于一般细菌的分离培养、菌种的保存。

（四）半固体培养基

半固体培养基的制备方法基本上与营养琼脂培养基相同，仅将琼脂量减少至 0.5%～0.7%（1000 mL 中加 5～7 g 琼脂）即可。

（五）鲜血琼脂培养基

将灭菌的营养琼脂培养基加热熔化，冷却至 45～50 ℃时，加入 5%～8%无菌脱纤维鲜血（绵羊、黄牛、马和兔等的血），分装于试管后立即摆成斜面或倾注于平皿中，待凝固后，置 37 ℃培养 1～2 d。有污染者弃去；无菌者保存，置冰箱备用。

无菌脱纤维鲜血的制备：以无菌操作采集动物鲜血（绵羊、黄牛、马从颈静脉采血；兔则从心脏采血），放入带玻璃珠的无菌三角瓶内，摇动 5～10 min，放冰箱中备用。

二维码 JX-6

技能训练六　细菌的分离培养及培养性状的观察

【目的要求】

(1) 掌握细菌分离培养的基本原理、方法、操作技术。

(2) 了解细菌的菌落形态及其在各种培养基上的培养性状。

【仪器与材料】

温箱、病料、实验用菌种、培养基（营养肉汤、普通琼脂培养基、庖肉培养基）、酒精灯、镊子、烙刀、剪刀、接种环、接种针等。

【操作方法与步骤】

视频：菌株的分离和纯化

一、需氧性细菌分离培养法

1. 平板划线分离法　将蘸有混合菌混悬液的接种环在平板表面多方向连续划线，使混杂的微生物细胞在平板表面分散，经培养得到分散的由单个微生物细胞繁殖而成的菌落，从而达到纯化目的。划线分离法主要有连续划线法和分区划线法两种。

(1) 连续划线法：以无菌操作用接种环直接取平板上待分离纯化的菌落。先将菌种点种在平板边缘一处，取出接种环，烧去多余菌体。再将接种环通过稍打开皿盖的缝隙伸入平板，在平板边缘空白处接触一下使接种环冷却，然后在平板上接种细菌的部位自左向右轻轻划线，划线时平板面与接种环面成 30°～40°角，以手腕力量在平板表面轻巧滑动划线，接种环不要嵌入培养基内划破培养基，线条要平行密集，充分利用平板表面积，注意勿使前后两条线重叠。划线完毕，关上皿盖。灼烧接种

Note

环，待冷却后放置在接种架上。培养皿倒置于适宜的恒温箱内培养。培养后在划线平板上观察沿划线处长出的菌落形态，涂片镜检为纯种后再接种至斜面。

（2）分区划线法（四分区划线法）：取菌、接种、培养方法与连续划线法相似。分区划线法划线分离时将平板分 4 个区，故又称四分区划线法。其中第 4 区是单菌落的主要分布区，故其划线面积应最大。为防止第 4 区内线条与第 1、2、3 区线条相接触，应使第 4 区线条与第 1 区线条相平行，这样区与区间线条夹角最好保持在 120°左右。先将接种环蘸取少量菌在平板上第 1 区划 3～5 条平行线，取出接种环，左手关上皿盖，将平板转动 60°～70°。灼烧接种环，待其在平板边缘上冷却后，再按以上方法以第 1 区划线的菌体为菌源，由第 1 区向第 2 区作第 2 次平行划线。第 2 次平行划线完毕，同时把平皿转动 60°～70°，同样依次在第 3、4 区划线。划线完毕，灼烧接种环，关上皿盖，将培养皿倒置于 37 ℃恒温箱中培养 24 h 后，在划线区观察单菌落（图 1-10）。

2. 倾注平皿分离法　取 3 支预先准备的普通琼脂培养基试管，水浴加热熔化，冷却至约 50 ℃，用火焰灭菌接种环钓取待分离物接种至第 1 管内，充分摇匀后，自第 1 管取一接种环内容物至第 2 管，以同样方法自第 2 管移种至第 3 管。然后分别倾注一个已灭菌的平皿，凝固后倒转置于 37 ℃温箱内培养 24 h。结果多数细菌在琼脂内生长成菌落，仅少数菌落出现在表面，通常第 1 个平板内的菌落较多而密集，第 2、3 个平板则逐渐减少，可见单个菌落。

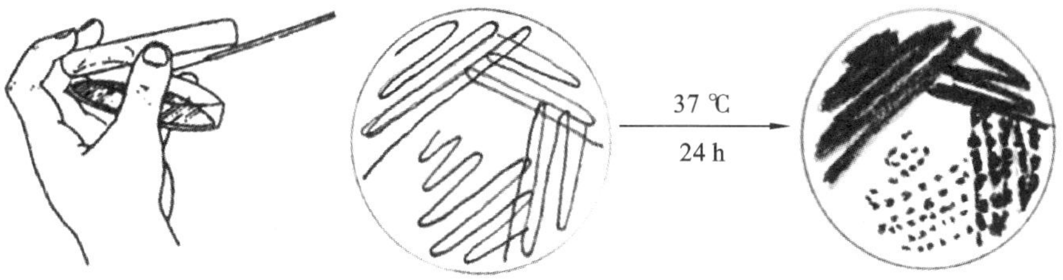

图 1-10　平板划线分离法的操作及结果

二、厌氧性细菌分离培养法

1. 肝片肉汤培养基法　取肝片肉汤培养基置于水浴上煮沸 5 min，置冷水中冷却，排出空气。接种时，倾斜试管，尽力排出液面上盖的液体石蜡，将材料接种在肉汤内，接种完成后让液体石蜡盖住液面，置 37 ℃温箱培养。

2. 焦性没食子酸法　焦性没食子酸在碱性溶液内能吸收大量氧而造成厌氧环境，有利于厌氧菌的生长繁殖。通常 100 cm^3 空间用焦性没食子酸 1 g 及 10％氢氧化钠或氢氧化钾溶液 10 mL。具体方法有平板培养法、Buchner 氏试管法、玻罐或干燥器法。

三、细菌的移植

1. 接种环移植法　两试管斜面移植时，左手斜持菌种管和新鲜空白琼脂斜面各一管，使管口互相并齐，稍向上斜，管底握于手中，松动两管棉塞，以便接种时容易拔出。右手食指和拇指执接种环，烧灼接种环，用右手小指扭开一管的棉塞，无名指扭开另一管的棉塞。棉塞头朝向掌心，将试管口通过酒精灯火焰灭菌，待冷却后将接种环插入菌种管中，钓取细菌少许，取出接种环，立即接种在新鲜空白琼脂斜面上，不要碰及管壁，直达斜面底部。从斜面底部开始划曲线或直线，向上至斜面顶端为止，管口通过火焰灭菌后，塞好棉塞。接种完毕，将接种环灼烧灭菌后放下。用记号笔在试管上标明细菌名称和接种日期，置 37 ℃温箱中培养。斜面移植无菌操作过程如图 1-11 所示。

2. 吸管或注射器移植法　移植一定量的液体培养物或表面有液体石蜡的厌氧菌培养物，可以利用吸管或注射器移植，其操作方法是以无菌吸管或无菌注射器吸取培养物，代替接种环进行移植。

四、细菌在培养基中培养性状的观察

1. 琼脂平皿上的生长表现　细菌于固体培养基表面生长繁殖，形成单个肉眼可见的细菌集落群体，称为菌落。不同细菌的菌落特征不同，按其特征的不同，可以在一定程度上鉴别某种细菌。

（1）大小：用直径（单位：毫米，mm）表示，一般不足 1 mm 者为露滴状菌落，1～<2 mm 者为小

Note

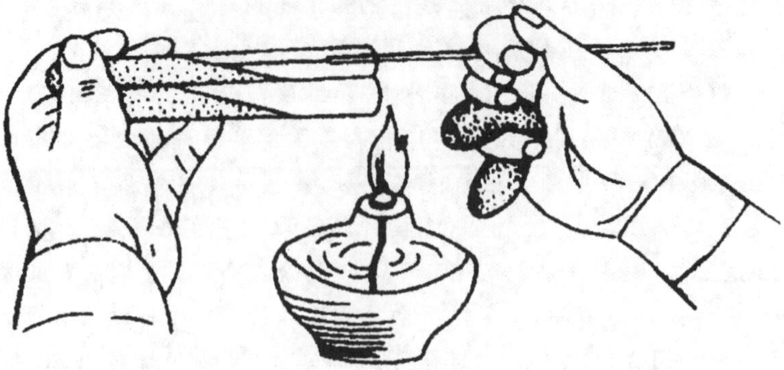

图 1-11　细菌的斜面移植法

菌落，2～<4 mm 者为中等菌落，4～6 mm 或 6 mm 以上者称为大菌落或巨大菌落。

彩图：
细菌培养性
状的观察

（2）形状：菌落的外形有圆形、针尖状、露滴状、不规则形、根足形、葡萄叶形。

（3）边缘：菌落边缘有整齐、锯齿状、网状、树叶状、虫蚀状、放射状等。

（4）表面性状：菌落表面性状有平滑、粗糙、皱襞状、旋涡状、荷包蛋状，甚至有子菌落等。

（5）隆起度：表面有隆起、轻度隆起、中央隆起，也有陷凹或堤状者。

（6）颜色及透明度：菌落有无色、灰白色，有的能产生各种色素；菌落是否有光泽；其透明度可分为透明、半透明及不透明。

（7）硬度：黏液状、膜状、干燥或湿润等。

（8）溶血情况：若是鲜血琼脂培养基，应观察其是否溶血，溶血情况怎样。

2. 液体培养基中的生长表现　将细菌接种于肉浸液肉汤培养后观察其生长情况，主要观察其混浊度、沉淀物、菌膜、菌环和颜色等。

3. 琼脂柱穿刺培养中的生长表现　将各种细菌分别以接种针穿刺接种于琼脂柱中，培养后观察其生长表现。有运动性的细菌会沿穿刺线向周围扩散生长，呈侧松树状、试管刷状生长；无运动性的细菌则只沿穿刺线呈线状生长。

技能训练七　细菌的生物化学实验

二维码 JX-7

【目的要求】

掌握细菌生物化学实验的原理、方法及在细菌鉴定中的意义。

【仪器与材料】

温箱、接种环、接种针、蛋白胨水培养基、糖发酵培养基、醋酸铅琼脂培养基、西蒙氏琼脂培养基、MR 试剂、VP 试剂、靛基质试剂，大肠埃希菌、产气杆菌、沙门氏菌的 24 h 纯培养物等。

【操作方法与步骤】

一、糖发酵试验

有些细菌能分解糖产酸，从而使指示剂变色。试验时，将被检细菌以无菌操作接种于糖发酵培养基中，于 37 ℃培养 2～3 d，结果有三种。

（1）有的只产酸不产气（＋），培养基指示剂（如溴甲酚紫）由紫色变成黄色。

（2）有的产酸产气（⊕），除培养基指示剂变化外，液体培养基中的小倒置试管内还有气泡。

（3）有的不发酵（－），培养基颜色与接种前相比无变化。

二、甲基红（MR）试验与伏-波（VP）试验

将待检细菌接种于两支葡萄糖蛋白胨水培养基中，置于 35 ℃温箱培养 2～5 d，分别进行甲基红试验和伏-波试验。

1. 甲基红试验　取上述培养基一支，加入甲基红试剂（甲基红 0.1 g 溶于 95%酒精 300 mL 中）5～6 滴，液体呈红色者为阳性，黄色者为阴性。

Note

2. 伏-波试验　取上述培养基一支，先加伏-波甲液（6% α-萘酚酒精溶液）3 mL，再加入伏-波乙

液(40%氢氧化钾水溶液)1 mL,混合后静置于试管架内,观察2～4 h,凡液体呈红色者为阳性,不变色者为阴性。

三、靛基质试验

有些细菌能分解色氨酸产生靛基质(吲哚),遇相应试剂而呈红色。试验时,取待检细菌接种于蛋白胨水培养基中,35 ℃培养18～24 h,沿试管壁加入靛基质试剂(配法:对二甲氨基苯甲醛5.0 g加入95%酒精150 mL溶解后,再加浓盐酸50 mL)2 mL,若能形成玫瑰靛基质而呈红色,则为阳性反应,不变色为阴性反应。

四、硫化氢试验

某些细菌能分解培养基中的含硫氨基酸(如胱氨酸)产生硫化氢,硫化氢遇醋酸铅或硫酸亚铁则形成黑色的硫化铅或硫化亚铁。用接种针取菌穿刺于含有醋酸铅或硫酸亚铁的琼脂培养基中,37 ℃培养4 d,凡沿穿刺线或穿刺线周围呈黑色者为阳性,不变色者为阴性。

五、柠檬酸盐利用试验

某些细菌能够利用柠檬酸盐作为其唯一碳源,能利用柠檬酸盐的细菌也能够利用铵盐作为其唯一氮源,分解后生成碳酸钠和氨,使培养基变色。取菌接种于西蒙氏琼脂培养基斜面上,置37 ℃培养4 d,如果有细菌生长,培养基变蓝色,则为阳性,否则为阴性。

复习思考题

1. 名词解释:细菌、鞭毛、菌毛、荚膜、芽孢、培养基、菌落、质粒。
2. 简述细菌基本结构及功能。
3. 简述细菌特殊结构及功能。
4. 简述细菌革兰染色法。
5. 简述细菌新陈代谢产物。
6. 简述细菌生长繁殖条件。
7. 简述细菌性疾病实验室诊断方法。

项目二 病 毒

项目目标

【知识目标】

1. 掌握病毒的概念、大小、形态、结构及化学组成。
2. 掌握病毒复制的概念、过程及病毒人工培养。
3. 掌握病毒的干扰现象、干扰素、病毒的血凝特性。
4. 掌握病毒的致病作用。
5. 掌握动物病毒性疾病的实验室检查。
6. 掌握病毒的血凝和血凝抑制试验的原理。

【能力目标】

1. 能正确进行病毒的血凝和血凝抑制试验操作和结果判定。
2. 能进行病毒的鸡胚尿囊接种和收毒。

【素质与思政目标】

1. 培养学生实验室生物安全意识、规范操作能力及无菌操作技能。
2. 培养学生科学探索精神和求真务实的工作作风。
3. 培养学生热爱劳动、吃苦耐劳的优良品质。

案例引入

某鸡场50日龄鸡发病，临床表现为步态不稳、低头歪颈，一肢或多肢麻痹或瘫痪，部分发病鸡表现为一条腿伸向前方，而另一条腿伸向后方。发病鸡陆续死亡，死亡率为10%～15%。

问题：该病最可能的病原是什么？如何确诊？如何防治？

二维码 2-1

任务一 病毒的形态学检查技术

一、病毒概述

病毒是一类体积极微小、结构简单、能通过细菌滤器、只含一种类型核酸（DNA 或 RNA）的非细胞型微生物，由于缺乏完整的酶系统，病毒必须在活细胞内才能增殖。结构完整、具有感染性的病毒颗粒称病毒体，病毒体具有典型的病毒形态结构和传染性，但在细胞外不显复制活性。

病毒的基本特征如下。

1. 个体微小 病毒以纳米（nm）为测量单位，能通过最小的细菌滤器，必须在电镜下放大几万至几十万倍后才可观察到。

2. 结构简单 病毒无完整的细胞结构，仅含一种类型核酸（DNA 或 RNA），外围由蛋白质衣壳包绕；有些病毒在衣壳外还有脂蛋白外膜包绕。

Note

3. 专性细胞内寄生 病毒必须寄生在活细胞内，利用宿主细胞的代谢系统和能量，以复制方式增殖，具有严格的宿主特异性。

4. 对抗生素不敏感 病毒无完整的细胞结构和代谢系统，故对抗生素不敏感。干扰素可抑制病毒增殖。

病毒与其他微生物的主要区别见表 2-1。

表 2-1 病毒与其他微生物的主要区别

种类	病毒	细菌	支原体	立克次体	衣原体	螺旋体	真菌
结构	非细胞	原核细胞	原核细胞	原核细胞	原核细胞	原核细胞	真核细胞
细胞壁	−	+	−	+	+	+	+
核酸类型	DNA/RNA	DNA+RNA	DNA+RNA	DNA+RNA	DNA+RNA	DNA+RNA	DNA+RNA
复制方式	复制	二分裂	二分裂	二分裂	二分裂	二分裂	有性或无性
人工培养基生长	−	+	+	−	−	+	+
抗生素敏感性	−	+	+	+	+	+	+
干扰素敏感性	+	−	−	−	−	−	−

注："−"表示没有，"+"表示有。

病毒在自然界分布非常广泛，可在人、动物、植物、昆虫、真菌和细菌中寄居并引起感染。病毒与人类疾病的关系极为密切，人类的传染病约 75%是由病毒引起的。有些病毒传染性强，可引起世界大流行（如流感等），有些病毒性疾病的症状严重，病死率高（如艾滋病等）。除急性感染外，病毒还可引起持续性感染，有的病毒还与肿瘤、先天畸形和自身免疫病的发生密切相关。动物病毒性疾病传染快、流行广、死亡率高，迄今为止缺乏有效防治药物，给畜牧业带来巨大经济损失。研究病毒的生物学特性、致病机制与免疫应答机制，研制生物制品（如疫苗），控制和消灭病毒性传染病是动物微生物学的重要任务。

二、病毒大小与形态

病毒的大小差别很大，球形病毒的大小用其直径表示，其他形状病毒以长度×宽度表示。不同病毒大小相差很大，一般在 20～250 nm 之间。最大的痘病毒约 300 nm，较小的脊髓灰质炎病毒、鼻病毒等只有 20～30 nm（图 2-1）。

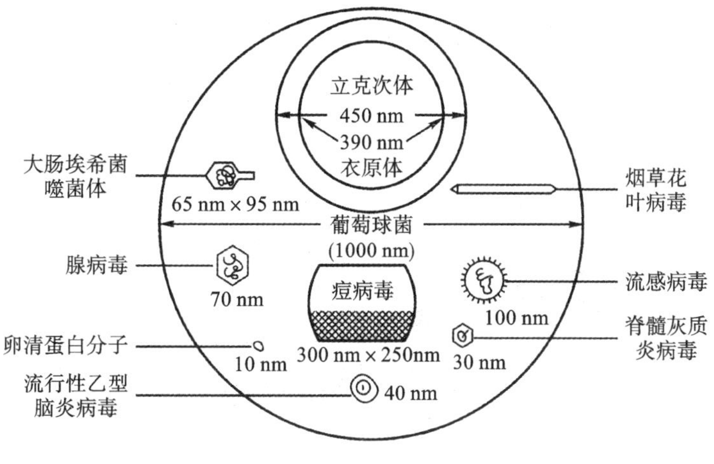

图 2-1 微生物大小的比较示意图

病毒形态多样，不同病毒的形状也不同，但多数呈球形和近似球形，少数为子弹形、砖块形。噬菌体（细菌病毒）呈蝌蚪形，而植物病毒多数为杆状（图 2-2）。大部分病毒的形态较为固定，但有些病毒则具有多形性。如正黏病毒可呈球形、丝状和杆状。

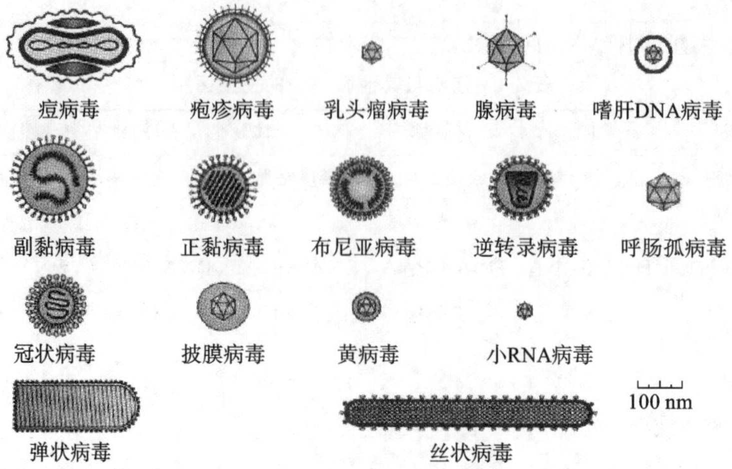

图 2-2　常见病毒的形态与结构示意图

三、病毒结构与化学组成

病毒由核酸和衣壳组成，这是病毒的最基本结构，部分病毒的核衣壳外有包膜包裹。有包膜的病毒称包膜病毒，无包膜的病毒称无包膜病毒或裸露病毒（图 2-3）。

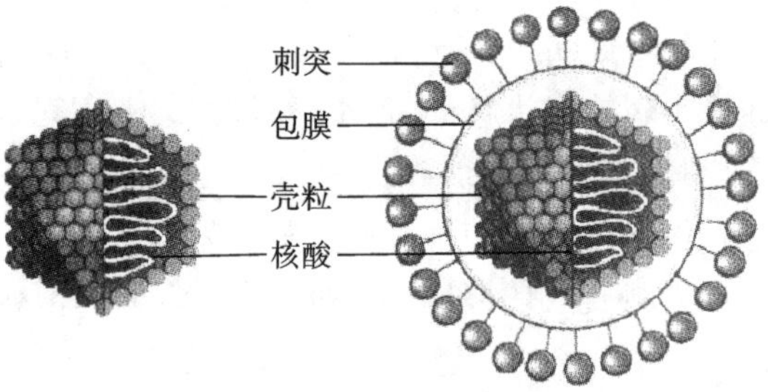

图 2-3　病毒结构示意图

（一）核心

病毒的核心主要由核酸组成，病毒的核酸只有一种，即 RNA 或 DNA。两种核酸不可能同时存在于一个病毒内。依据病毒的核酸类型，可将病毒分为 RNA 病毒和 DNA 病毒两大类。病毒的核酸链有双股和单股之分，又可根据病毒核酸链的股数和极性等进一步分类。大多数病毒的核酸是完整的，少数病毒的核酸是分节段的，如流感病毒。不同种类病毒的核酸含量有较大差别，但相对于细菌来说，病毒分子量小，基因数少，因此病毒携带的遗传信息量及可编码的蛋白质比细菌少得多。病毒的核酸储存着病毒的全部遗传信息，决定病毒的形态、增殖、遗传、变异和感染等所有性状。一些病毒的核心还有少量与复制有关的功能性蛋白，如 RNA 聚合酶等。

（二）衣壳

包绕在病毒核心外面的蛋白质结构为衣壳。衣壳的主要功能是保护病毒的核心，以免受到核酸酶以及其他理化因素的破坏；无包膜病毒的衣壳蛋白可介导病毒感染宿主细胞；衣壳蛋白具有良好的免疫原性和抗原性，是病毒的主要抗原成分，可引起宿主产生抗病毒免疫或超敏反应，并可用于病毒检测。

衣壳由一定数量的壳粒组成，在电镜下可以观察到壳粒的形态。每个壳粒称为一个形态亚单位，每个壳粒由 1 个或多个多肽分子组成，组成壳粒的多肽分子又称为结构亚单位或化学亚单位。

Note

不同病毒的衣壳所含壳粒的数目及排列方式不同，可作为病毒鉴别和分类的依据。根据壳粒的排列方式，病毒结构有下列几种对称形式，可作为病毒鉴别和分类的依据。

1. 螺旋对称型 壳粒沿着螺旋形的病毒核酸链对称排列，如大多数杆状病毒、弹状病毒、正黏和副黏病毒等。

2. 二十面体立体对称型 病毒核酸聚集成团，衣壳的壳粒包绕核酸构成有 20 个面、12 个顶角、30 个棱边的立体结构，二十面体每个面呈等边三角形。多数球形病毒，如腺病毒、小 RNA 病毒为此对称型。不同病毒的壳粒总数不一致，可作为病毒鉴定和分类的一个依据。腺病毒在二十面体的各个顶角上还有触须样纤维，称为纤突，纤突上有顶球，可凝集某些动物的红细胞，并具有毒性作用。

3. 复合对称型 有些病毒结构复杂，既有立体对称又有螺旋对称，如噬菌体和痘病毒。

（三）包膜

部分病毒的衣壳外还包绕着一层囊膜样结构，称为包膜。包膜的主要化学成分为脂质、蛋白质及多糖。包膜是病毒成熟过程中核衣壳穿过细胞膜或核膜，以出芽方式获得的，其脂质来自宿主细胞膜，而包膜中的蛋白质主要是病毒基因编码产生的。一部分多糖也来自宿主细胞膜，而另一部分多糖则由病毒产生。

一些病毒的包膜表面有糖蛋白组成的钉状突起，称为刺突或包膜子粒。病毒包膜的功能如下：①维持病毒结构的完整性；②刺突的蛋白质能特异性地与易感细胞表面受体结合，介导病毒感染；③包膜蛋白质具有病毒种、型的抗原特异性，除可激发机体产生保护性或病理性免疫应答外，还可作为病毒鉴定和分类的依据；④包膜脂质与感染细胞融合，便于病毒穿入；⑤一些病毒包膜成分，如脂质，可引起机体发热等中毒反应；⑥脂溶剂对包膜病毒的灭活作用，主要是通过溶解脂质、去除包膜而使其失去感染性。

任务二 病毒培养技术

二维码 2-2

一、病毒增殖

病毒缺乏独立进行代谢活动的酶系统，只有进入活的宿主细胞内，由宿主细胞提供合成子代病毒核酸与蛋白质的原料，才可能增殖。病毒增殖过程以病毒核酸为模板，在 DNA 多聚酶或 RNA 多聚酶及其他因素的作用下，经过复杂的生物化学合成过程，复制子代病毒的核酸并通过转录、翻译产生病毒蛋白质，装配成熟后释放到细胞外。这种增殖方式称为复制。复制过程可按周期进行，称复制周期，复制过程一般可分为吸附、穿入、脱壳、生物合成、装配和释放 6 个阶段(图 2-4)。

（一）吸附

病毒进入宿主细胞内增殖前，首先必须接近并吸附于易感细胞表面。病毒与细胞接触后，通过病毒的包膜表面或无包膜病毒衣壳表面的配体蛋白与易感细胞表面相应的受体发生特异性结合。不同细胞表面有不同病毒的受体，这决定了病毒的不同嗜组织性和感染宿主的范围。流感病毒包膜的刺突血凝素可与多种动物呼吸道黏膜上皮细胞的唾液酸分子结合，导致病毒在人和多种动物之间传播。

（二）穿入

病毒吸附于宿主细胞膜后，可通过包膜融合、细胞吞饮或直接进入等不同方式穿过细胞膜。大多数包膜病毒将包膜与细胞膜融合后，核衣壳进入细胞质。多数无包膜病毒感染细胞时，细胞膜内陷将病毒包进细胞膜内，病毒以胞饮形式进入易感细胞内。少数无包膜病毒在吸附过程中衣壳的多肽成分发生改变，病毒可直接穿过细胞膜。

（三）脱壳

病毒在细胞质内必须脱去蛋白衣壳，裸露的病毒核酸才能发挥指令作用。多数病毒穿入细胞

Note

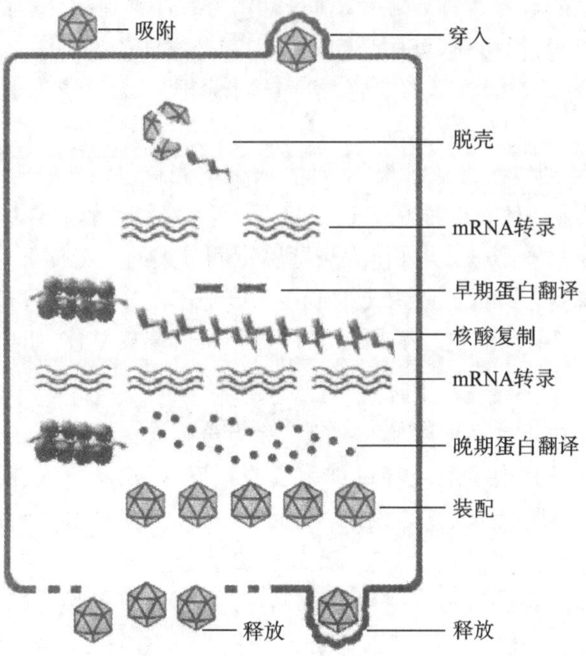

图 2-4　DNA 病毒复制示意图

后，在宿主细胞溶酶体酶的作用下，脱去蛋白衣壳释放出病毒核酸。少数病毒的脱壳过程较复杂，如痘病毒脱壳过程分为两步，首先在溶酶体酶作用下脱去外壳蛋白，再经病毒编码的脱壳酶的作用脱去内层衣壳，才能使核酸完全释放。

（四）生物合成

病毒经脱壳后，病毒核酸进入宿主细胞质中，开始病毒的生物合成，利用宿主细胞提供的原料和能量等合成大量子代病毒核酸以及结构蛋白。病毒在细胞内复制核酸的部位因核酸类型不同而有区别，DNA 病毒一般在细胞核内复制，而大多数 RNA 病毒在细胞质内复制。生物合成一般分为早期和晚期两个阶段。首先由病毒核酸在细胞内进行转录、翻译而产生早期蛋白，早期蛋白为病毒生物合成中必需的酶类及某些抑制或阻断细胞核酸和蛋白质合成的非结构蛋白，也称为功能蛋白。然后在早期蛋白的作用下，病毒核酸开始复制，形成大量子代病毒核酸，进而子代病毒核酸经转录、翻译而产生病毒的晚期蛋白，主要是结构蛋白，如衣壳蛋白和包膜蛋白等。

（五）装配

装配指子代病毒核酸与结构蛋白组装为病毒核衣壳的过程。除痘病毒外，DNA 病毒均在细胞核内装配；RNA 病毒与痘病毒在细胞质内装配。由蛋白质分子先形成结构亚单位，再组成形态亚单位后构成衣壳。螺旋对称型的病毒在装配时，由壳粒螺旋围绕病毒核酸形成核衣壳；二十面体立体对称型无包膜病毒先形成有 20 个面的空心衣壳，病毒核酸从衣壳的裂隙进入空心衣壳内形成核衣壳。包膜病毒则需要在释放过程中在核衣壳外再加一层包膜。

（六）释放

成熟的病毒体以不同方式离开宿主细胞的过程称为释放。包膜病毒的核衣壳多通过出芽方式从细胞膜系统（核膜或细胞膜）获得包膜而释放。包膜上的脂类来自细胞，而蛋白质则由病毒自己编码，故具有病毒的抗原性和特异性。包膜病毒的出芽释放并不直接引起细胞死亡，细胞膜在出芽后可以修复。无包膜病毒在复制和装配过程中会严重影响和破坏细胞，病毒多通过溶解细胞释放出大量子代病毒，如腺病毒和脊髓灰质炎病毒。

二、病毒人工培养

Note

病毒是严格的活细胞内寄生物，因此在对病毒进行人工培养时，必须选择适合病毒生长的活细胞。常用的病毒人工培养方法包括动物接种法、鸡胚培养法和细胞培养法(包括器官、组织和单层细胞培养法等)三种。

(一) 动物接种法

动物接种法可以分为同种动物接种(即猪的病毒接种到猪体上培养)和实验动物接种两种方法。常用的实验动物有小白鼠、家兔、豚鼠和鸡等。在选择动物时,要求被接种的实验动物健康、血清中无相应的病毒抗体,并符合其他条件。当然,理想的实验动物是无菌动物或SPF(无特定病原体)动物。病毒通过注射、口服等途径进入易感动物体内并大量增殖,使动物产生特定反应。此方法便于观察病毒感染时的临床病理变化和获得大量增殖的病毒。

动物接种法培养病毒的方法虽然古老,但是在生产中比较常用。此法主要应用于病原学检查,传染病的诊断,疫苗生产,抗血清制造及疫苗效力检验等。这种方法的缺点是实验动物难于管理、成本高、个体差异大等。

(二) 鸡胚培养法

鸡胚培养法培养病毒是简单、方便且经济的方法。来自禽类的许多病毒都能在鸡胚中增殖,其他动物的病毒有的也可以利用鸡胚培养。用于培养病毒的鸡胚要求是健康的、不含有特异性病毒抗体的鸡胚或SPF鸡胚。SPF鸡是指生长在屏障系统或隔离器中,无国际、国内流行的主要鸡传染病病原的鸡群,其所产的蛋即为SPF种蛋。

病毒接种于鸡胚后,病毒的增殖情况可根据鸡胚的病变和病毒抗原检测等方法进行判断。病毒导致鸡胚病变常见以下四种情形:一是胚胎畸形;二是胚胎不活动,死亡,照蛋时血管变细或消失;三是鸡胚充血、出血或出现坏死灶,常见胚胎的头、颈、躯干、腿等处或通体出血;四是胚胎绒毛尿囊膜上出现痘点或斑块。根据这些变化,可间接推测病毒的存在。

进行鸡胚接种时,不同病毒可采用不同的接种途径,并选择日龄合适的胚胎。常用的接种部位有绒毛尿囊膜、羊膜腔、尿囊腔或卵黄囊等。

鸡胚培养法可进行病毒的分离、鉴定,也可用于复制大量病毒,制备抗原和疫苗等。

(三) 细胞培养法

细胞培养法是在体外用离体的活细胞进行病毒培养的方法。通常用于培养病毒的细胞有原代细胞、二倍体细胞株和传代细胞系。用胰蛋白酶将动物组织细胞消化成单个细胞,即原代细胞,如鸡胚成纤维细胞(CEF)、猪肾上皮细胞(PK-15)等。将原代细胞适当洗涤后加入培养液,单个细胞在培养瓶中贴壁生长成单层细胞后连续传代培养,细胞染色体仍与原代细胞一样,为二倍体,称为二倍体细胞株。这两种细胞在体外培养的代次不长。传代细胞系来源于肿瘤细胞或细胞株传代过程中变异的细胞系,可以在体外无限制传代。其种类很多,常用的有非洲绿猴肾(Vero)细胞等。

将病毒接种于细胞发生感染后,大多数能引起细胞病变,称为病毒的致细胞病变作用(简称CPE)。表现为细胞变形,细胞颗粒变性、核浓缩、核裂解等;单层细胞培养时,可导致多个相邻细胞死亡而形成空斑,称为蚀斑。利用倒置显微镜可观察到上述现象。还有的细胞不发生病变,但培养物出现红细胞吸附及血凝现象(如流感病毒等)。有时还可通过血清学试验(利用免疫荧光技术等)检查细胞中的病毒。

细胞培养法培养病毒有许多优点。

(1) 离体活细胞不受机体免疫力影响,很多病毒易于生长。

(2) 便于人工选择多种敏感细胞供病毒生长,而且病毒产量高。

(3) 易于观察病毒的生长特征,便于收集病毒做进一步检查。

因此,细胞培养可用于多种病毒的分离、增殖,病毒抗原疫苗制备,中和试验,病毒空斑(数量)测定及克隆纯化等。

Note

二维码 2-3

任务三　病毒的其他特性和致病性

一、病毒的其他特性

1. 干扰现象　两种病毒感染同一细胞或机体时，发生一种病毒抑制另一种病毒复制的现象称为干扰现象。干扰现象可以发生在不同种的病毒之间，也可发生在同种、同型以及同株病毒之间。常常是先进入细胞的病毒干扰后进入的病毒，死的病毒干扰活的病毒，缺陷病毒干扰完整的病毒。

（1）干扰现象的机制仍不十分清楚，可能与下列因素有关。

①病毒诱导宿主细胞产生干扰素，抑制被干扰的病毒的生物合成。

②易感细胞的表面受体与先进入的病毒结合后被封闭或破坏，阻断了后进入的病毒对细胞的吸附。

③病毒增殖时，消耗了宿主细胞的生物合成原料和酶类，阻断了被干扰病毒的生物合成。

（2）干扰现象的意义如下。

①能阻止、中断病毒性疾病的发生，也可在病毒感染后中止感染，使机体康复。

②干扰现象构成机体非特异性免疫的一部分，若给机体注射病毒的活疫苗，则可以阻止毒力较强的病毒感染。

③在应用疫苗，特别是同时应用两种或两种以上的疫苗时，要注意避免干扰现象的发生，以免影响疫苗的效果。

2. 干扰素(IFN)　干扰素是机体活细胞受病毒感染或干扰素诱生剂刺激后产生的能干扰病毒复制的一种小分子糖蛋白。干扰素在细胞中产生后能扩散到附近细胞，也可进入血液而被带至全身，当干扰素被另外的细胞吸收后，便被带至细胞核内，在核内诱生 mRNA。产生 mRNA 后这种细胞便产生了另一种能抑制病毒复制的物质，即抗病毒蛋白，从而抑制多种入侵病毒增殖，起到保护细胞和机体的作用。细胞合成干扰素不是持续的，而是细胞受到强烈刺激（如病毒感染）时的一过性分泌，于病毒感染一段时间后开始产生，达到一定的峰值后逐渐下降。

除病毒能刺激细胞产生干扰素外，有些灭活的病毒也可诱导细胞产生干扰素，如新城疫病毒和禽流感病毒。此外，还有许多其他刺激物可以作为干扰素诱生剂。如细菌、立克次体和原虫等的抽提物，真菌产物，植物血凝素以及人工合成的化学诱导剂，如多聚肌苷酸、多聚胞苷酸等，也可刺激细胞产生干扰素。

干扰素按照化学性质可分为 α、β、γ 三种类型。其中 α 干扰素主要由白细胞和其他多种细胞在受到病毒感染后产生，人类的 α 干扰素至少有 22 个亚型，动物的较少；β 干扰素由成纤维细胞和上皮细胞受到病毒感染时产生，只有一个亚型；γ 干扰素由 T 细胞和 NK 细胞在受到抗原或有丝分裂原的刺激后产生，是一种免疫调节因子，主要作用于 T、B 细胞和 NK 细胞，以增强这些细胞的活性，促进抗原的清除。所有哺乳动物都能产生干扰素，而禽类体内无 γ 干扰素。

干扰素的生物活性包括以下三个方面：一是具有非特异性的广谱抗病毒作用，对某些细菌、立克次体和原虫等也有干扰作用；二是具有免疫调节作用，γ 干扰素可作用于 T、B 细胞和 NK 细胞以增强其活性；三是具有抗肿瘤的作用，干扰素可以抑制肿瘤细胞生长以及调节机体的免疫功能，如增强巨噬细胞的吞噬功能，加强 NK 细胞等的活性，加快对肿瘤细胞的清除。

干扰素对热稳定，60 ℃加热 1 h 一般不能被灭活，在 pH 3～10 范围内稳定。对胰蛋白酶和木瓜蛋白酶敏感。

二、病毒的致病性

病毒侵入机体后，首先进入易感细胞并在细胞中增殖，进而对宿主产生致病作用。病毒能否感染机体以及能否引起疾病，取决于病毒致病性和宿主免疫力两个方面因素。病毒致病性是指某一病

Note

毒感染特定宿主并引起疾病的固有特性。病毒引起临床症状和病理变化的强弱反映了其毒力。如禽流感病毒可感染鸡群，具有致病性，但鸡群中个体症状轻重程度不一。禽流感病毒流行株和减毒疫苗株相比，毒力明显有强弱的不同，前者引起疾病，后者并不引起疾病。病毒的致病作用从入侵细胞开始，并扩散到多数细胞，最终导致组织器官的损伤和功能障碍。显然，病毒的致病作用表现在细胞和机体两个水平上。

（一）病毒感染对宿主细胞的致病作用

细胞被病毒感染后，由于病毒和宿主细胞相互作用的结果不同，其表现形式多样。除进入非易感细胞后产生顿挫感染而终止感染过程外，病毒在易感细胞中的致病作用可表现为溶细胞作用、稳定状态感染、细胞凋亡、整合感染及包涵体的形成。

1. 溶细胞作用 病毒在宿主细胞内增殖成熟后，短时间内释放大量子代病毒，造成细胞被破坏而死亡，这种作用称为病毒的溶细胞作用。溶细胞作用主要见于无包膜、杀伤性强的病毒，如脊髓灰质炎病毒、腺病毒。具有溶细胞作用的病毒多数引起急性感染。

2. 稳定状态感染 有些病毒（多为包膜病毒）在宿主细胞内增殖过程中，对细胞代谢、溶酶体膜影响不大，由于以出芽方式释放病毒，其过程缓慢、病变较轻、短时间内也不会引起细胞溶解和死亡，故称为病毒的稳定状态感染。病毒的稳定状态感染常造成细胞膜成分改变和细胞膜受体的破坏，如麻疹病毒、副流感病毒感染细胞的膜成分发生改变，导致其与邻近细胞融合，这有利于病毒扩散。又如流感病毒抗原出现在细胞膜上后，除引起抗原决定簇改变外，还因有病毒的血凝素存在，使细胞具有吸附红细胞的功能。稳定状态感染细胞，经病毒长期增殖、多次释放后，细胞最终仍会死亡。

3. 细胞凋亡 细胞凋亡是一种基因控制的程序性细胞死亡。有些病毒本身或病毒编码蛋白间接作为诱导因子，引发细胞凋亡，使细胞内出现细胞核浓缩、细胞内空泡，并出现凋亡小体。

4. 整合感染 某些 DNA 病毒和逆转录病毒可将其基因整合于宿主细胞中，引起整合感染。整合后的病毒可导致细胞转化，使细胞生长失去接触性抑制而成堆生长。细胞转化与肿瘤的形成有密切关系。目前已证实，有多种动物病毒具有致瘤作用。与人类肿瘤有关的病毒主要包括人 T 细胞白血病病毒、EB 病毒、人乳头瘤病毒和乙型肝炎病毒等。马立克氏病病毒、劳斯肉瘤病毒、白血病病毒可以引起动物的肿瘤。

5. 包涵体的形成 某些病毒感染细胞后，可在胞质或胞核内形成光镜下可见的斑块状结构，称为包涵体。包涵体由病毒颗粒或未装配的病毒成分组成，是病毒在细胞内增殖留下的痕迹，并可破坏细胞的正常结构和功能。显微镜下观察感染细胞内包涵体的形状、染色性和位置，对辅助诊断某些病毒的感染具有重要意义。

（二）病毒感染对机体的致病作用

1. 病毒对细胞的亲嗜性与组织器官的损伤 病毒对细胞的亲嗜性即病毒感染细胞有一定选择性，系由病毒表面蛋白是否与细胞表面受体结合，以及细胞是否适合病毒增殖所决定。由此决定了病毒的组织器官亲嗜性，并造成特定靶组织和器官的损伤，表现为机体不同系统的病毒性疾病。如狂犬病毒和脊髓灰质炎病毒对神经组织具有亲嗜性，肝炎病毒对肝细胞具有亲嗜性等。有些病毒可表现为泛嗜性，如鸡新城疫病毒感染机体后，机体可表现出多个系统和脏器的损伤。

2. 病毒诱导的免疫病理损伤 由于病毒为专性细胞内寄生，因此机体免疫系统在清除病毒时不可避免地会伤及自身细胞。其免疫病理损伤机制涉及Ⅰ、Ⅱ、Ⅲ、Ⅳ型超敏反应和炎症反应。

3. 病毒对免疫系统和免疫功能的损伤与抑制

（1）病毒感染引起的免疫抑制：许多病毒感染可暂时抑制机体的免疫功能，降低机体的免疫应答反应，如犬瘟热病毒、副流感病毒可损伤巨噬细胞的吞噬功能，传染性法氏囊病病毒抑制 B 细胞产生抗体。

（2）病毒对免疫活性细胞的杀伤：人类免疫缺陷病毒（HIV）对 Th 细胞具有较强的杀伤作用，使其被感染后数量大降，造成机体免疫功能极度下降，导致获得性免疫缺陷。

Note

二维码 2-4

任务四　动物病毒性疾病的实验室检查

畜禽病毒性疾病，除少数可以通过临床症状、流行病学、病变做出诊断外，大多数疾病的确诊需要进行实验室检查。病毒性疾病的实验室检查主要包括以下方法。

一、病料的采集、保存与运送

通常采集血液、鼻咽分泌液、痰、粪便、脑脊液、疱疹液、活检组织或尸体组织等。

（一）标本的采集

采集标本时，应该采集濒死或者刚刚死亡的动物体的病变部位。对自然死亡的病例，应在死亡6 h内采集病料。做病毒分离或病毒抗原检查的标本，应在疾病刚流行时从发病初期和急性感染的动物体上采集，因为这一时期病毒在动物体内大量增殖，容易查出病毒。急性血清检查时，应分别在发病初期和相隔2～3周采集血清标本。第2份标本中的抗体水平明显升高时才具有诊断意义。

（二）标本的处理

所采集的标本应放入已灭菌的容器内。液体标本应装入玻璃管，封口保存。采集的液体标本如果有细菌存在，应加入青霉素和链霉素或其他抗生素除菌。固体病料保存在灭菌的50%甘油磷酸盐缓冲液中，可使其中的病毒保持不变。

（三）标本的保存

标本采集后应立即送实验室检查，实验室接到标本后，应在1～2 h内分离或培养病毒。路途较远或短时间内未能及时送达时，应将标本装入冰的保温瓶或保存于－20 ℃。若无法及时进行病毒检验，应将标本保存于－70 ℃以下的冰箱。

二、病毒包涵体的检查

有些病毒可以在易感细胞内形成包涵体。将被检材料直接制成涂片、组织切片或冰冻切片，经特殊染色后用普通光镜检查。这种方法对能形成包涵体的病毒性传染病具有重要的诊断意义。但包涵体的形成有个过程，出现率也不是100%，所以，在进行包涵体检查时应注意。

三、病毒的分离培养与初步鉴定

（一）标本采集与病毒分离培养

采集可能含有病毒的材料，接种于实验动物、鸡胚或组织细胞，进行病毒的分离培养，并根据培养结果，做出初步诊断，为进一步的确诊奠定基础。

无菌标本（脑脊液、血液、血浆、血清）可直接接种细胞、动物、鸡胚；病理组织块、粪便、尿、感染组织或昆虫等污染标本在接种前应做除菌处理。常用的除菌方法有过滤除菌、高速离心除菌和抗生素除菌三种。操作时常将三种方法联合使用。如用口蹄疫的水疱皮进行病毒分离培养时，将送检的水疱皮用灭菌的pH 7.6磷酸盐缓冲液冲洗数次，再用灭菌滤纸吸干，称重，研磨，制成1∶5混悬液。为了防止细菌污染，每毫升加青霉素1000 IU、链霉素1000 μg，置2～4 ℃冰箱内4～6 h，然后以8000～10000 r/min速度离心10～15 min，吸取上清液备用。

（二）分离病毒的初步鉴定

1. 致细胞病变效应(CPE)　病毒在细胞内增殖引起细胞病变时表现为细胞皱缩、变圆、出现空泡、死亡和脱落。某些病毒产生特异性CPE，普通光学倒置显微镜下可观察到上述细胞病变，结合临床表现可做出预测性诊断。

2. 红细胞凝集现象　流感病毒和某些副黏病毒感染细胞后24～48 h，细胞膜上出现病毒的血凝素，这些血凝素能吸附豚鼠、鸡等动物及人的红细胞，发生红细胞凝集现象。若加入相应的抗血

Note

清，可中和病毒血凝素、抑制红细胞凝集现象的发生，称为红细胞凝集抑制试验。这一现象不仅可作为这类病毒增殖的指征，还可作为初步鉴定的依据。

3. 干扰现象 一种病毒感染细胞后可以干扰另一种病毒在该细胞中的增殖，这种现象称为干扰现象。前者为不产生 CPE 的病毒（如风疹病毒），但能干扰以后进入的病毒（如埃可病毒）增殖，使后者进入宿主细胞不再产生 CPE。

四、动物接种试验

病毒性疾病的诊断也可以利用动物接种试验来进行。将从病料中分离到的病毒处理后接种于实验动物体内，通过观察动物的发病时间、临床症状、病理变化及死亡情况对病毒进行检测。

五、血清学试验

常用的血清学试验方法有中和试验、补体结合试验、红细胞凝集试验、免疫扩散试验、免疫荧光技术和酶标记抗体技术等。在诊断上，应根据病毒的性质及发展阶段、被检病料类型、病原特性等，选择特异、灵敏的方法诊断。

六、分子生物学方法检测

分子生物学方法检测病毒主要是利用病毒所含有的特异性核酸序列和结构进行测定。其特点是反应灵敏度高、特异性强、检出率高，是目前实验室检测方法中比较先进、应用也比较广泛的技术。主要方法有 PCR 技术、核酸杂交技术和 DNA 芯片技术。

任务五 常见的动物病毒

一、口蹄疫病毒

口蹄疫病毒（FMDV）是牛、羊、猪等动物口蹄疫（FMD）的病原体。FMD 是一种急性、热性、高度接触传染性和可快速远距离传播的动物疫病，也能传染人。病畜的口、鼻、蹄、乳房等部位发生特征性的水疱，有时甚至引起死亡。本病流行广、传播速度快，能给畜牧生产带来巨大的损失，是各国最重视的传染病。

1. 生物学特性 FMDV 是正链单股 RNA 病毒，隶属 RNA 病毒科、口蹄疫病毒属，无囊膜，二十面体对称，近似球形，直径 27～30 nm，衣壳上有 32 个壳粒。

FMDV 有 7 个不同的血清型：A、O、C、SAT1（南非 1）、SAT2（南非 2）、SAT3（南非 3）及 Asia1（亚洲 1）型。各型之间无交叉免疫作用，每一血清型又有若干个亚型，各亚型之间的免疫性也有不同程度的差异，这给疫苗的制备及免疫带来了很大困难。全世界亚型的编号已达 70～80 个，每年还会有新的亚型出现。2004 年以后，全球无 C 型口蹄疫疫情报告。目前，我国流行的口蹄疫血清型主要是 A、O 和 Asia1 型。

FMDV 无囊膜，对脂溶剂和有机溶剂不敏感，对紫外线、蛋白酶和蛋白凝固剂有一定抗性。阳光直射能迅速使 FMDV 灭活，但污染物品（如饲草、被毛和木器）上的病毒却可存活几周之久。厩舍墙壁和地板上干燥分泌物中的病毒可以存活 1 个月（夏季）至 2 个月（冬季）。FMDV 经 65 ℃处理 15 min、70 ℃处理 10 min、85 ℃处理 1 min、1%NaOH 溶液处理 1 min 即被灭活。FMDV 在 pH 7.0～9.0 之间较稳定，pH<6.0 或 pH>9.0 即可使之灭活，在 pH 为 3.0 时可被瞬间灭活。常用的消毒液是 1%～2%NaOH 溶液、2%醋酸溶液或食醋、0.2%柠檬酸溶液、4%碳酸氢钠溶液。需要注意的是，在含有机质的环境中，FMDV 对碘制剂、季铵盐类、次氯酸和酚制剂有一定的抵抗力。

2. 致病性 在自然条件下，FMDV 感染主要发生于偶蹄兽，其中以黄牛最易感（尤其是奶牛），其次是水牛、牦牛、猪，再次为羊和骆驼等。野生偶蹄兽也能发生 FMDV 感染，人也能感染 FMDV。此外，当发生恶性 FMD 时，狗、猫亦偶尔被感染。通常是幼畜较成畜易感。FMD 发病率高，但大部分成年家畜可以康复，幼畜经常出现无症状猝死，严重时死亡率可达 100%。实验动物中，豚鼠最易

Note

感，但大部分可存活，因此常用其做病毒的定型试验。乳鼠对本病也较易感，可以检出组织中的微量病毒。皮下注射7～10日龄的乳鼠，数日后乳鼠出现后肢痉挛性麻痹，最后死亡。其敏感性比豚鼠足掌注射强10～100倍，甚至比牛舌下接种更敏感。

3. 微生物学诊断

(1) 豚鼠接种试验：选择500 g以上的健康豚鼠4～6只，剪去后肢跖掌部被毛，用湿棉花球洗净，再用70%酒精棉球消毒。将跖掌部皮肤或口腔黏膜划破，把感染性病料涂擦于划破处。第2天如局部出现水疱，即可确诊。

(2) 乳鼠接种试验：选择3～7日龄乳鼠5只，其中4只接种感染性病料，1只作对照，每只于颈背部皮下接种0.1 mL，观察1周。如有死鼠，应及时拣取，解剖后将感染性病料制成1∶3混悬液，继续传代接种。如无死鼠，则于接种后4 d取活鼠2只冻死，无菌取样制成1∶3混悬液，继续传代接种，传2～3代死亡即为阳性。目前，仅极少数国家使用乳鼠接种试验分离口蹄疫病毒。

(3) 病原学诊断：包括病毒分离、RT-PCR。

(4) 血清学诊断法：世界动物卫生组织(OIE)推荐使用商品化及标准化ELISA试剂盒诊断。

4. 防治 自然感染本病存活的动物，可获得对同型强毒株相当强的免疫保护力。牛有一年半的免疫保护期，猪为10～12个月。在本病呈地方流行的国家，采用以预防为主的综合措施控制疫病，免疫易感动物是有效的预防办法。应用人工弱毒疫苗控制本病，曾取得良好效果，但鉴于弱毒疫苗存在不安全的隐患，国外大多数国家和国内已禁止使用。国内可用的灭活疫苗有兔组织氢氧化铝甲醛灭活疫苗，结晶紫甘油灭活疫苗，口蹄疫(A型)灭活疫苗，猪口蹄疫O型灭活疫苗，牛口蹄疫O型、A型双价灭活疫苗，口蹄疫O型、Asia1型、A型三价灭活疫苗等；此外新型疫苗如口蹄疫O型、A型二价3B蛋白表位缺失灭活疫苗，猪、牛口蹄疫O型、A型二价合成肽疫苗，猪、牛口蹄疫O型病毒样颗粒疫苗等已应用于临床。

二、狂犬病毒

狂犬病毒(RABV)是狂犬病的病原体。狂犬病是一种人畜共患的中枢神经系统急性传染病。RABV是一种嗜神经性病毒，几乎所有的恒温动物对狂犬病毒都敏感。RABV可在野生动物(狼、狐狸、野鼠、鼬鼠、松鼠、蝙蝠等)及家养动物(狗、猫、牛等)之间传播。一旦感染，如不及时采取有效的防治措施，可导致严重的中枢神经系统损害，病死率极高。我国将狂犬病列为二类动物疫病。

1. 生物学特性 RABV是单股RNA病毒，属于弹状病毒科、狂犬病毒属。RABV外形似子弹，长130～240 nm，直径65～80 nm；核衣壳螺旋形对称，有囊膜。RABV可在乳鼠脑内、仓鼠肾上皮细胞、鸡胚和鸡胚成纤维细胞中增殖。RABV可凝集鹅的红细胞和1日龄雏鸡的红细胞。RABV对热、紫外线、日光、干燥的抵抗力弱，40 ℃加热1 h或60 ℃加热30 min即被灭活，也易被强酸、强碱、甲醛、碘、醋酸、乙醚、肥皂水及离子型和非离子型去污剂灭活。但RABV在4 ℃下能存活数月，冰冻干燥条件下可保存数年。RABV可在感染的神经细胞质内产生嗜酸性包涵体。

2. 致病性 RABV能感染多种动物，如犬、猫、牛、羊、猪等家畜，以及狼、狐狸、鹿、野鼠、松鼠等野生动物。犬、猫、野生动物为RABV的自然储存宿主。我国的疫情资料表明，犬为传播狂犬病的主要传染源，其次是猫、狼、狐狸和吸血蝙蝠。大多数欧洲国家由于犬的狂犬病已被控制，目前以控制野生动物狂犬病为主。南美洲则以牛的狂犬病为主。

RABV感染导致狂犬病，多为病犬或其他带病毒动物咬伤所致。病犬和带病毒动物的唾液中含有RABV，动物被咬伤后，RABV可经伤口侵入机体并在伤口局部增殖，增殖的病毒进入周围神经并沿传入神经轴索和其外间隙上行，经背根节和脊髓至中枢神经系统，RABV在神经细胞内大量增殖，损伤脑干和小脑等中枢神经系统。此后，RABV又经传出神经播散至全身。患病动物可出现呼吸肌和舌咽肌痉挛而表现出呼吸困难和吞咽困难等症状，怕风、声、光、痛，甚至听到水声即引起痉挛发作，故有"恐水症"之称；脊髓等处损伤则导致各种瘫痪；交感神经可因病毒感染的刺激而使唾液腺和汗腺分泌增加。上述兴奋性表现经一段时间后转入麻痹状态，患病动物可出现昏迷、呼吸和循环衰竭，病死率几乎为100%。

3. 微生物学诊断

(1) 包涵体检查:取大脑、小脑特别是海马角部分,用刀片切开印片,趁印片未完全干燥时,用姬姆萨染色法染色,染成红色的即为包涵体,包涵体又名内氏(Negri)小体。包涵体检查法准确、简单,但并不是所有的病例都能检查出来。据统计,有 10%的病犬缺乏包涵体。在草食动物及猪的病例中,包涵体检出率较犬低。

(2) 动物接种试验:患病动物死后,采集脑或唾液腺等病料,制成 10%的乳剂,低速离心 15~30 min,取上清液(如已污染,按每毫升加入青霉素、链霉素各 1000 U 处理 1 h),给 5~6 日龄乳鼠脑内接种,每只注射 0.03 mL,每份样品接种 4~6 只,接种后观察 21 d,5 d 内死亡者淘汰,5 d 后乳鼠出现松毛、颤抖、后肢失去平衡、麻痹、虚脱等症状时,可取脑组织做印片检查包涵体,如为阳性,即可确诊。分离的病毒也可用直接荧光试验或病毒中和试验进行鉴定。

(3) 病原学检测:RT-PCR、荧光定量 RT-PCR 等。

(4) 血清学诊断:OIE(2003 年)推荐的首选血清学诊断方法是用小鼠或细胞培养物做病毒中和试验和补体结合试验。其他血清学诊断方法还有血凝抑制(HI)试验、荧光抗体试验、荧光灶抑制试验、ELISA。

4. 防治 对家犬进行大规模免疫接种和管理、控制野犬是预防狂犬病最有效的措施。接种狂犬病疫苗是预防和控制本病的有效措施之一。进口英特威犬、猫,家养宠物犬、猫均应在 3 月龄以上首免,皮下或肌内注射,每次 1 mL,以后每隔 36 个月加强免疫 1 次。国产疫苗主要有单苗和联苗,单苗主要为狂犬病灭活疫苗,联苗主要为犬狂犬病、犬瘟热、犬副流感、犬腺病毒与犬细小病毒五联活疫苗,幼犬断奶后首免,间隔 21 d,连续免疫 3 次,肌内注射,每次 2 mL;成年犬每年免疫 2 次,首免与二免间隔 21 d,肌内注射,每次 2 mL。患病动物应立即捕杀,并将尸体焚化或深埋。

人被动物咬伤后,应采取下列预防措施:①伤口处理:立即用 20%肥皂水、1%新洁尔灭、0.1%苯扎溴铵或流动清水反复冲洗伤口,至少 15 min(伤口较深则需用注射器灌注冲洗),再用 70%~75%酒精及 2%~3%碘酒涂擦,伤口不宜缝合和包扎。②被动免疫:伤口破损、出血、污染暴露者,需用高效价抗 RABV 血清于伤口周围与底部浸润注射,或肌内注射狂犬病免疫球蛋白,必要时给予破伤风免疫球蛋白或类毒素以及适宜的抗菌药物。③疫苗接种:尽快接种人用狂犬病疫苗。

目前尚无治疗狂犬病的有效方法,因狂犬病的潜伏期一般较长,人一旦被患病动物咬伤,应尽快注射狂犬病疫苗,这样可以预防发病;一旦发病,死亡率几乎为 100%。一些有接触 RABV 危险的人员,如兽医、动物管理员和野外工作者等,亦应用狂犬病疫苗预防感染。

三、痘病毒

痘病毒(PV)可以引起各种动物发生急性和热性传染病,PV 感染特征是皮肤和黏膜出现特殊的丘疹和疱疹,通常呈良性经过。各种动物的痘病毒中以绵羊痘(SP)和禽痘(FP)最为严重,病死率较高,其次是山羊痘(GP)。1980 年 WHO 宣布,已在世界范围内彻底消灭了人类天花(正痘病毒属)。2004 年,国内首次报道疫苗株和野毒株的禽痘病毒(FPV)的基因组中整合有禽网状内皮组织增生症病毒(REV),这一整合导致 FP 的高发病率和免疫失败,给 FP 的防治工作带来了新的挑战。

1. 生物学特性 痘病毒(PV)隶属痘病毒科、脊椎动物痘病毒亚科。几乎所有的哺乳动物均具有本物种特有的痘病毒。山羊痘病毒(GPV)和绵羊痘病毒(SPV)属于山羊痘病毒属,鸡痘病毒属于禽痘病毒属。

这些 PV 虽然隶属不同痘病毒属,且感染宿主不同,但它们在形态结构、化学组成和免疫原性等方面极为相似。PV 粒子呈砖形或椭圆形,核心两面凹陷成盘状,两面凹陷内各有一个侧体。PV 粒子直径 160~450 nm,是动物病毒中体积最大、结构最复杂的线状双股 DNA 病毒。PV 在宿主细胞的细胞质内复制,形成嗜酸性包涵体,称为博林格尔氏小体(Bollinger 小体)。包涵体内含有病毒粒子,在普通显微镜下可见呈桑葚状,称原生小体(Borrel 小体/包柔氏小体)。大多数 PV 能在鸡胚绒毛膜尿囊膜上生长,产生痘斑或结节病灶。各种 PV 不仅可以在本种动物肾、睾丸、胚胎组织细胞上生长,而且可引起典型的细胞病变。

PV对干燥、寒冷的环境具有极高的抵抗力，在上皮细胞屑片和干燥的痘疹痂皮中可存活数月或数年之久，阳光照射数周仍可保持活力。但PV对热、紫外线、酸、碱、氯制剂或作用于巯基的物质敏感。55 ℃处理20 min或37 ℃处理24 h均可使病毒丧失感染力。FPV的某些毒株能凝集鸡、其他禽类、绵羊、家兔、豚鼠等动物的红细胞。

2. 致病性 PV能使多种动物发病，动物种类不同，所表现的症状也不同。绵羊和猪可见全身痘疹，鸡多为局部皮肤痘疹，鼠则表现为肢体坏死（小鼠脱脚病），而兔黏液瘤病毒（兔痘病毒属）则引起一种传染性的皮肤纤维瘤。PV的寄主亲和性较强，通常不发生交叉传染，牛痘例外，牛痘可以传染给人，但症状很轻微，而且能使感染幸存者获得对痘病毒较强的免疫力。近年来研究发现，山羊痘可感染人，具有重要的公共卫生学意义。

金丝雀、麻雀、燕雀、鸽等鸟类也常发生禽痘。飞鸟中以鸽最严重，家禽中以鸡最易感，其次是火鸡、鸭、鹅等。鸡以雏鸡和生长鸡最易感，感染后雏鸡大批死亡，蛋鸡产蛋量明显下降，甚至停产。鸡痘临床上主要有皮肤型、黏膜型（白喉型）、混合型和败血型四型。本病不分年龄和品种，一年四季均可发生，但在蚊虫活跃、雨水较多的季节多见，秋季和冬季易流行皮肤型禽痘，冬季则易流行黏膜型禽痘。

3. 微生物学诊断

(1) 涂片染色镜检：采集丘疹组织涂片，用莫洛佐夫镀银法染色后镜检，背景为淡黄色，细胞质内有深褐色的球菌样圆形小颗粒，单独存在、成双或成堆，此即原生小体（包柔氏小体/Borrel小体）。

(2) 病毒分离：取经研磨和抗菌处理的病料，用生理盐水制成乳剂，接种鸡胚或实验动物，适当培养后，观察鸡胚绒毛尿囊膜的痘斑或动物皮肤上出现的特异性痘疹，进一步检查感染细胞的细胞质中的原生小体进行判断。

(3) 血清学试验：可用病毒中和试验、免疫琼脂扩散试验、免疫荧光抗体试验、ELISA、血凝(HA)试验等进行诊断。

(4) 分子生物学检测：可用PCR技术、荧光定量PCR、限制性片段长度多态性(RFLP)、southern blot印迹杂交等方法鉴定。

4. 防治 痘病的预防主要采用疫苗免疫接种，效果良好。

(1) 鸡痘：国产鸡痘活疫苗（鹌鹑化弱毒株鸡胚苗），皮下刺种，按说明书稀释疫苗，20～30日龄雏鸡刺种1针，30日龄以上刺种2针，6～20日龄雏鸡用再稀释1倍的疫苗刺种1针。后备种鸡可于雏鸡接种60 d后再接种1次，再接种时间免疫期初生雏鸡为2个月，成鸡为5个月。国产基因工程疫苗有鸡传染性喉气管炎重组鸡痘病毒基因工程疫苗。进口鸡痘疫苗有鸡痘活疫苗（M-92株）、鸡传染性喉气管炎重组鸡痘病毒二联活疫苗。

(2) 山羊痘、绵羊痘：山羊痘活疫苗，尾根内侧或股内侧皮内注射，不论大小每只0.5 mL，免疫期1年。

(3) 其他：小反刍兽疫、山羊痘二联活疫苗（Clone 9株＋AV41株）等。目前有人用羔羊肾细胞培养的致弱病毒疫苗可供使用。

目前没有针对禽痘病毒感染的专门治疗方法，皮肤型禽痘在除去痂后可用碘甘油、5%碘酒、红霉素软膏、3%结晶紫等在痘痂破溃处涂抹，可在饲料中添加青饲料和维生素A以帮助伤口愈合，控制继发感染可用抗生素。白喉型的可用镊子剥离伪膜后涂碘甘油，或敷冰片散、喉风散、醋酸可的松软膏等。眼部发生肿胀时，可将眼内的干酪样物挤出，然后用2%硼酸溶液冲洗，再滴入5%的蛋白银溶液。

四、细小病毒

细小病毒能感染多种动物，感染畜禽的主要有细小病毒属、依赖病毒属、阿留申貂病毒属和牛细小病毒属4个属。细小病毒属的细小病毒有猫细小病毒、犬细小病毒、猪细小病毒和水貂肠炎病毒等。依赖病毒属有鹅细小病毒和鸭细小病毒。阿留申貂病毒属有貂细小病毒。牛细小病毒属下分牛细小病毒和犬微小病毒。

（一）猪细小病毒

猪细小病毒（PPV）是引发猪繁殖障碍性疾病的主要病原体，主要危害初产母猪和血清学阴性的经产母猪，导致流产、不孕及产死胎、木乃伊胎和弱仔。猪场一旦出现该病毒感染，则难以根除，可造成重大的经济损失。

1. 生物学特性 PPV 属于细小病毒科细小病毒属，病毒粒子为二十面体对称，外观呈圆形或六边形，直径约为 20 nm。PPV 为单股线状 DNA 病毒，无囊膜，只有一个血清型。PPV 在猪肾细胞、猪睾丸原代细胞及常用传代细胞系上都能生长增殖。PPV 具有细胞毒作用，可使被感染的细胞变圆、固缩、溶解并出现散在的核内包涵体。PPV 能够在体外凝集豚鼠、猫、鸡、大鼠、小鼠、猴、人的红细胞，通常使用豚鼠红细胞进行血凝试验以检测 PPV 的抗原。PPV 对外界环境有很强的抵抗力，对热不敏感，80 ℃经 5 min 才能被灭活，在 pH 3～9 条件下很稳定，对脂溶剂有一定的抵抗力，紫外线也需要较长时间照射才能将其灭活。目前，杀灭该病毒较好的方法是 0.5%漂白粉和 2%氢氧化钠溶液。

2. 致病性 猪是 PPV 目前已知的唯一宿主，不同品种、年龄、性别的猪均对其易感，感染后可终生带毒。

3. 微生物学诊断

（1）血清学试验：血凝和血凝抑制试验是目前广泛应用于临床的 PPV 检测方法，不需要依赖专用仪器，设备简单易行，灵敏度高。此外，病毒中和试验、免疫扩散试验，乳胶凝集试验、酶联免疫吸附试验等都可以用于检测 PPV 抗体。

（2）抗原检测：可以采集病变胎儿的肺、肾、肝、肠、脑等组织制备冰冻组织切片，通过荧光抗体技术在荧光显微镜下观察，判断是否存在 PPV 抗原，其中肺的组织切片效果最佳。

（3）病毒分离鉴定：可采集流产胎儿或死胎的肾、肝、肺、肠系膜淋巴结或母猪胎盘、阴道分泌物等材料制备混悬液，接种单层易感细胞培养 16～36 h，检测是否出现核内包涵体，培养 5 d 后，观察是否出现特异性 CPE。

4. 防治 PPV 所引发的母猪繁殖障碍目前尚无有效药物治疗，因此免疫接种是针对本病最有效的防控手段。目前常用猪细小病毒灭活疫苗进行预防。后备种母猪及公猪在 6～7 月龄或在配种前 3～4 周进行疫苗接种，深部肌内注射 2.0 mL，注射 2 次，间隔 21 d，接种后可获得较强的免疫力。经产母猪和成年种公猪每年注射 1 次，深部肌内注射 2.0 mL。无 PPV 的猪场应该在引种时进行严格检测。PPV 血清学阴性的猪场宜采用灭活疫苗，配种前 2 个月初免，配种前 1 个月加强免疫，保护效果可达 4 个月以上。此外应加强猪场的清洁、消毒和净化工作。

（二）犬细小病毒

犬细小病毒（CPV）是犬细小病毒病的病原体。本病临床上主要有两种类型：出血性肠炎型以剧烈呕吐、出血性肠炎和白细胞显著减少为特征，心肌炎型以突然死亡为特征。本病传染性较强，发病率、死亡率较高。主要危害 6 月龄以内的幼犬，特别是 1～3 月龄的幼犬。

1. 生物学特征 CPV 为单股 DNA 病毒，属于细小病毒科细小病毒属，为等轴对称的病毒粒子，无囊膜，直径为 18～26 nm，呈二十面体对称，在寄主细胞核内复制。该病毒能在犬肾细胞和猫胎肾细胞上生长，并能在猫肾细胞上繁殖。于 37 ℃培养 4～5 d，可出现细胞病变，用苏木精染色，可见细胞中有核内包涵体。CPV 的抵抗力很强，对乙醚和酸有抵抗力，耐热。康复犬的粪便可能长期带毒，同时还存在无症状的带病毒犬，因此一旦发生本病，环境被污染后很难彻底根除。CPV 在 4 ℃和 25 ℃能凝集猪和恒河猴的红细胞，但不能凝集其他动物红细胞。

CPV 有 CPV1 和 CPV2 两种血清型，CPV1 可引起犬胃肠炎、心肌炎或肺炎，或经胎盘感染引起胚胎吸收和胎儿死亡；CPV2 有明显的致病性，常引起犬的细小病毒病，目前有 CPV2a、CPV2b、New-CPV2a、New-CPV2b、CPV2c 共 5 种变异基因型在世界范围内广泛流行和传播。

2. 致病性 CPV 对所有犬科动物均易感，并有很高的发病率和死亡率。偶尔也见于貂、狐等其他犬科动物。各种年龄和品种的犬均易感，纯种犬易感性较高。1～3月龄幼犬易感性最高，病死率也最高。犬细小病毒病具有较为明显的季节性，冬季、春季和秋季比夏季易发。临床主要表现为出血性肠炎型、心肌炎型和心肌炎肠炎混合型三种。出血性肠炎型：1～6月龄幼犬感染率占感染犬总数的75%，发病率为20%～100%，死亡率为50%～100%。心肌炎型：主要发生于8周龄以下犬，多见于4～6周龄的幼犬，发病率为50%～100%，死亡率为60%～100%。该病50%以上表现为心肌炎肠炎混合型，发病率可达100%，死亡率为80%～100%。大于1岁的成年犬发病率相对较低。犬细小病毒是对犬危害较大的病毒之一。

3. 微生物学诊断 本病需要与临床上其他疾病进行鉴别诊断，在做好类症鉴别的基础上，怀疑该病时，可采集病犬的新鲜粪便，用普通的负染色技术做电镜检查便能快速做出诊断。对死亡病例可用免疫荧光抗体技术检查肠系膜淋巴结、回肠或脾组织中的病毒抗原，也可以用细胞培养物分离病毒，实时荧光定量PCR检测病毒，或进行血清中和试验、血凝和血凝抑制（HA-HI）试验来检测抗体。可用血清中和试验检测血清中的抗体，也可用酶联免疫吸附试验检测病料中的病毒抗原，敏感性较高。

4. 防治 本病尚无特效治疗法，一般采用对症疗法，及时补液，防止继发感染，止血，止吐，止泄。疾病早期可用犬细小病毒免疫球蛋白注射液配合抗病毒治疗。

国产疫苗主要有吉林五星的犬狂犬病、犬瘟热、犬副流感、犬腺病毒病与犬细小病毒病五联活疫苗和犬瘟热、犬副流感、犬腺病毒病与犬细小病毒病四联活疫苗。五联活疫苗：断奶幼犬以21 d的间隔，连续注射3次，每次1只份，成年犬以21 d的间隔，连续注射3次，每次1只份，肌内注射，每只动物2 mL，免疫期1年。进口疫苗主要有犬细小病毒活疫苗（NL-35-D株），犬瘟热、犬细小病毒病二联活疫苗，以及四联、六联、八联疫苗可供选用。进口联苗免疫程序一般是6周龄（42 d）以上的犬，间隔21 d连续注射3次，再间隔7 d，注射狂犬病灭活疫苗。此外应注意加强饲养管理。

（三）猫细小病毒

猫细小病毒（FPV）是引起猫泛白细胞减少症、猫瘟热、猫传染性肠炎的病原体。可引起猫和猫科动物发生急性高度接触性传染。1岁以下的猫最容易感染，尤其是2～6月龄的幼猫，临床表现以突发高热、顽固性呕吐、腹泻、脱水及白细胞严重减少为特征。

1. 生物学特性 FPV是单股线状DNA病毒，隶属细小病毒科、细小病毒亚科、细小病毒属。FPV粒子呈圆形或六边形，二十面体对称，无囊膜，直径约20 nm。FPV只有1个血清型，在形态学和抗原性方面与水貂肠炎病毒（MEV）和犬细小病毒（CPV）密切相关。FPV能在多种猫源细胞（如肾、肺、睾丸、骨髓、淋巴结、脾、心、膈肌、肾上腺及肠组织细胞）培养物中增殖，也可在猫源传代细胞及水貂和雪貂等动物的细胞上生长增殖，但CPE不明显。FPV主要在细胞核内增殖，可形成核内包涵体，不能在鸡胚中增殖，其血凝性较弱，在4 ℃和37 ℃（pH 6.0～6.4）条件下可凝集猴和猪的红细胞。

FPV对外界因素有很强的抵抗力。FPV在室温条件下的组织污染物中可存活1年，56 ℃处理30 min不能将其灭活，在低温或甘油缓冲液内能长期保持感染性；对乙醚、氯仿、胰蛋白酶、70%酒精、碘酒、季铵类、0.5%苯酚及pH 3的酸性环境具有一定的抵抗力；但50 ℃经1 h或在室温条件下经0.2%甲醛处理24 h即可失活；6%次氯酸钠、4%甲醛和1%戊二醛作用10 min可将其灭活；紫外线也能使其失活。

2. 致病性 除家猫外，FPV还能感染其他猫科动物（虎、豹）、鼬科动物（水貂、雪貂）、浣熊科动物（长吻棕熊、浣熊）。各年龄动物均可被感染，主要发生在1岁以下的幼猫，以3～6个月龄未接种疫苗的幼猫最易感，感染率可高达70%，病死率为50%～60%。成年猫也可感染，但常无临床症状。在我国，全年均可发病，冬季及初春多发。临床症状通常分4型：最急性型、急性型、亚急性型和隐性型。目前，猫细小病毒病的病例占猫传染病病例总数的60%以上，是名副其实的猫科动物头号杀手。

3. 微生物学诊断 临床确诊主要方法有胶体金试纸板检测、免疫荧光试纸检测、实时荧光PCR等方法。

(1) 病毒分离鉴定：对于急性病例，采集血液、内脏器官及排泄物；对于病死动物，采集脾、小肠和胸腺，接种于猫肾原代细胞中培养，观察 CPE 和核内包涵体。

(2) 免疫电镜技术：采集病猫粪便进行免疫电镜检查，可检出 FPV 抗原，也可用荧光抗体技术检测细胞培养物中或患病组织器官和冰冻切片中的 FPV。

(3) 血清学诊断：常用血清中和试验、血凝和血凝抑制(HA-HI)试验。采集病初和相隔 2 周的双份血清检测抗体，抗体效价升高 4 倍提示急性感染。血凝抑制试验需用 1% 猪红细胞。也可用 ELISA 检测粪便或消化道内容物中的 FPV。

(4) 分子生物学方法：可利用 PCR 直接对样品中的病毒 DNA 进行检测。

4. 防治

(1) 预防：平时搞好猫舍卫生。初生仔猫尽早吃初乳。幼猫混养前最好隔离观察 30 d。发生疫情时，隔离病猫，无害化处理病死猫。对污染的环境、笼具、食具、地板等进行彻底清洁和消毒。接种疫苗是预防本病的重要措施，可注射硕腾进口疫苗，猫鼻气管炎、嵌杯病毒病、泛白细胞减少症三联灭活疫苗(商品名为妙三多)。妊娠猫及小于 4 周龄的幼猫以接种灭活疫苗为宜。发病猫舍及疾病暴发时，鼻内或气雾接种 2 次弱毒疫苗为佳。

(2) 治疗：可在发病早、中期使用猫重组 ω 干扰素、FPV 高免疫血清，连用 3～5 d。发病初期禁食禁水，镇痛消炎，防止继发感染，止吐，强力止泄，防止脱水，补液补钾，加强护理，补充营养。

五、猪瘟病毒

猪瘟病毒(CSFV)是猪瘟的病原体。猪瘟临床表现为死亡率很高的急性型，或死亡率变化不定的亚急性型、慢性型及持续感染型。猪瘟流行范围广，发病率高，危害极大，可对养猪业造成极为严重的危害。

1. 生物学特性 CSFV 是单股 RNA 病毒，属于黄病毒科瘟病毒属。病毒呈球形，直径为 38～44 nm，核衣壳为二十面体对称，有囊膜，在细胞质内复制，以出芽方式释放。CSFV 不能凝集红细胞。CSFV 常在猪胚或乳猪脾、肾、骨髓、淋巴结、白细胞、结缔组织或肺组织进行细胞培养，但在这些细胞中不产生明显的细胞病变。用人工方法可使病毒适应于兔，因而可获得弱毒疫苗，即猪瘟兔化弱毒疫苗。

CSFV 对理化因素的抵抗力较强。对温度、紫外线和 0.5% 苯酚溶液抵抗力较强。血液中的病毒经 56 ℃处理 60 min 或经 60 ℃处理 10 min 才能被灭活，CSFV 在室温下能存活 2～5 个月。2% 烧碱或 10%～20% 石灰水处理 15～60 min 才能杀灭 CSFV。CSFV 对乙醚敏感。

2. 致病性 CSFV 只能感染猪，各种年龄、性别及品种的猪均可被感染。野猪也有易感性。人工接种后，除马、猫、鸽等动物可被感染并表现出临床症状外，其他动物均不被感染。临床上，动物感染可表现为急性型、亚急性型、非典型性、慢性型和不明显型 5 种类型。

3. 微生物学诊断

(1) 兔体交叉免疫试验：将病猪的淋巴结和脾处理后接种 3 只健康家兔，另设 3 只不接种病料的对照兔，间隔 5 d 对所有家兔静脉注射猪瘟兔化弱毒疫苗。24 h 后，每隔 6 h 测体温一次，连续测 96 h，若对照组出现体温升高而试验组无症状即可确诊。

(2) 健康猪接种试验：此试验是经典的生物学试验。一种方法是将被检材料做成 1∶10 稀释的乳剂(经过滤除菌或加入青霉素、链霉素各 1000 IU/mL)接种于非疫区健康猪，接种后观察是否出现猪瘟的临床症状。另一种方法是选用 4 头健康小猪，用猪瘟兔化弱毒疫苗接种其中的 2 头，经 12～14 d，4 头小猪全部接种被检材料，观察 14 d，如果免疫猪不发病，未免疫的猪发病死亡，就可确定被检材料有 CSFV。

(3) 荧光抗体检测技术：取病猪扁桃体、淋巴结或脾做触片或冰冻切片，本法简单快速，能直接检出感染细胞中的病毒抗原。

(4) 实时荧光 RT-PCR：目前我国实验室检测 CSFV 的国家标准。

诊断猪瘟的血清学方法还有 ELISA、正向间接血凝实验(IHA)、病毒中和试验(VNT)、血清凝集试验、对流免疫电泳、胶体金免疫检测(GICA)等。此外,单克隆抗体技术、核酸探针技术、PCR 技术等也用于 CSFV 检测。

4. 防治 我国研制的猪瘟兔化弱毒疫苗是国际公认的有效疫苗,得到了广泛应用。猪瘟兔化弱毒疫苗有许多优点:对强毒有干扰作用,动物接种后不久即有免疫力;动物接种后 4～6 d 产生较强的免疫力,免疫力维持时间可达 18 个月,免疫力为 100%,但母猪产生的免疫力较弱,可维持 6 个月;接种以后无不良反应,妊娠母猪接种以后没有发现胎儿的异常现象;制法简单,效力可靠。目前可应用的猪瘟活疫苗有细胞源、传代细胞源、兔源和脾淋源等。猪瘟耐热保护剂活疫苗有细胞源和兔源。联苗有猪瘟、猪丹毒、猪多杀巴氏杆菌病三联活疫苗。灭活疫苗有猪瘟病毒 E2 蛋白重组杆状病毒灭活疫苗。

发达国家控制猪瘟的有效措施是“检测加屠宰”,通过有效疫苗接种,将淘汰的猪数量降到最低,以减少经济损失;用适当的诊断技术对猪群进行检测,将检出阳性的猪全群扑杀。同时,尽可能地消除持续感染猪不断排毒的危险。

六、非洲猪瘟病毒

非洲猪瘟病毒(ASFV)是引起猪和野猪发生非洲猪瘟的病原体。非洲猪瘟是一种急性、热性、高度接触性传染病,传播迅速,病死率高,可达 100%,其临床症状和病理变化与猪瘟相似,给全球养猪业造成了巨大的损失。2018 年 8 月 3 日,辽宁省沈阳市沈北新区发生了我国历史上第一例非洲猪瘟,自此非洲猪瘟侵入我国。

1. 生物学特性 ASFV 属于非洲猪瘟病毒科、非洲猪瘟病毒属的唯一成员,为双股线状 DNA 病毒。病毒粒子呈二十面体对称,直径 175～215 nm,有囊膜。外囊膜具有双层脂质结构,内囊膜来源于内质网膜。该病毒是目前已知的唯一一种以昆虫为媒介传播的 DNA 病毒,病毒独特、复杂,具有虹彩病毒的外形,痘病毒的内质。目前已知的至少有 8 种血清型,24 种基因型。ASFV 主要在猪的单核细胞及巨噬细胞中复制,也可在猪的内皮细胞、肝细胞、肾上皮细胞中复制,能在 PK-15、Vero 等传代细胞系上培养。ASFV 能够与红细胞膜和血小板相互作用,被 ASFV 感染的细胞能吸附红细胞形成“玫瑰花环”或“桑葚状”聚合体。ASFV 按其毒力分为强、中、低毒力株。

ASFV 在自然环境中的抵抗力较强,耐低温。ASFV 可在动物血液、组织或粪便中存活数月;室温放置 15 周的血清和 4 ℃保存 18 个月的血液中都能分离到该病毒;ASFV 在冻肉中可存活长达 15 年,在−20 ℃的情况下可存活 10 年以上。ASFV 耐酸碱,在 pH 4～10 的溶液中能稳定存在;对热较敏感,经 55 ℃处理 30 min 或 60 ℃处理 10 min 能够被灭活;对乙醚、氯仿等脂溶剂,含氯、含碘、强碱类和醛类消毒剂敏感。常用消毒剂有 10%苯酚、2.3%次氯酸盐、0.8%氢氧化钠、0.3%福尔马林。

2. 致病性 家猪和野猪易感,致病性不分品种、性别和年龄。ASFV 不感染人,不感染猫、狗、牛、羊等动物,但在家兔体内盲传 26 代仍可致猪死亡。本病临床表现与猪瘟相似,以急性高热、皮肤和内脏广泛性出血、神经症状、腹泻、死亡为主要特征,病程短,感染率、病死率较高。在病程上可表现为超急性型、急性型、亚急性型和慢性型。强毒力株主要引发超急性型或急性型感染,病死率高达 90%～100%;中等毒力株主要引发亚急性型感染,病死率为 20%～40%;低毒力株主要引发慢性型感染,病死率低,为 10～30%。

3. 微生物学诊断 非洲猪瘟被 OIE 列为法定呈报的 A 类动物疫病,目前为我国的一类动物疫病。本病的确诊需经国家指定实验室进行。

(1) 红细胞吸附试验:体外培养的感染非洲猪瘟病毒的巨噬细胞能够吸附红细胞形成“玫瑰花环”或“桑葚状”结构,具有高特异性和高敏感性,可以此来确诊 ASFV 感染。

(2) 动物接种试验:本方法是 OIE 推荐的诊断标准,可用于鉴别猪瘟与非洲猪瘟。具体方法是采集病料后,将病料分别接种于接种过猪瘟疫苗的免疫猪和猪瘟易感猪体内,如果均不发病,则该病原体既不是 ASFV 也不是 CSFV;如果接种猪瘟疫苗的免疫猪不发病,但猪瘟易感猪发病且症状与猪瘟类似,则病原体是 CSFV;如果两者均发病,且症状与非洲猪瘟类似,则病原体为 ASFV。

(3) 国家标准《非洲猪瘟诊断技术》(GB/T 18648—2020)中规定了 9 种实验室诊断技术,即普通

PCR 方法、荧光 PCR 方法、荧光 RAA 方法、高敏荧光免疫分析方法、夹心 ELISA 抗原检测方法、间接 ELISA 抗体检测方法、阻断 ELISA 抗体检测方法、夹心 ELISA 抗体检测方法和间接免疫荧光方法。目前可用的检测试剂盒有非洲猪瘟病毒荧光 PCR 检测试剂盒、非洲猪瘟病毒荧光 PCR 核酸检测试剂盒、非洲猪瘟病毒等温扩增检测试剂盒和非洲猪瘟病毒 ELISA 抗体检测试剂盒等。

4. 防治 ASFV 由于其强大的基因组合及复杂的免疫逃逸机制，目前无有效治疗药物和疫苗。对于无非洲猪瘟的国家和地区，阻断 ASFV 的传入是最为重要的预防手段，国际航班和邮轮的垃圾、食物残渣应及时处理，猪只引种时应严格检疫，防止该病毒从外界流入养殖场。目前非洲猪瘟已进入我国，常态化防疫措施、有效地快速诊断和构建严密的生物安全防控体系，利用广泛的血清学检测加强猪只淘汰和猪群净化是疾病防控的有效手段。一旦发生该病，应及时扑杀感染猪群，并采取严格的卫生防疫措施，防止疫情扩散。

七、猪繁殖与呼吸综合征病毒

猪繁殖与呼吸综合征病毒(PRRSV)可引起猪繁殖障碍与呼吸道综合征，该病由于临床表现为耳尖发绀，又被称为蓝耳病。该病是以繁殖障碍和呼吸系统症状为特征的一种急性、高度传染的病毒性传染病。猪繁殖障碍与呼吸道综合征是养猪业的主要疫病之一。

1. 生物学特性 PRRSV 属于动脉炎病毒科、动脉炎病毒属，基因组为单股正链不分节段 RNA。有囊膜病毒直径为 60～80 nm，无囊膜病毒直径为 40～50 nm，核衣壳呈二十面体对称。PRRSV 不凝集哺乳动物、禽类和人的红细胞，但可特异性凝集小鼠的红细胞，此血凝活性可被特异性抗血清抑制。PRRSV 有许多不同的毒株，不同的毒株间的抗原性和致病性有差异。本病毒基因分为两个型，即 1 型和 2 型，1 型为欧洲型，2 型为美洲型。我国通常分离到的病毒属于美洲型。PRRSV 具有严格的宿主细胞亲嗜性，可在猪肺泡巨噬细胞(PAM)、睾丸细胞、上皮细胞、单核细胞、神经胶质细胞等细胞中增殖并引起细胞病变，而且病毒对 6～8 周龄仔猪 PAM 最为敏感。PRRSV 容易产生变异，不同毒株在同一细胞系或不同毒株在相同细胞系上的感染滴度也不相同。

低温下保存的 PRRSV 具有较高的稳定性，−20 ℃和−70 ℃下可长期保存。PRRSV 对热敏感，25 ℃处理 72 h 后，93%的病毒被灭活，37 ℃处理 48 h 或 56 ℃处理 45 min 即可杀死该病毒。PRRSV 在 pH 低于 5 或高于 7 的环境下很快被灭活。PRRSV 对氯仿等脂溶剂敏感，对干燥和常用的消毒剂抵抗力不强。

2. 致病性 PRRSV 的宿主主要是猪和野猪，所有年龄猪均易感。禽类可感染本病毒，呈亚临床症状，能向外散毒。病毒感染猪群后的特点是引起群体繁殖障碍。感染母猪发病时表现为厌食、发热、无乳、昏睡，有时出现皮肤变蓝、呼吸困难、咳嗽、流产、早产和产期延迟，产死胎、弱胎、木乃伊胎，还可出现延迟发情、持续性不发情等症状。公猪感染时可出现性欲降低，暂时性精子数量和活力降低。哺乳期仔猪感染后，多表现为被毛粗乱、精神不振、呼吸困难、气喘或耳朵发绀，有的有出血倾向，皮下有斑块，出现关节炎、败血症等症状，死亡率高达 60%。仔猪断奶前死亡率增高，高峰期一般持续 8～12 周，而胚胎期感染 PRRSV 的，多在出生时即死亡或出生后数天死亡，死亡率高达 100%。

低温有利于 PRRSV 存活，因此 PRRSV 在冬季易于传播。PRRSV 可经接触、气雾及精液传播。外观健康猪持续感染成为传染源，超过 5 个月还能从其咽喉部分离到该病毒。

3. 微生物学诊断

(1) 病原体的分离与鉴定：采集病猪、疑似病猪、新鲜死胎或活产胎儿组织病料，哺乳仔猪的肺、脾、脑、扁桃体、支气管淋巴结、血清和胸腔液等用于病原体分离和鉴定。将含 PRRSV 的病料进行处理，用制备的上清液接种于猪肺泡巨噬细胞，培养 5 d 后，用免疫过氧化物酶法染色，检查肺泡巨噬细胞中 PRRSV 抗原。也可用间接荧光抗体染色法或病毒中和试验进行病毒鉴定。将病料接种于 CL-2621 或 MarC-145 细胞，37 ℃培养 7 d 观察细胞病变情况，也可联用荧光抗体染色法或病毒中和试验进行病毒鉴定。

(2) 血清学诊断：常用的血清学试验有间接免疫荧光抗体试验、ELISA、免疫过氧化物酶细胞单层试验及病毒中和试验等。血清学诊断只能用于群体诊断，对个体诊断意义不大。

(3) RT-PCR 技术：此法准确、高效，目前实验室诊断多用此法。

4. 防治 本病目前尚无有效治疗药物，主要采取免疫接种、加强管理、彻底消毒、严格检疫、切断传播途径、控制继发感染等综合措施。

免疫接种是预防 PRRSV 感染的一种有效手段。临床应用的主要有高致病性猪繁殖与呼吸综合征病毒活疫苗（JXA1-R 株、TJM-F92 株和 HuN4-F112 株）、猪繁殖与呼吸综合征病毒活疫苗（CH-1 R 株和 R98 株）、猪繁殖与呼吸综合征病毒灭活疫苗（CH-1 R 株）。活疫苗用于 3～18 周龄猪和妊娠母猪。灭活疫苗对后备育成猪在配种前 1 个月免疫注射，对经产母猪空怀期接种 1 次，3 周后加强接种 1 次。虽然灭活疫苗副作用小、安全，但免疫效果较差，有人利用地方株制备灭活疫苗，在当地使用取得了相对较好的免疫效果。

八、猪圆环病毒

猪圆环病毒（PCV）除引起仔猪断奶多系统衰竭综合征（PMWS）外，还可以引起猪皮炎肾病综合征（PDNS）、繁殖障碍性综合征（SMEDI）、猪呼吸道疾病综合征（PRDC）、增生性坏死性肺炎及先天性震颤（CT）等。该病毒感染不仅引起猪感染及死亡，而且使猪的免疫组织细胞受损，导致机体免疫抑制，易并发或继发其他病原体感染，使病情加重，造成更大的经济损失。

1. 生物学特性 PCV 属圆环病毒科、圆环病毒属，为迄今已知的较小动物病毒之一。病毒粒子直径为 14～17 nm，呈二十面体对称，无囊膜，呈球形，病毒基因组为单股负链环状共价闭合 DNA。PCV 无血凝性，不凝集哺乳动物、禽类和人的红细胞。根据 PCV 的致病性和抗原性，可以将 PCV 分为 PCV1～4 共 4 个基因型。其中，PCV1 对猪不致病；PCV2 分 6 个基因亚型，具有致病性，临床上可引起 PMWS、PDNS、SMEDI、PRDC 和 CT 等；PCV3 于 2017 年在我国首次报道，有 3 个基因亚型，可引起 PDNS、SMEDI 和全身多器官的炎症；PCV4 于 2019 年在我国湖南患有猪呼吸道疾病、腹泻及 PDNS 的猪群中首次发现。PCV 对外界因素的抵抗力较强，在酸性环境及氯仿中可以存活较长的时间，在高温环境（70 ℃）中可以存活 1 h，56 ℃不能将其杀死。PCV 对普通消毒剂具有很强的抵抗力，如用 50％乙醚处理 13 h、在酸性（pH 3.0）条件下处理 3 h，PCV 仍具备感染能力。PCV 对苯酚、季铵类化合物、氢氧化钠和氧化剂较敏感。

2. 致病性 猪对 PCV 具有较强的易感性，感染猪可自鼻液、粪便等中排出病毒，经口腔、呼吸道途径感染不同年龄的猪，特别是断奶仔猪的感染尤为严重。少数怀孕母猪感染 PCV 后，可经胎盘垂直感染仔猪。PMWS 多见于 12 周龄的仔猪，感染仔猪呈进行性消瘦、厌食、精神沉郁、行动迟缓、皮肤苍白、被毛蓬乱、呼吸困难，出现以咳嗽为特征的呼吸障碍等。检测时，在病猪鼻黏膜、支气管、肺、扁桃体、肾、脾和小肠中均发现 PCV 粒子存在，表明 PCV 严重侵害病猪的免疫系统，导致病猪体况下降，形成免疫抑制，从而使机体更易感染其他病原体，这也是 PCV 与猪的许多疾病混合感染的原因之一。

3. 微生物学诊断

(1) 病毒分离鉴定：主要通过将肺、淋巴结、脾等制备的上清液接种 PK-15 细胞，用间接免疫荧光法（iIFA）、电镜观察或 PCR 方法鉴定病毒。

(2) 血清学试验：包括间接免疫荧光法（iIFA）、免疫组织化学法（IHC）、ELISA 等。

(3) 分子生物学检测：主要是以 PCR 和荧光 PCR 为主，其次还有原位杂交技术（ISH）、环介导等温扩增法（LAMP）等。国家标准有 PCV2 荧光 PCR 检测方法、PCV2 病毒 SYBR Green Ⅰ 实时荧光定量 PCR 检测方法、PCV 聚合酶链式反应试验方法（1 型和 2 型鉴别）、PCV2 阻断 ELISA 抗体检测方法等。

4. 防治 加强饲养管理和兽医防疫卫生措施，定期进行血清学检查。实行严格的全进全出制，保持良好的卫生及通风状况，减少环境刺激，有效控制带毒动物，确保饲料品质和使用抗生素控制继发感染。对染病动物及时采取隔离淘汰等措施。我国从 2009 年开始陆续有猪圆环病毒疫苗上市销售，且生产企业和产量逐年增加。目前市面上国产和批准进口的疫苗均为 PCV2 型灭活疫苗，国产 PCV2 疫苗株包括 LG 株、DBN-SX07 株、WH 株、ZJ/C 株、YZ 株、SH 株、SD 株等。新型疫苗有基

Note

因工程亚单位疫苗、基因工程亚单位疫苗(大肠杆菌源)、PCV2 杆状病毒载体灭活疫苗(CP08 株)、亚单位疫苗(重组杆状病毒 OKM 株)、合成肽疫苗(多肽 0803+0806)等。批准进口 PCV2 灭活疫苗有 1010 株、PCV1-2 型嵌合体灭活疫苗。这些疫苗的出现以及使用在一定程度上控制了 PCV 感染的流行情况。PCV3、PCV4 目前没有商品化疫苗。

九、鸡新城疫病毒

鸡新城疫病毒(NDV)是鸡新城疫(ND)的病原体。ND 发病急，传染快，致死率高，临床上以呼吸困难、下痢、神经紊乱、黏膜和浆膜出血为主要特征。ND 常引起巨大经济损失，目前是主要的比较危险的禽类传染病之一，对养鸡业危害巨大。OIE 将 ND 列为必须报告的动物疫病，我国将其列为一类动物疫病。

1. 生物学特性 NDV 粒子呈球形，有囊膜，其大小为 120～300 nm，通常为 180 nm 左右，病毒核酸为单链负股不分节段的 RNA。NDV 目前只有一个血清型，但毒株的毒力有较大的差异，根据其致病性强弱分为 3 种类型：强毒株、中等毒株和弱毒株。NDV 能吸附于鸡、火鸡、鸭、鹅及某些哺乳动物(人、豚鼠)的红细胞表面，并引起红细胞凝集(HA)，这种特性与病毒囊膜上纤突所含血凝素和神经氨酸酶有关。这种血凝现象能被 NDV 的抗体所抑制(HI)，因此可用 HA 和 HI 试验来鉴定病毒和进行流行病学调查。NDV 对乙醚、氯仿敏感，对消毒剂、日光及高温的抵抗力不强，常用的消毒剂(如 2%NaOH、5%漂白粉、70%酒精)处理 20 min 即可将 NDV 杀死。在阳光直射下，NDV 经 30 min 死亡，60 ℃处理 30 min 可使之灭活，NDV 对低温的抵抗力强。

2. 致病性 NDV 主要感染鸡、火鸡、鸭、鹅、赛鸽、鹦鹉和鸵鸟等特种经济动物，已报道该病毒可感染的禽类品种超 250 种。人也可被感染，出现急性结膜炎，7～10 d 自行康复。病毒对鸡的致病力在很大程度上由毒株决定，此外也与鸡群年龄、免疫状态、感染途径、感染剂量及有无其他疾病的并发感染等因素有关。ND 因毒株不同可表现为五种不同类型：速发嗜内脏型(急性致死性感染，死亡率达 90%～100%，表现为消化道出血性损害)、速发嗜神经型(急性致死性感染，以呼吸道和神经症状为特征，成年鸡死亡率为 10%～50%，幼鸡达 90%以上)、中发型(死亡仅见于幼鸡)、缓发型(不发生死亡，仅雏鸡表现出轻微呼吸道症状)、无症状肠型(无明显症状，需经血清学检查才能证明其感染性)。各种年龄鸡均可感染 NDV，无明显季节性，临床多发于 30 日龄后的蛋鸡和肉鸡，免疫后的鸡群仍能发病，即非典型性新城疫，发病率和病死率低，但经常引起继发感染或混合感染，导致死亡率上升。

3. 微生物学诊断

(1) 病毒分离鉴定：以无菌技术采集病鸡的肺、脾、脑等组织器官，制成(1∶20)～(1∶10)悬液，以 2000～3000 r/min 离心 15～20 min，取上清液滤过除菌或加入青霉素及链霉素各 500 IU/mL 作用 30 min，接种 9～11 日龄的 SPF 或非免疫鸡胚。收集尿囊液，可以用 HA 和 HI 试验进行鉴定。OIE 推荐的病原学诊断方法有 SPF 鸡胚分离病毒、鸡胚平均死亡时间(MDT)测定、脑内接种致病指数(ICPI)测定和静脉接种致病指数(IVPI)测定。

(2) 血清学试验：包括血凝(HA)和血凝抑制(HI)试验、病毒中和试验、酶联免疫吸附试验(ELISA)、胶体金试纸条检测等方法，可对鸡群进行血清流行病学调查。

(3) 分子生物学技术：PCR、荧光定量 PCR，RT-PCR、实时荧光 RT-PCR、F 蛋白裂解位点基因序列测定等方法可用于早期诊断。

4. 防治 用于防治鸡新城疫的疫苗有减毒活疫苗和灭活疫苗两大类。减毒活疫苗目前使用的有以下几种：Ⅰ系苗(Mukteswar 株)、Ⅱ系苗(HB1 株)、Ⅲ系苗(F 株)、Ⅳ系苗(Lasota 株)、Clone30 和耐热毒株 V4 弱毒苗。其中Ⅰ系苗是中毒疫苗，一般只用于紧急接种，不适用于雏鸡和蛋鸡的免疫。绝大多数国家已禁止使用Ⅰ系苗，我国家禽及家禽产品出口基地应禁用Ⅰ系苗，其他地区也应逐步停止使用，尽管它提供的免疫力比其他疫苗强。Ⅱ系苗、Ⅲ系苗、Ⅳ系苗等都是弱毒疫苗，大、小鸡均可使用，可采用滴鼻、点眼、喷雾、饮水加入等多种方式进行免疫。新城疫油佐剂灭活苗(Lasota 株、Clone30 株)因安全性高，无毒力返强等风险，目前应用广泛，取得了较好效果。临床多采用“减毒

Note

活疫苗+灭活疫苗”的免疫程序进行鸡新城疫的预防。2014 年扬州大学联合 8 家企业开发的 A-Ⅶ株灭活疫苗，是世界首例重组鸡新城疫病毒灭活疫苗，对我国目前流行的强毒株 ClassⅡ基因Ⅶ型的预防起到了积极的作用。

十、禽流感病毒

禽流感病毒(AIV)是禽流行性感冒(禽流感)的病原体，禽流感是家禽和野生禽类的高度接触性传染病，可呈无症状感染，可出现不同程度的呼吸道症状，产蛋率下降，甚至引起头冠和肉髯呈紫黑色、呼吸困难、下痢、腺胃乳头和肌胃角膜下等器官组织广泛性出血、胰坏死、纤维素性腹膜炎和100%死亡率的急性败血症。由于野禽作为 AIV 天然储毒者的作用以及 AIV 可以由家禽直接感染人，引起人类的发病和死亡已被证实，所以该病具有重要的公共卫生意义。高致病性禽流感是 OIE 规定的 A 类传染病，我国规定的一类动物疫病。

1. 生物学特性 AIV 属于正黏病毒科、流感病毒属的 A 型流感病毒。AIV 的基因组属于单股负链，分 8 个节段的 RNA。AIV 呈球形、杆状或长丝状，病毒粒子直径 80～120 nm，平均为 100 nm。病毒表面有囊膜，囊膜镶嵌着两种重要的纤突，并突出于囊膜表面。这两种纤突分别为血凝素(HA)和神经氨酸酶(NA)。不同禽流感病毒的 HA 和 NA 有不同的抗原性，目前已发现 16 种特异的 HA 和 9 种特异的 NA，分别命名为 H1～H16 和 N1～N9，不同的 HA 和不同的 NA 之间可形成 100 多种亚型的 AIV。1994—2013 年间，在我国家禽中发现了 117 种 AIV 基因型。根据其致病性，AIV 可分为低致病性毒株(LPAIV)和高致病性毒株(HPAIV)。LPAIV 一方面可感染家禽，引起免疫抑制，或与其他病原体混合感染后导致较高的发病率和死亡率；另一方面，该病毒可与其他病毒重组，导致病毒生物学特性发生显著变化，造成新的亚型或 HPAIV 的流行。HPAIV 以 H5 和 H7 毒株为主(以 H5N1 和 H7N9 为代表)。

AIV 可凝集人、猴、豚鼠、犬、貂、大鼠、蛙、鸡和禽类的红细胞，这是病毒的 HA 蛋白与红细胞表面的糖蛋白受体相结合的结果，但这种凝集可因病毒的 NA 蛋白对红细胞受体的破坏而解除。

AIV 对氯仿、乙醚、丙酮等有机溶剂比较敏感；对热敏感，56 ℃加热 30 min，60 ℃加热 10 min，70 ℃以上加热数分钟均可使之失活；苯酚、氢氧化钠、漂白粉、高锰酸钾、二氯异氰尿酸钠、新洁尔灭、过氧乙酸等消毒剂均能迅速将其灭活。但 AIV 对冷湿有抵抗力，在－20 ℃或－196 ℃下储存 42 个月仍有感染性。

2. 致病性 禽流感的临床症状可表现为从无症状的隐性感染到 100%死亡率的急性败血症。一些无致病力的毒株感染野禽、水禽及家禽后，被感染禽无任何临床症状和病理变化，只在检测抗体时才发现已被感染。蛋鸡在感染 LPAIV 后，最常见的症状是产蛋率下降，但下降程度不一。鸡群的采食、精神状况及死亡率可能与平时一样，但也可能见少数病鸡眼角分泌物增多、有小气泡，或在夜间安静时可听到一些轻度的呼吸啰音，个别病鸡脸面肿胀，但鸡群死亡数仍在正常范围。再严重一些的病例，则可见到少数病鸡呼吸困难，张口呼吸，有呼吸啰音，精神不振，下痢，鸡群采食量下降，鸡群死亡数增多，但若饲养管理条件良好，并适当使用抗菌药物控制细菌感染，则不会造成重大的死亡损失。HPAIV 感染后，其临床症状多为急性经过。最急性的病例可在感染后 10 多个小时内死亡。急性型可见鸡舍内鸡群比往常安静，鸡群采食量明显下降，甚至几乎废食，饮水量也明显减少，全群鸡均精神沉郁，呆立不动，从第 2～3 天起，鸡群死亡数明显增多，临床症状也逐渐明显。病鸡头部肿胀，头冠和肉髯发黑，眼分泌物增多，眼结膜潮红、水肿，羽毛蓬松无光泽，体温升高；下痢，粪便呈黄绿色并带大量的黏液或血液；呼吸困难，有呼吸啰音，张口呼吸，歪头；产蛋率急剧下降或几乎不产蛋，蛋壳变薄、褪色，无壳蛋、畸形蛋增多，受精率和受精蛋的孵化率明显下降；鸡脚鳞片下呈紫红色或紫黑色。在发病后的 5～7 d 内死亡率几乎达到 100%。少数病程较长或耐过未死的病鸡出现神经症状，包括转圈、前冲、后退、颈部扭歪或后仰望天等。

鹅和鸭感染 HPAIV 后，主要表现为头肿，眼角分泌物增多，分泌物呈血水样，下痢，产蛋率下降，孵化率下降，出现神经症状，头颈扭歪，啄食不准，后期眼角膜混浊。死亡率不等，成年鹅、鸭一般死亡不多，幼龄鹅、鸭死亡率比较高。

Note

鸽、雉、珍珠鸡、鹌鹑、鹧鸪等家禽感染 HPAIV 后的临床症状与鸡相似。

3. 微生物学诊断 分离病毒对鉴定病毒及其毒力均不可少，但鉴于 HPAIV 的潜在危险，一般实验室只做血清学检查、胶体金试纸条检测、RT-PCR 检测。HPAIV 的分离及进一步鉴定需送国家级参考实验室完成。一般从泄殖腔采样，接种 8～10 日龄鸡胚尿囊腔，取尿囊液，用鸡红细胞做 HA-HI 试验、ELISA 或 RT-PCR，亦可用病料直接检测病毒。

OIE 规定的 HPAIV 标准如下：将含病毒的鸡胚尿囊液原液用灭菌生理盐水做 1∶10 稀释，静脉内接种 4～8 周龄 SPF 鸡 8 只，每只 0.2 mL，隔离饲养观察 10 d，死亡不少于 6 只。此外，OIE 还规定，不论 H5 或 H7 亚型分离株对上述雏鸡致病力结果如何，只要其 HA 裂解位点氨基酸序列与 HPAIV 相似，也判为 HPAIV。

4. 防治 HPAIV 感染被 OIE 列为通报疫病，一旦发生应立即通报。国内防治措施主要为防止病毒传入及蔓延。养禽场还应侧重防止病毒由野禽传给家禽，要有隔离设施阻挡野禽。

一旦发生 HPAIV 感染，应采取断然措施防止扩散。我国政府规定，对确定为 HPAIV 感染疫点的周围 3 km 范围内所有禽类要扑杀，禽尸等要进行无害化处理，严格消毒。疫点周围 5 km 范围内所有禽类应进行强制性免疫。疫点 10 km 范围内禁止活禽交易，6 个月不许养禽。灭活疫苗可作为预防之用。2017 年 9 月，陈化兰院士研究团队研发出的高效 H5/H7 二价禽流感灭活疫苗已在我国家禽中全面接种，取得了良好的效果。国家免疫规划疫苗有重组禽流感病毒（H5＋H7）三价灭活疫苗可供选用，此外还有禽流感 DNA 疫苗（H5 亚型），鸡新城疫、禽流感（H9 亚型）、禽腺病毒病（Ⅰ群 4 型）三联灭活疫苗可供选用。

十一、马立克氏病病毒

马立克氏病病毒（MDV）是鸡马立克氏病的病原体。该病的主要发病特征是病鸡的外周神经、性腺、肌肉、各种脏器和皮肤的单核细胞浸润或肿瘤形成。感染该病的鸡经常发生急性死亡、消瘦或肢体麻痹。本病在鸡群中传染性极强，无论是直接接触还是间接接触都可以传播病毒，本病是危害世界养禽业的严重传染病之一。

1. 生物学特性 MDV 是双股 DNA 病毒，属于疱疹病毒科、α 疱疹病毒亚科、马立克氏病病毒属，又称禽疱疹病毒 2 型。MDV 外形近球形，为二十面体对称。这种病毒在鸡体内有两种存在形式。第一种是病毒颗粒外无囊膜包裹的裸露的不完整病毒，其在肿瘤细胞中与细胞牢固结合，当细胞破裂时，病毒也随之失去传染性，与细胞共存亡，其直径为 85～100 nm，血液中的 MDV 只存在于白细胞中。第二种是有囊膜的完整病毒，在羽毛的上皮细胞及脱落的皮屑中，为成熟型的病毒。病毒外有厚的囊膜，是非细胞结合性病毒，可脱离细胞而存活，直径可达 273～400 nm，可从羽毛囊上皮细胞分离出具有感染性的游离病毒。在细胞中常可以观察到核内包涵体。

MDV 可以分为 3 个血清型。通常我们所说的 MDV 是指血清 1 型，其为致瘤性 MDV，血清 2 型为非致瘤型 MDV，血清 3 型为火鸡疱疹病毒，可致火鸡产蛋量下降，对鸡无致病性。美国农业部禽病与肿瘤研究所根据不同毒株的致瘤率和死亡率，将 MDV 毒株划分为温和型（m）、强毒型（v）、超强毒型（vv）和特超强毒型（vv^+）。

有囊膜的 MDV 有较强抵抗力，在垫草中经 44～112 d，在鸡粪中经 16 周仍有活力。在无细胞滤液中，经－65 ℃冻结后，210 d 后其滴度仍保持不变。MDV 对热的抵抗力不强，4 ℃处理 2 周，22～25 ℃处理 4 d，37 ℃处理 18 h，56 ℃处理 30 min，60 ℃处理 10 min 即被灭活。MDV 对福尔马林敏感，每立方米用 2 g 福尔马林可进行环境消毒，常用化学剂 10 min 内可使 MDV 失活。

2. 致病性 MDV 主要侵害雏鸡和火鸡，1 日龄雏鸡敏感性比 14 日龄雏鸡高 1000 多倍。2～5 月龄的鸡发病率高。野鸡、鹌鹑和鹧鸪也可被感染。发病后不仅引起大量死亡，耐过的鸡也生长不良，鸡马立克氏病是一种免疫抑制性疾病，对养鸡业危害很大。鸡马立克氏病病情复杂，可分为 4 种类型：内脏型（急性型）、神经型（古典型）、眼型和皮肤型。疾病的严重程度与病毒毒株的毒力及鸡的日龄、品种、免疫状况、性别等有很大关系。隐性感染的鸡可终生带毒并排毒，其羽毛毛囊角化层的上皮细胞含有病毒，易感鸡通过吸入此种皮屑感染。MDV 不经卵传递。一般认为哺乳动物对 MDV

Note

无易感性。鸡一旦感染可长期带毒并排毒。

3. 微生物学诊断

(1) 病原体的分离:取病鸡的组织滤液或新鲜血液,接种于7日龄SPF雏鸡的腹腔,每只0.3~0.5 mL,接种4~6只,接种后严格隔离,并用已知的特异性免疫血清处理病料做对照鸡试验,接种后2~10周观察接种鸡和对照鸡的病理变化、组织学变化。若试验鸡有典型病变和组织学病变,而对照鸡未出现,则证明雏鸡发生了MDV感染。

另外还可通过鸡胚培养法和组织培养法分离病毒。

(2) 琼脂扩散试验:用已知的高免疫血清检查体内的抗原,被检抗原应是鸡羽囊上皮中的病毒抗原。从待检鸡的腋下拔下一根羽毛,剪下毛根尖的下端,插在琼脂扩散板的外周检验孔内,每只鸡1根羽毛用1个孔,中央孔内加入MDV高免疫血清。将琼脂扩散板放入铺有湿纱布的搪瓷盘中,放15~30 ℃下反应2~3 d,抗原与抗体孔之间出现白色沉淀线者为阳性。

此外,可以做间接荧光抗体试验、间接血凝试验,还可用核酸探针杂交技术和PCR进行检测。

4. 防治 由于雏鸡对MDV具有较高易感性,其中1日龄的雏鸡易感性最高,因此防治本病的关键在于做好育雏室的卫生消毒工作,防止早期感染,同时做好1日龄雏鸡的预防接种工作,加强免疫,发现病鸡立即淘汰。

目前免疫接种常用的疫苗有3类:血清Ⅰ型弱毒MDV疫苗(如荷兰的CVI988疫苗/Rispens株、K株,英国的HRPS-16/Att株,我国的814株)、血清Ⅱ型天然无致病力MDV疫苗(如SB-1、301 B/1、国内的Z4苗)、血清Ⅲ型火鸡疱疹病毒(HVT)疫苗(FC-126株)。此外,生产中还有二价苗(血清Ⅰ型+Ⅲ型、血清Ⅱ型+Ⅲ型)及三价苗(血清Ⅰ型+Ⅱ型+Ⅲ型)可供选用。新型疫苗主要有鸡马立克氏病病毒基因缺失活疫苗(SC9-1株)和鸡马立克氏病病毒、传染性法氏囊病病毒火鸡疱疹病毒载体重组病毒二联活疫苗等。疫苗的使用方法是1日龄雏鸡颈部皮下注射,不需要进行二次免疫。生产中应用的MDV疫苗除HVT疫苗以外均为细胞结合性疫苗,尚不能冻干,必须液氮保存,故运输、保存和使用均应注意。我国临床使用较多的疫苗有HVT疫苗、814弱毒苗和多价苗。

十二、鸭瘟病毒

鸭瘟病毒(DPV)是鸭瘟(DP)的病原体。除鸭外,DPV还可感染鹅、天鹅及其他水禽。鸭瘟俗称"大头瘟",又名鸭病毒性肠炎(DVE),以炎性细胞浸润、出血性病变和坏死为特征,其中十二指肠、结肠和盲肠的侵害较为严重。本病流行范围广、传播迅速,发病率和死亡率可达90%以上,给全世界的水禽业造成了巨大的经济损失,严重危害养鸭业。

1. 生物学特性 DPV属于疱疹病毒科、α疱疹病毒亚科、马立克氏病病毒属、鸭疱疹病毒Ⅰ型。DPV粒子呈球形,有囊膜,直径150~380 nm,二十面体对称,表面呈正六角形,有囊膜。DPV基因组为线状双股DNA。DPV无血凝活性和血细胞吸附作用。迄今为止,从世界各地分离到的毒株都表现出一致的免疫原性,也就是说,DPV只有一个血清型,但各毒株之间的毒力(包括含毒量、发病率和死亡率)明显不同,存在所谓的变异现象。有研究表明,近年来的DPV对鸭的致病力有所减弱,而对鹅的致病力明显增强。

DPV很容易在9~14日龄鸭胚和13~15日龄鹅胚中繁殖继代,并引起胚胎死亡(感染后4~6 d),致死的胚体出血、水肿,肝出血、坏死,部分绒毛尿囊膜上有灰白色坏死灶。

DPV对外界环境的抵抗力不强。DPV对热敏感,在56 ℃加热10 min会丧失感染力,80 ℃加热5 min即可死亡,夏季阳光下直射9 h毒力消失。DPV对低温的抵抗力较强,−20~−10 ℃经1年仍有致病力。在pH 7.8~9.0条件下经6 h滴度未见降低,但在pH 3和pH 11时,病毒被迅速灭活。DPV对乙醚和氯仿敏感。DPV对常用消毒剂抵抗力不强,0.1%升汞处理10~20 min,75%酒精处理5~30 min,0.5%苯酚处理60 min,0.5%漂白粉、5%生石灰处理30 min都可使DPV毒力变弱和失活。

2. 致病性 在自然条件下,DPV可感染不同年龄和品种的鸭,以番鸭、麻鸭、绵鸭易感性较高,北京鸭次之。在自然流行中,成年鸭和产蛋母鸭发病率和死亡率较高,1月龄以下的雏鸭发病较少。但人为感染时，雏鸭也很易感，死亡率也很高。在自然情况下，鹅和病鸭密切接触，也能感染发病，但很少构成广泛流行。人工感染雏鹅，尤为敏感，病死率也高。野鸭和雁对人工感染也有易感性。鸡对DPV抵抗力强，但2周龄的雏鸡，可以人工感染发病。鸽、麻雀、小鼠及哺乳动物对DPV无易感性。

3. 微生物学诊断

（1）动物接种和病毒分离培养：取病鸭的肝、脾组织接种9～12日龄鸭胚，或取肝混悬液接种1日龄雏鸭，根据相应病变与症状进行判断。也可用病料悬液接种鸭胚成纤维细胞（MDEF）来检查核内包涵体。

（2）血清学诊断：血凝（HA）试验、病毒中和试验、间接免疫荧光法（iIFA）可用于鸭瘟的诊断，斑点酶联免疫吸附试验（Dot-ELISA）、微量固相放射免疫试验（Micro-SPRIA）、胶体金免疫层析技术（GICA）可进行快速诊断。

（3）分子生物学技术：病料可进行PCR检测、荧光定量PCR检测。

4. 防治 加强环境消毒和兽医卫生制度，做好疫苗的预防注射。目前使用的疫苗分灭活疫苗和弱毒疫苗。其中灭活疫苗包括脏器灭活疫苗、鸡胚灭活疫苗和鸭胚灭活疫苗等，弱毒疫苗有鸭瘟鸭胚化弱毒疫苗和鸭瘟鸡胚化弱毒疫苗、自然弱毒疫苗等。

国内通常使用鸭瘟鸡胚化弱毒疫苗对鸭群进行免疫，肌内注射，雏鸭0.25 mL，成鸭1 mL，接种后3～4 d产生免疫力。初生鸭也可接种，免疫期为1个月。雏鸭20日龄首免，4～5个月后加强免疫1次即可。2月龄以上鸭免疫1次，免疫期可达9个月。鸭瘟灭活疫苗，皮下或肌内注射，2月龄以上成鸭，每只0.5 mL，10日龄至2月龄雏鸭，每只0.5 mL，2周后加强免疫1次，雏鸭免疫期为2个月，成鸭为5个月。鸭群一旦暴发鸭瘟，用鸭瘟鸡胚化弱毒疫苗10倍剂量进行紧急接种，可有效控制本病。

十三、犬瘟热病毒

犬瘟热病毒（CDV）是犬瘟热（CD）的病原体，该病是犬的一种急性、热性、高度接触性传染病。CDV的感染对象除犬以外，还包括世界各地的肉食动物。患病动物以双相热型、鼻炎、支气管炎、卡他性肺炎以及严重的胃肠炎和神经症状为特征。CD的传染性极强，发病率可达100%，死亡率为30%～80%。

1. 生物学特性 CDV为单股负链RNA病毒，属副黏病毒科、麻疹病毒属，与小反刍兽疫病毒、海豹瘟热病毒同属麻疹病毒属，亲缘关系较近。病毒颗粒多呈球形，有时为不规则形或长丝状，直径为110～550 nm，多数为130～330 nm。CDV有囊膜和纤突，基因组为单股负链RNA；核衣壳呈螺旋对称排列，只有一个血清型。CDV可在原代细胞（犬或貂的肺巨噬细胞、鸡胚成纤维细胞（CEF）、犬肾原代细胞等）上培养，也可在传代细胞系（犬肾细胞（MDCK）、非洲绿猴肾细胞（Vero）、猫肾细胞系（CRFK）、猫胚胎细胞系（FE）等）上生长。

CDV对理化因素的抵抗力较强。病犬脾组织内的CDV在－70 ℃可存活1年以上，CDV冻干后可长期保存，而在4 ℃只能存活7～8 d，在55 ℃可存活30 min，在100 ℃处理1 min即可被灭活。CDV对紫外线、高温、干燥、氧化剂、洗涤剂和脂溶剂极为敏感。2%氢氧化钠处理30 min可使CDV失去活性，CDV在3%氢氧化钠中立即死亡，在1%来苏尔溶液中数小时不失活，在3%甲醛和5%苯酚溶液中均会死亡。CDV最适的pH为7～8，在pH 4.4～10.4条件下可存活24 h。

2. 致病性 CDV主要侵害幼犬，不同年龄、性别和品种的犬均可被感染。一旦犬群发生CD，除非在绝对隔离条件下，否则其他幼犬很难避免感染。CDV目前被认为是全球多宿主的病原体，可感染多种物种并导致一系列肉食动物的大量死亡，由最初的犬科、猫科、鼬科、浣熊科、海豹科、灵猫科、鬣狗科、熊猫科、海狮科、海象科等多数肉食动物扩展到啮齿科及偶蹄目的猪科和鹿科，甚至长鼻目象科及灵长目的狝猴科和悬猴科。其中雪貂最易染，实验性感染可100%发病、死亡，为公认的犬瘟热实验动物。人、小鼠、豚鼠、鸡等其他动物无易感性。CD临床表现主要有呼吸型、消化型、神经型和混合型4种。新生幼犬主要表现为胸腺萎缩和心肌炎；成年犬多表现为结膜炎、鼻炎、气管支气管炎和卡他性肠炎。具有神经症状的犬通常可见鼻和脚垫的皮肤角化病。

3. 微生物学诊断

（1）病毒分离：从自然感染的病例分离病毒比较困难。通常用易感的犬或雪貂分离病毒，也可用犬肾原代细胞、鸡胚成纤维细胞(CEF)及犬肺巨噬细胞进行分离。

(2) 包涵体检查:包涵体主要存在于病犬的膀胱、胆管、胆囊、肾盂的上皮细胞内,也可在病犬的鼻黏膜、眼结膜、瞬膜等的上皮细胞内检测到包涵体,建议用涂片法诊断 CD。载玻片上滴加生理盐水,用解剖刀在膀胱刮取黏膜,轻轻将细胞在生理盐水中洗涤,并做涂片。在空气中自然干燥,放入甲醛溶液中固定 3 min,晾干后,姬姆萨染色法染色后镜检。结果:细胞核被染成淡蓝色,细胞质被染成淡玫瑰红色,包涵体被染成红色。通常包涵体在细胞质内,呈圆形或椭圆形(1～2 μm),一个细胞内可发现 1～10 个包涵体。

(3) 免疫学检查:可用血清中和试验、琼脂免疫扩散试验、SPA 协同凝集试验、免疫荧光技术、免疫组化技术、免疫胶体金技术和 ELISA 等方法检测病料中的病毒抗原。

(4) 分子生物学技术:主要是核酸杂交技术、RT-PCR,此类方法具有灵敏、特异性强、检测时间短等优点。

4. 防治 加强检疫、卫生及免疫工作是控制本病的关键。通过免疫接种可以很好地预防 CD。目前我国用于预防 CD 的疫苗有犬瘟热、犬细小病毒病二联活疫苗,犬瘟热、犬副流感、犬腺病毒与犬细小病毒病四联活疫苗,犬狂犬病、犬瘟热、犬副流感、犬腺病毒病和犬细小病毒病五联活疫苗。五联活疫苗:断奶幼犬以 21 d 的间隔,连续注射 3 次,每次 1 只份,成年犬以 21 d 的间隔,连续注射 3 次,每次 1 只份,肌内注射,每只动物 2 mL,免疫期为 1 年。

幼犬免疫接种的日龄取决于母源抗体的滴度,一般断奶后开始接种。耐过 CD 的动物可获得长期甚至是终身的免疫力。治疗 CD 可用 CDV 单克隆抗体注射液、高免血清或纯化的免疫球蛋白。

技能训练

二维码 JX-8

技能训练八　病毒的鸡胚接种

【目的要求】

掌握病毒的鸡胚培养法与鸡胚接种技术。

【仪器与材料】

鸡胚、照蛋器、蛋架、接种箱、孵化箱、一次性注射器(1～5 mL)、中号镊子、眼科剪和镊子、毛细吸管、橡皮吸头、灭菌平皿、试管、吸管、酒精灯、试管架、胶布、石蜡、黄蜡、锥子、铿、消毒剂(5%碘酒、75%酒精、5%苯酚或 3%来苏尔)、新城疫Ⅰ系或Ⅳ系疫苗等。

【操作方法与步骤】

一、鸡胚的选择和孵化

鸡胚应来自健康无病鸡群或 SPF 鸡群,保持新鲜,为便于照蛋观察,以来航鸡蛋或其他白壳蛋为好。用孵化箱孵化时要注意温度、湿度和适度翻蛋。孵化最低温度为 36 ℃,一般为 37.5 ℃,相对湿度为 60%。每日最少翻蛋 3 次。卵黄囊接种用 6～8 日龄的鸡胚,绒毛尿囊膜接种用 9～13 日龄的鸡胚,尿囊腔接种用 9～12 日龄的鸡胚。羊膜腔接种和脑内注射用 10 日龄的鸡胚。

二、接种前的准备

1. 病毒材料的处理　怀疑细菌污染的液体材料,加抗生素(青霉素 1000 IU/mL 和链霉素 1000 IU/mL),置室温 1 h 或 4 ℃冰箱 12～24 h,高速离心,取上清液或用细菌滤器滤过除菌。如为患病动物组织,应剪碎、匀浆、离心后取上清液,必要时加抗生素处理或过滤除菌。

2. 照蛋　以铅笔划出气室、胚胎位置及接种的位置,标明胚龄及日期,气室朝上立于蛋架上。

三、鸡胚的接种

1. 尿囊腔接种　选 9～12 日龄的鸡胚,接种部位可选择气室中心或远离胚胎侧气室边缘,避开大血管。在接种部位先后用 5%碘酒及 75%酒精消毒,然后用灭菌锥子打一小孔,用一次性 1 mL 注射器吸取接种样品液垂直或稍斜插入气室,刺入尿囊腔,向尿囊腔内注入 0.1～0.3 mL。注射后,用熔化的石蜡或医用无菌胶布封孔，置孵化箱中直立孵化。孵化期间，每天照蛋2次，观察胚胎存活情况。弃去接种后24 h内死亡的鸡胚，24 h以后死亡的鸡胚应置0～4 ℃冰箱中冷藏暂存，培养至规定时间未死亡的鸡胚也放冰箱冻死。

2. 卵黄囊接种　一般应用6～8日龄的鸡胚，接种病毒有三种方法。

(1) 在气室中央偏离胚胎5 mm处消毒打孔，用30～40 mm的针头垂直刺入达卵长径的约1/2处接种样品0.1～0.5 mL。

(2) 在胚胎对面，气室边缘上面5 mm处消毒、打孔，将针头成60°角刺入达卵长径1/2(30～50 mm)处接种。

(3) 在胚胎对面卵长径1/2处消毒打孔，将针头刺入12～15 mm接种。

上述三种方法均易成功。为了保证位置正确，接种前可将注射器稍吸一下，检查是否有卵黄流入针筒。注射接种后，用熔化的石蜡或医用无菌胶布封孔。培养和检查同前。

3. 羊膜腔接种　在气室中央打一圆形或方形孔，直径10～15 mm，用尖头镊子轻轻撬去卵壳，不使其破碎。在壳膜上滴1～3滴灭菌生理盐水，并使其铺开，几分钟后壳膜湿润而变透明。鸡胚下放一照蛋灯，使灯光向上照射，术者自上向下即可看到鸡胚活动。用4 cm长的5～6号针头垂直刺入羊膜腔内，注入样品液0.1～0.2 mL。为了确切知道位置是否正确，可用针头稍稍拨动鸡胚来证明。将卵壳放回原处，用熔化的封蜡或医用无菌胶布封口，培养和检查同前。

4. 绒毛尿囊膜接种　用9～13日龄的鸡胚接种，适宜位置应是绒毛尿囊膜发育良好，但无大血管，靠近胚胎处。在气室和接种部位用75%酒精消毒，消毒面积不宜超过1 cm^2。用5～6 cm长的木螺钉，尖端用酒精火焰灭菌，在气室和接种部位各打一小孔(也可在接种部位用锯片将卵壳锯破，开一正方形的口子，以便制备人工气室。此法较烦琐，不能用于大量样品)。用橡皮吸头将天然气室处的空气吸出，横径上接种部位的绒毛尿囊膜即下陷，形成人工气室。将蛋放在蛋架上。用结核菌素注射器吸取接种样品，将针头(一般用5号)成30°角插入人工气室，针面向下，慢慢注入接种样品0.1～0.2 mL。接种孔和气室孔用熔化的封蜡(石蜡和黄蜡各半)封口。气室向上，置孵化箱中培养，24 h照蛋一次，弃去死胚。以后每天照蛋2次，将死亡的胚胎储存于冰箱内待检查，未死者按病毒特点培养到规时间后冻死检查(图2-5)。

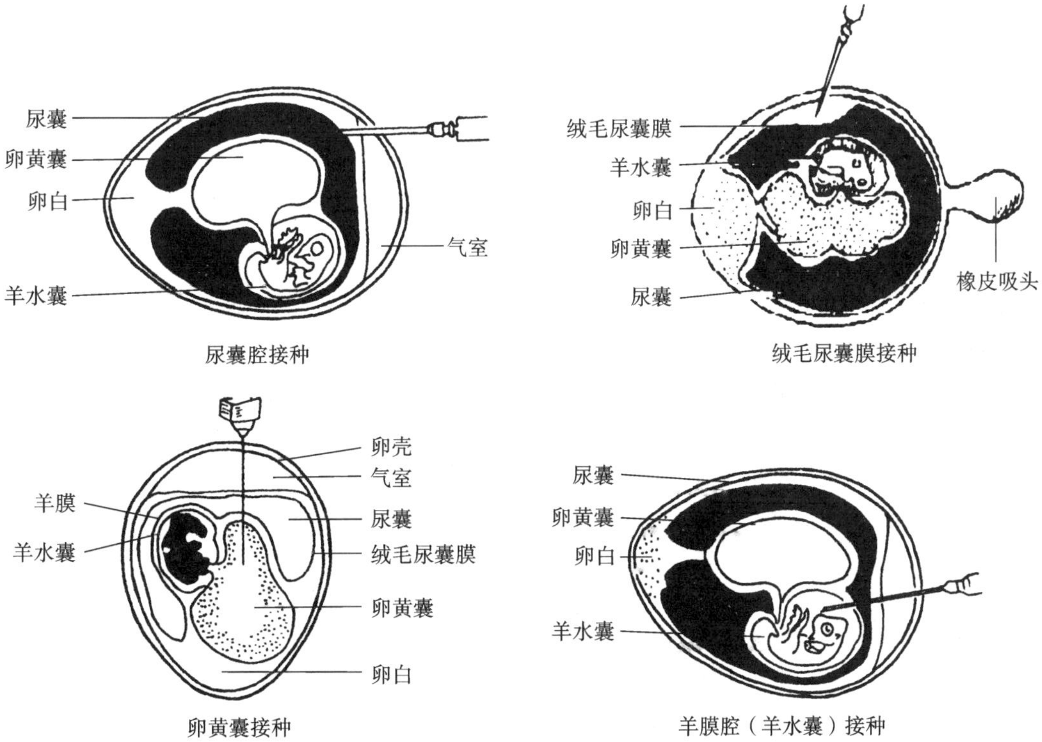

图2-5　鸡胚培养法

四、鸡胚材料的收集

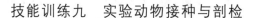

收集鸡胚材料的原则是接种什么部位，收集什么部位。

(1) 收集时间须视感染病毒的种类而定。NDV 在接种后 48～72 h 即可收集，此时鸡胚多死亡。收集前应将鸡胚置 0～10 ℃冰箱中冷却 4～24 h，使鸡胚血管收缩，以免解剖时出血。

(2) 尿囊腔内接种者用无菌手术去掉气室顶壳，开口直径为 2～3 cm，以无菌镊子撕去一部分蛋膜，撕破绒毛膜而不破坏羊膜，用镊子轻轻按住胚胎，以无菌吸管或消毒注射器吸取绒毛尿囊液置于无菌试管中，多时可收到 5～8 mL，将收集的材料低温冻存。

(3) 羊膜腔内接种首先收集绒毛尿囊液，后用注射器针头插入羊膜腔内收集，约可收到 1 mL 液体，无菌检查合格者保存。

(4) 卵黄囊内接种者，先收集绒毛尿囊液和羊膜腔液，后用吸管吸卵黄液，无菌检查合格者保存。

二维码 JX-9

技能训练九　实验动物接种与剖检

【目的要求】

掌握实验动物的接种与剖检方法。

【仪器与材料】

注射器、酒精灯、消毒剂(5%碘酒、75%酒精)、显微镜、消毒设备、接种环、染色液、针头、解剖盘、解剖剪刀、解剖镊、细菌培养物、常用培养基、滴管、家兔、小白鼠、鸡、豚鼠等。

【操作方法与步骤】

（一）实验动物接种法

1. 皮下接种

(1) 家兔皮下接种：由助手将家兔俯卧或仰卧保定，于其背侧或腹侧皮下结缔组织疏松部位剪毛消毒，术者右手持注射器，以左手拇指、食指和中指捏起皮肤使其成一个三角形皱褶，或用镊子夹起皮肤，于其底部进针，感到针头可随意拨动即表示插入皮下。当推入注射物时感到流畅也表示在皮下，拔出注射器针头时用消毒棉球按住针孔并稍加按摩。豚鼠皮下接种保定和术式与家兔相同。

(2) 小白鼠皮下接种：无须助手帮助保定，术者在做好接种准备后，先用右手抓住鼠尾，令其前爪抓住饲养罐的铁丝盖，然后用左手的拇指及食指捏住其颈部皮肤，并翻转左手使小白鼠腹部朝上，将其尾巴挟在左手掌与小手指之间，右手消毒术部，把持注射器，用针头稍微挑起皮肤插入皮下，注入时见有水疱微微鼓起即表示注入皮下。拔出针头后，同家兔皮下接种一样处理。

2. 皮内接种　家兔、豚鼠及小白鼠皮内接种时，均需助手保定动物，其保定方法同皮下接种。接种时术者以左手拇指及食指夹起皮肤，右手持注射器，用细针头插入拇指及食指之间的皮肤内，针头不宜插入过深，同时插入角度要小，注入时感到有阻力且注射完毕后皮肤上有小硬泡即为注入皮内。皮内接种要慢，以防皮肤胀裂或自针孔流出注射物而引起散播传染。

3. 肌内接种　肌内注射部位在禽类为胸肌，其他动物为后肢内股部。术者消毒术部后，将针头刺入肌肉后注射感染材料。

4. 腹腔内接种　家兔、豚鼠、小白鼠做腹腔内接种，宜采用仰卧保定方式，接种时稍抬高后躯，使其内脏倾向前腔，在腹后侧面插入针头，先刺入皮下，后进入腹腔，注射时应无阻力，皮肤也无隆起。

5. 静脉接种

(1) 家兔静脉接种：将家兔纳入保定器内或由助手握住它的前、后躯保定，选一侧耳缘静脉，先用 75%酒精涂擦兔耳或用手指轻弹耳朵，使静脉扩张。注射时，用左手拇指和食指拉紧兔耳，右手持注射器，使针头与静脉平行，向心脏方向刺入静脉内，注射时无阻力且有血向前流动表示注入静脉，缓缓注射感染材料，注射完毕用消毒棉球紧压针孔，以免血液流出或注射物溢出。

（2）豚鼠静脉接种：使豚鼠俯卧保定，腹向下，将其后肢剃毛，用75%酒精消毒皮肤，施以全身麻醉，用锐利刀片由后肢内上方向外下方切一长约1cm的切口，暴露皮下静脉，用最小号针头刺入静脉内慢慢注入感染材料。接种完毕，将切口缝合1～2针。

（3）小白鼠静脉接种：其注射部位为尾侧静脉。选体重15～20 g的小白鼠，注射前使尾部血管扩张以易于注射。用一烧杯扣住小白鼠，露出尾部，用最小号针头（4号）刺入尾静脉，缓缓注入感染材料，注射时无阻力，皮肤不变白、不隆起，表示注入静脉内。

6. 脑内接种　此法多用于小白鼠，特别是乳鼠（1～3日龄），注射部位是耳根连线中点略偏左（或右）处。接种时用乙醚使小白鼠轻度麻醉，术部用5%碘酒或75%酒精消毒，在注射部位用最小号针头经皮肤和颅骨稍向后下方刺入脑内进行注射，然后以棉球压住针孔片刻，接种乳鼠时一般不麻醉，不用5%碘酒消毒。家兔和豚鼠脑内接种方法基本同小白鼠，唯其颅骨稍硬、厚，事前先用短锥钻孔，再注射，深度宜浅，以免伤及脑组织。

注射量：家兔为0.20 mL，豚鼠为0.15 mL，小白鼠为0.03 mL。凡脑内注射后1 h内出现神经症状的动物作废，这被认为是接种创伤所致。

（二）实验动物的剖检技术

实验动物经接种后死亡或予以扑杀后，应对其尸体进行剖检，以观察其病变情况，并可取材保存或做进一步检查。

一般剖检程序如下。

（1）肉眼观察动物体表的情况。

（2）将动物尸体仰卧固定于解剖板上，充分露出胸腹部。

（3）用75%酒精或其他消毒剂浸擦尸体颈胸腹部的皮毛。

（4）以无菌剪刀自其颈部至耻骨部剪开皮肤，并将四肢腋窝处皮肤剪开，剥离胸腹部皮肤使其尽量翻向外侧，注意皮下组织有无出血、水肿等病变，观察腋下、腹股沟淋巴结有无病变。

（5）用毛细管或注射器穿过腹壁及腹膜吸取腹腔渗出液供直接培养或涂片检查。

（6）另换一套灭菌剪剪开腹腔，观察肝、脾及肠系膜等有无变化，采集肝、脾、肾等实质脏器各一小块放在灭菌平皿内，以备培养或直接涂片检查。然后剪开胸腔，观察心、肺有无病变，可用无菌注射器或吸管吸取心脏血液进行直接培养或涂片。

（7）必要时破颅取脑组织做检查。

（8）如欲做组织切片检查，将各种组织小块置于10%甲醛溶液中固定。

（9）剖检完毕应妥善处理动物尸体，以免散播传染，最好火化或用高压蒸汽灭菌，或者深埋，小白鼠尸体可浸泡于3%来苏尔溶液中杀菌，然后倒入深坑中，令其自然腐败，所用解剖器械也须煮沸消毒，用具用3%来苏尔溶液浸泡消毒。

技能训练十　鸡新城疫病毒的实验室诊断（血凝和血凝抑制试验）

二维码
JX-10

【目的要求】

1. 掌握血凝和血凝抑制试验的基本方法及原理。

2. 掌握鸡新城疫的实验室诊断操作技术。

【仪器与材料】

离心机、试管架、试管、注射器、注射针头（5～5.5号）、微量移液器、96孔板（V形底）、枪头、微量振荡器、塑料采血管、鸡新城疫弱毒疫苗、生理盐水、1%鸡红细胞混悬液、标准阳性血清、标准阴性血清、浓缩抗原、被检血清、pH 7.0～7.2磷酸盐缓冲液（PBS）等。

【操作方法与步骤】

（一）病毒血凝试验（HA试验）

1. 1%鸡红细胞混悬液的制备：从健康公鸡羽根静脉采血后迅速置于装有抗凝剂（3.8%柠檬酸钠溶液）的离心管中，用生理盐水洗涤3次，每次以2000 r/min离心10 min，将血浆、白细胞等充分

Note

洗去，根据沉淀的红细胞压积，用 pH=7 的生理盐水稀释成 1%混悬液。

2. 血凝试验操作

(1) 在 96 孔板的 1～12 孔均加入 25 μL 生理盐水(或 PBS)，换枪头。

(2) 吸取 25 μL 病毒抗原稀释液加入第 1 孔，枪头浸于液体中缓慢吸吹 3～5 次，使充分混匀。

(3) 从第 1 孔吸取 25 μL 病毒液加入第 2 孔，枪头浸于液体中缓慢吸吹 3～5 次，使充分混匀，从第 2 孔吸取 25 μL 加入第 3 孔，如此进行倍比稀释至第 11 孔，从第 11 孔吸取 25 μL 弃去，换枪头。

(4) 每孔再加入 25 μL 生理盐水(或 PBS)。

(5) 每孔均加入 25 μL 的 1%鸡红细胞混悬液(将鸡红细胞混悬液充分摇匀后加入)。

(6) 振荡混匀，在室温(20～25 ℃)下静置 40 min 后观察结果(如果环境温度太高，可置 4 ℃环境下反应 1 h)。对照孔红细胞将呈明显的纽扣状沉到孔底(表 2-2)。

表 2-2 鸡新城疫病毒血凝试验(HA 试验)

孔号	1	2	3	4	5	6	7	8	9	10	11	12
病毒稀释比例	1∶2	1∶4	1∶8	1∶16	1∶32	1∶64	1∶128	1∶256	1∶512	1∶1024	1∶2048	对照
生理盐水	25 μL	25 μL	25 μL	25 μL	25 μL	25 μL	25 μL	25 μL	25 μL	25 μL	25 μL	25 μL
病毒液	25 μL	25 μL	25 μL	25 μL	25 μL	25 μL	25 μL	25 μL	25 μL	25 μL	25 μL	25 μL(弃去)
加入生理盐水	25 μL	25 μL	25 μL	25 μL	25 μL	25 μL	25 μL	25 μL	25 μL	25 μL	25 μL	25 μL
1%鸡红细胞混悬液	25 μL	25 μL	25 μL	25 μL	25 μL	25 μL	25 μL	25 μL	25 μL	25 μL	25 μL	25 μL
置微量振荡器上混匀1～2 min，放37 ℃静置15～30 min												
结果举例	++++	++++	++++	++++	++++	+++	++	+	−	−	−	−

(7) 结果判定：将板倾斜，观察血凝板，判读结果。

①首先观察对照孔，红细胞应无凝集。

②观察实验孔。

++++表示全部红细胞凝集，凝集的红细胞铺满管底，边缘不整齐，无红细胞沉积。

+++表示大部分红细胞凝集，在管底铺成薄膜状，但尚有少数红细胞不凝集，在管底中心形成小红点。

++表示约有半数红细胞凝集，在管底铺成薄膜，面积较小，不凝集的红细胞在管底中心聚成小圆点。

+表示只有少数红细胞凝集，不凝集的红细胞在管底中心聚成小圆盘状，凝集的红细胞在此小圆盘周围。

−表示不凝集，红细胞沉于管底，形成一致密圆盘，边缘整齐。

(二) 红细胞凝集抑制试验(HI 试验)

(1) 根据病毒血凝试验的结果配制 4 血凝单位(4 HAU)病毒抗原。以完全血凝的病毒最高稀释倍数作为终点，终点稀释倍数除以 4 即为含 4 血凝单位病毒抗原的稀释倍数。例如，如果血凝的终点滴度为 1∶256，则 4 血凝单位病毒抗原的稀释倍数应是 64(256 除以 4)。

(2) 取 96 孔板，用微量移液器(量度为 0.005～0.05 mL)在 1～11 孔每孔各加入 25 μL 灭菌生理盐水(或 PBS)，第 12 孔加 50 μL 灭菌生理盐水(或 PBS)。

(3) 在第 1 孔加入 25 μL 鸡新城疫标准阳性血清，枪头浸于液体中缓慢吸吹 3～5 次，使充分混匀，再吸取 25 μL 液体小心地移至第 2 孔，如此连续稀释至第 10 孔，第 10 孔吸取 25 μL 液体弃去；第 11 孔为抗原对照，第 12 孔为灭菌生理盐水(或 PBS)对照。每次测定还应设已知效价的标准阳性血

Note

清和阴性血清作对照。

(4) 在1～11孔再加入含有4血凝单位(4 HAU)的病毒液25 μL。置微量振荡器上振荡1～2 min后，放37 ℃静置20 min(或室温(20～25 ℃)下不少于30 min)。

(5) 每孔再加入1.0%鸡红细胞混悬液25 μL，放微量振荡器上振荡1～2 min混匀，置37 ℃ 15 min(室温(20～25 ℃)下约40 min)，第12孔的红细胞呈明显的纽扣状沉到孔底时(表2-3)。

表2-3 鸡新城疫红细胞凝集抑制试验(HI试验)(微量法)

孔号	1	2	3	4	5	6	7	8	9	10	11	12
被检血清稀释比例	1∶2	1∶4	1∶8	1∶16	1∶32	1∶64	1∶128	1∶256	1∶512	1∶1024	抗原对照	灭菌生理盐水(或PBS)对照
生理盐水(或PBS)	25 μL	25 μL	25 μL	25 μL	25 μL	25 μL	25 μL	25 μL	25 μL	25 μL	25 μL	50 μL
被检血清	25 μL	25 μL	25 μL	25 μL	25 μL	25 μL	25 μL	25 μL	25 μL	25 μL	25 μL (弃去)	
4血凝单位病毒液	25 μL	25 μL	25 μL	25 μL	25 μL	25 μL	25 μL	25 μL	25 μL	25 μL	25 μL	
微量振荡器上振荡1～2 min，37 ℃作用20 min												
1%鸡红细胞混悬液	25 μL	25 μL	25 μL	25 μL	25 μL	25 μL	25 μL	25 μL	25 μL	25 μL	25 μL	25 μL
微量振荡器上振荡1～2 min，37 ℃作用15～30 min												
结果举例	−	−	−	−	−	+	++	+++	++++	++++	−	++++

结果判定同前。

复习思考题

1. 名词解释：病毒、干扰素、干扰现象、噬菌体、血凝现象、血凝抑制现象。
2. 简述病毒基本特征。
3. 简述病毒结构。
4. 简述病毒的增殖过程。
5. 简述病毒的培养方法。
6. 简述病毒性疾病的微生物学诊断程序。

项目三　其他微生物

项目目标

【知识目标】

1. 掌握真菌、支原体、螺旋体、立克次体、衣原体、放线菌的生物学特性。
2. 了解真菌、支原体、螺旋体、立克次体、衣原体、放线菌的致病作用。

【技能目标】

能够应用理论知识指导生产实践，对真菌、支原体、螺旋体、立克次体、衣原体、放线菌所引起的疾病进行防治。

【素质与思政目标】

1. 培养学生尊重科学、实事求是的科学精神。
2. 塑造学生科学严谨、求真务实的专业品质。
3. 培养学生热爱动物、关爱生命的职业素养。

案例引入

一德国牧羊犬精神萎靡，食欲差，尿液发黄，眼结膜发黄。其尿液在暗视野显微镜下可见蛇样运动的菌体，镀银染色后镜检可见S形着色病原体。

问题：该犬最可能感染的病原体是什么？该如何治疗？

任务一　真　　菌

二维码 3-1

视频：真菌

真菌是一类具有细胞壁和典型的细胞核结构，不含叶绿素，不分根、茎、叶，能进行无性和有性繁殖的真核细胞型微生物。大多数真菌为多细胞生物，少数真菌为单细胞生物。真菌在自然界中分布广泛，绝大部分对人类有益，少数可引起人与动物患病。

一、真菌的分类

真菌种类繁多，有10余万种，在生物学分类上已被独立列为真菌界。真菌界分为5个门。与医学有关的真菌主要存在于真菌界的以下4门：①接合菌门，多数腐生，少数寄生，大多为无隔菌丝，无性繁殖产生孢子囊孢子，有性繁殖产生接合孢子，许多条件致病性真菌属于此门，如毛霉菌属、根霉菌属等；②子囊菌门，大多为腐生性真菌，少数为条件致病性真菌，多数为有隔菌丝，少数为单细胞，无性繁殖方式为出芽或形成分生孢子，有性繁殖方式为形成子囊孢子，如酵母菌属、毛癣霉菌属等；③担子菌门，为大型腐生真菌，包括食用真菌和药用真菌，如银耳、木耳、香菇、灵芝、猪苓等，亦有致病性真菌，如新生隐球菌等，多数不存在无性繁殖，有性繁殖产生担孢子；④半知菌门，人们对其生活史了解不完全，故称为半知菌，大多为寄生菌，无性繁殖产生分生孢子，医学上具有重要意义的真菌大多属于此门，如青霉菌属、曲霉菌属、假丝酵母菌属以及各种皮肤癣菌等。

Note

二、真菌的形态与结构

真菌一般比细菌大几倍至几十倍，用普通光学显微镜放大几百倍就能清晰地观察到，一些大的真菌用肉眼即可观察到。根据形态和结构，可将真菌分为单细胞真菌和多细胞真菌两类。

（一）单细胞真菌

单细胞真菌细胞呈圆形或椭圆形，以出芽方式繁殖，芽生孢子成熟后与母体分离，形成新的个体。能引起机体疾病的有毛霉、根霉、新生隐球菌和白假丝酵母菌等。

（二）多细胞真菌

多细胞真菌又称丝状菌或霉菌，由菌丝和孢子组成。

1. 菌丝 菌丝是由孢子长出芽管并逐渐延长形成的。菌丝又可长出许多分支并交织成团，形成菌丝体。按功能不同，菌丝可分为：①能伸入培养基中吸取营养物质的营养菌丝；②能向空气中生长的气生菌丝；③可产生孢子的繁殖菌丝。按结构不同，菌丝可分为有隔菌丝和无隔菌丝。有隔菌丝内形成隔膜，将菌丝分成数个细胞；无隔菌丝内无隔膜，整条菌丝内含有多个细胞核。大多数致病性真菌的菌丝为有隔菌丝。按形态不同，菌丝可分为螺旋状、球拍状、结节状、鹿角状、梳状和关节状等。因不同真菌菌丝的形态不同，故可据此鉴别真菌。

2. 孢子 孢子是真菌的繁殖结构。根据繁殖方式不同，孢子分为有性孢子和无性孢子两种。致病性真菌大多通过形成无性孢子而繁殖。无性孢子按其形成方式和形态不同可为以下几种。

（1）分生孢子：真菌中最常见的一种无性孢子，由生殖菌丝末端的细胞分裂或收缩形成，也可由菌丝侧面出芽形成。分生孢子又分为大分生孢子和小分生孢子两种，前者由多个细胞组成，体积较大，多呈梭状、棒状或梨状；后者仅由一个细胞构成，体积较小。

（2）叶状孢子：由菌丝内细胞直接形成，包括由细胞出芽形成的芽生孢子，由菌丝内胞浆浓缩、胞壁增厚形成的厚垣孢子，以及由菌丝胞壁变厚并分隔成长方形的节段而形成的关节孢子 3 种类型。

（3）孢子囊孢子：由菌丝末端膨大形成孢子囊，囊内含有许多孢子，孢子成熟后破囊而出。

有性孢子是由霉菌的两性细胞结合产生的孢子，可分为卵孢子、接合孢子和子囊孢子等。

部分真菌在不同的环境条件（营养、温度等）下，可发生单细胞真菌与多细胞真菌两种形态的可逆转换，称为真菌的双相性。例如，组织胞浆菌和球孢子菌等在室温（25 ℃）条件下发育成丝状菌，而在宿主体内或在含有动物蛋白的培养基上 37 ℃培养时，则发育成酵母菌型。各种真菌的菌丝和孢子的形态不同（图 3-1），是鉴别真菌的重要标志。

三、真菌的繁殖

（一）培养条件

真菌的营养要求不高，培养真菌常用沙堡培养基。培养真菌最适 pH 为 5～10，最适温度一般为 25～35 ℃，但有些深部感染真菌在 37 ℃条件下才生长良好，需高湿环境，相对湿度为 95%～100%时生长良好。真菌一般生长缓慢，需培养 1～2 周才长出菌落。观察自然状态下的真菌形态和结构时，可用玻片培养，置于显微镜下直接观察菌丝和孢子。

（二）真菌的繁殖方式

真菌的繁殖方式可分为无性繁殖与有性繁殖两种。无性繁殖是真菌的主要繁殖方式，其方式简单、速度快、产生个体多，主要形式有芽生、菌丝断裂、细胞裂殖和隔殖。

（三）菌落特征

真菌菌落可分为酵母型菌落、类酵母型菌落和丝状菌落三种。

1. 酵母型菌落 酵母型菌落为单细胞真菌形成的菌落形式。菌落光滑湿润、柔软且致密，类似细菌菌落。多数单细胞真菌培养后形成酵母型菌落，如隐球菌的菌落。

2. 类酵母型菌落 有些单细胞真菌在出芽繁殖后形成的芽管不与母细胞脱离而形成假菌丝，

Note

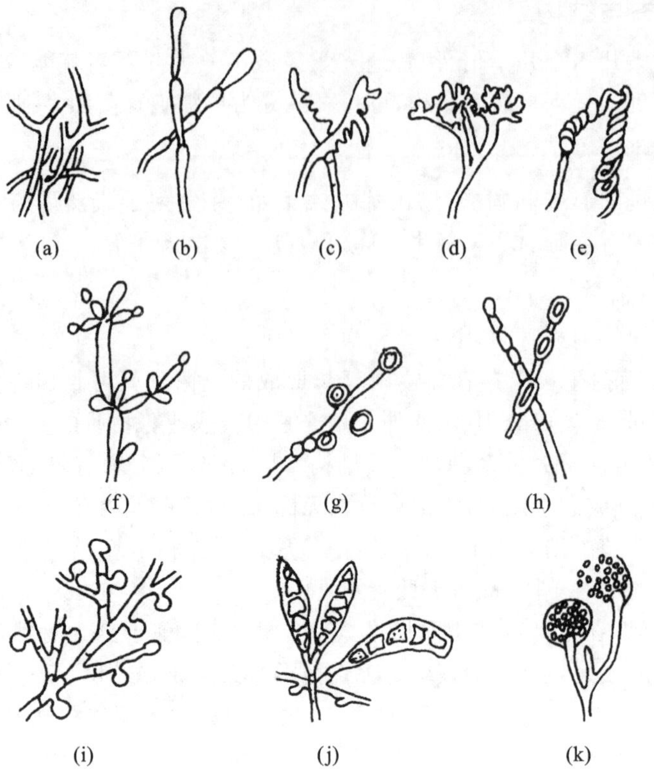

图 3-1　真菌的菌丝及孢子

(a)有隔菌丝；(b)球拍状菌丝；(c)梳状菌丝；(d)鹿角状菌丝；(e)螺旋状孢子；(f)芽生菌丝；(g)厚垣孢子；(h)关节孢子；(i)小分生孢子；(j)大分生孢子；(k)孢子囊孢子

假菌丝可伸入培养基中，但菌落外观与酵母型菌落相似，如白假丝酵母菌(白色念珠菌)的菌落。

3. 丝状菌落　丝状菌落为多细胞真菌形成的菌落形式。菌落可呈绒毛状、棉絮状等。菌落的中心与边缘、表层与底层可呈现不同颜色。丝状菌落的形态和颜色可作为鉴别真菌的依据。

四、真菌的抵抗力与变异性

真菌对干燥、阳光、紫外线及一般化学消毒剂有较强的抵抗力，但不耐热，菌丝与孢子在 60 ℃ 1 h均可被杀死。真菌对作用于细菌的抗生素不敏感。抗真菌药物，如灰黄霉素、制霉菌素、两性霉素 B、氟康唑和酮康唑等，对多种真菌有抑制作用。

真菌易发生变异，如培养时间过长或多次传代，其形态、结构、菌落特征甚至毒力都可能发生改变。

五、真菌的致病性

（一）真菌的致病形式

不同种类真菌的致病形式不同，大致包括以下几种。

1. 致病性真菌感染　致病性真菌感染属于外源性感染，可造成皮肤、皮下和全身感染。根据感染部位可分为浅部真菌感染和深部真菌感染。例如，皮肤癣菌可造成皮肤局部炎症和病变，深部真菌感染可造成组织慢性肉芽肿性炎症和组织坏死溃疡。

2. 条件致病性真菌感染　这类真菌多属于非致病的腐生性真菌和寄居在动物与人体的正常菌群，其感染多发生于机体免疫功能降低及菌群失调的情况下，常见的条件致病性真菌有白假丝酵母菌、毛霉、曲霉、新生隐球菌等。

3. 真菌性中毒　某些真菌在其生长繁殖过程中可产生真菌毒素，如黄曲霉毒素、镰刀菌毒素、橘青霉素等，动物与人食入被这些真菌污染的食品后可发生急性或慢性中毒。有些真菌本身即有毒性，如有毒的蘑菇，动物与人误食后也可引起急性中毒。

4. 真菌超敏反应性疾病 某些真菌(如青霉菌、曲霉菌、镰刀菌、交链孢霉等)的孢子或其代谢产物可作为变应原,引发超敏反应,导致哮喘、超敏性鼻炎、荨麻疹等疾病。

5. 真菌毒素与肿瘤 某些真菌毒素与肿瘤的发生有关,如黄曲霉产生的黄曲霉毒素可诱发肝癌。

(二)主要致病性真菌

1. 皮肤癣菌 皮肤癣菌具有嗜角质蛋白的特性,可侵染动物与人的皮肤、毛发和指(趾)甲,引起各种癣症。皮肤癣菌分为3个属,即毛癣菌属、表皮癣菌属和小孢子癣菌属。皮肤癣菌在沙堡培养基上生长,形成丝状菌落。可根据菌落的形态、颜色以及镜检孢子、菌丝的形态,对皮肤癣菌的种类进行初步鉴定。

皮肤癣菌感染属外源性感染,通过接触癣症患者或患癣动物(如狗、猫等)而感染。一种癣菌可引起机体不同部位的感染,而同一部位的病变也可由不同癣菌引起。微生物学检查可取皮屑、指(趾)甲屑或患病毛发,经10% KOH溶液消化后镜检。皮屑和指(趾)甲屑中见到菌丝,患病毛发内、外见到菌丝和孢子,可初步诊断为皮肤癣菌感染。若要做出菌种的鉴定,可经沙堡培养基培养或玻片培养后,根据菌落特征、菌丝和孢子的特征鉴定是何种皮肤癣菌。

2. 白假丝酵母菌 白假丝酵母菌又称白色念珠菌,是假丝酵母菌属中主要的条件致病性真菌。

(1)生物学特性:菌体呈椭圆形,以芽生孢子出芽繁殖,孢子伸长形成芽管,不与母细胞脱离,形成丝状,称为假菌丝。培养特征是在沙堡培养基中于37 ℃培养1~3 d形成类酵母型菌落;在玉米粉培养基上可长出厚垣孢子。假菌丝和厚垣孢子有助于白假丝酵母菌的鉴定。

(2)致病性:白假丝酵母菌通常存在于正常动物及人的口腔、上呼吸道、阴道及肠道内,当机体免疫功能低下或菌群失调时可引起疾病。白假丝酵母菌可引起机体许多部位的感染,主要引起以下类型感染。

①皮肤黏膜感染:皮肤感染好发于皮肤皱褶处,如腋窝、腹股沟及指(趾)间等皮肤潮湿部位。黏膜感染可发生鹅口疮、口角糜烂与阴道炎等。

②内脏感染:常可引起支气管炎、肺炎、食管炎、肠炎、膀胱炎、肾盂肾炎、心内膜炎及心包炎等,偶尔也可引起败血症。

③中枢神经系统感染:可引起脑膜炎和脑脓肿等,常由呼吸系统及消化系统的病灶播散引起。

3. 曲霉菌 曲霉菌在自然界分布广,种类多,对动物及人致病的主要有烟曲霉菌、黄曲霉等。烟曲霉菌主要由呼吸道侵入,引起支气管哮喘和肺部感染,也可侵入血流,播散至各器官引起全身性感染。黄曲霉产生的黄曲霉毒素与恶性肿瘤的发生有关,主要诱发肝癌,急性黄曲霉中毒主要损伤肝脏。

六、微生物学检查和防治原则

真菌病的诊断与细菌病的诊断有相似之处,但真菌的形态往往具有特征性,可做抹片或湿标本片,用姬姆萨染色、氢氧化钾固定、乳酸酚棉蓝染色或印度墨汁染色后,直接镜检,也可进行真菌的分离培养进行确诊。必要时可做生化实验或动物接种。有些真菌病,可用变态反应进行诊断。对真菌毒素中毒性疾病,则应进行毒素检查和产毒真菌的检查。

皮肤真菌的传播主要靠孢子,遇潮湿和温暖环境能出芽繁殖,预防时主要要注意环境、用具、饲料、垫料的干燥,并进行有效的消毒,这是防止真菌感染的先决条件。当体表皮肤破损或糜烂时更易感染,因此要注意防止皮肤发生外伤。若有外伤,及时处理伤口,局部治疗可用5%硫磺软膏、两性霉素B、咪康唑霜、克霉唑软膏或0.5%碘伏。预防深部真菌感染主要是去除诱因,增强机体免疫力。饲料储藏不当很容易感染有害真菌,引起变质。霉变的饲料不仅丧失营养价值,而且可能引起动物中毒,应尽量废弃,如要利用,应进行毒素检查并采取解毒措施。

二维码 3-2

视频:支原体

任务二 支 原 体

支原体是一类无细胞壁,可通过细菌滤器,能在无生命培养基中生长繁殖的最小的原核细胞型微生物。其能形成有分支的长丝,故称为支原体。支原体属于柔膜体纲支原体目支原体科,种类较多,兽医研究的主要对象为支原体属和脲原体属成员,它们在自然界中分布广泛,动物与人多有携带。

一、生物学特性

(一) 形态与结构

球形支原体直径 0.3～0.8 μm,丝状细胞大小为(0.3～0.4) μm×(2～150) μm。无细胞壁,无鞭毛,具多形性、可塑性和滤过性,有球、环、杆、丝状等。革兰染色阴性,但不易着色。姬姆萨或瑞氏染色良好,呈淡紫色。电镜下可见细胞膜分为 3 层,内、外层为蛋白质和糖类,中间层为脂质,其中胆固醇含量较高。

(二) 培养与生化

支原体对营养要求较高,培养基中须添加 10%～20%动物血清、外源脂肪酸和甾醇。为抑制杂菌生长,常加入青霉素、醋酸铊、叠氮钠等。支原体以二分裂繁殖为主,最适 pH 为 7.0～8.0。生长较慢,2～3 d 后形成"油煎蛋"或"荷包蛋"状小菌落。鸡毒支原体、肺炎支原体的菌落能吸附禽类红细胞。

(三) 抵抗力

支原体因无细胞壁,易被热、干燥、清洁剂和消毒剂灭活。对干扰细胞壁合成的抗生素,如青霉素、头孢菌素等,有抵抗作用,两性霉素 B 和皂素等均可破坏支原体细胞膜而致其死亡。对四环素、强力霉素、红霉素、螺旋霉素、链霉素、喹诺酮类等抑制或影响蛋白质合成的抗生素敏感。

二、致病性

大多数支原体寄生于多种动物的呼吸道、泌尿生殖道、消化道黏膜以及乳腺和关节等处,单独感染时常症状轻微或无临床表现,当动物同时被细菌或病毒感染或受外界不利因素的作用时可发病。疾病特点是潜伏期长,呈慢性经过,地方性流行。临床上由支原体引起的传染病如下:猪肺炎支原体引发的猪地方性流行性肺炎,即猪喘气病;猪鼻支原体可引起猪肺炎、多发性浆膜炎(如胸膜炎、心包炎和腹膜炎)和关节炎;猪滑液支原体可引起猪急性滑膜炎和关节炎;猪嗜血支原体导致猪附红细胞体病;鸡毒支原体引起鸡的慢性呼吸道病;滑液支原体引起鸡和火鸡的传染性滑液囊炎;丝状支原体丝状亚种导致牛传染性胸膜肺炎(牛肺疫);山羊支原体引起山羊传染性胸膜肺炎,绵羊、山羊乳腺炎,败血症,关节炎及肺炎等。

三、微生物学检查和防治原则

微生物学检查主要是支原体的分离培养和血清学试验。取可疑患病动物的病料进行分离培养,分离到支原体后可用相应的抗血清做生长抑制试验(GIT)、代谢抑制试验(MIT)、免疫荧光试验及酶联免疫吸附试验(ELISA)等,进行支原体的血清学鉴定或分型。目前临床可用于预防接种的支原体疫苗有鸡毒支原体活疫苗、鸡毒支原体灭活疫苗、鸡滑液支原体灭活疫苗、猪支原体肺炎活疫苗、猪支原体肺炎灭活疫苗、山羊支原体肺炎灭活疫苗、山羊传染性胸膜肺炎灭活疫苗。支原体病的治疗采用敏感抗生素,但应注意避免耐药性的产生。

Note

任务三 螺 旋 体

二维码 3-3

螺旋体是一类细长、柔软、弯曲成螺旋状的原核细胞型微生物。其基本结构与细菌相似，与动物疾病有关的螺旋体包括钩端螺旋体属、密螺旋体属、疏螺旋体属和短螺旋体属。

一、生物学特性

（一）形态与结构

螺旋体细胞为螺旋状或波浪状圆柱形，具有多个完整的螺旋。长短不等，大小为(5～250) μm×(0.1～3) μm。具有不定形的核，无芽孢，某些螺旋体可通过细菌滤器。细胞的螺旋数目、两螺旋间的距离及回旋角度各不相同，是分类上的一项重要指标。螺旋体革兰染色阴性，但较难染色；姬姆萨染色呈淡红色，镀银染色着色较好，菌体呈黄褐色，背景呈淡黄色；也可用印度墨汁或刚果红与螺旋体混合负染，螺旋体透明无色，背景有颜色，反差明显。

（二）螺旋体的培养特性

螺旋体以二分裂方式繁殖。除钩端螺旋体和伯氏疏螺旋体外，多不能用人工培养基培养或培养较为困难，多数需厌氧培养。非致病性螺旋体、猪痢疾短螺旋体、钩端螺旋体以及个别致病性密螺旋体与疏螺旋体可采用含血液、腹水或其他特殊成分的培养基培养，某些种类还必须在培养基中加入某些特定的血清、脂肪酸、蛋白胨、胰酶消化酪蛋白胨、脑心浸出液等营养因子才能生长。最适培养温度为28～30 ℃(钩端螺旋体)、38 ℃(猪痢疾短螺旋体)、37 ℃(鹅疏螺旋体)。最适pH为7.2～7.4(钩端螺旋体)，生长缓慢。兔梅毒密螺旋体迄今尚不能用人工培养基培养，但可用易感动物来增殖培养和保种。

二、致病性及防治

兔梅毒密螺旋体可致兔梅毒；猪痢疾短螺旋体是猪痢疾的病原体；钩端螺旋体可感染多种家畜、家禽以及野生动物和人，导致钩端螺旋体病，简称钩体病；鹅疏螺旋体可致家禽患疏螺旋体病；伯氏疏螺旋体可引起人、犬、牛、马、猫等动物的莱姆病，表现为发热、皮肤损伤、关节炎、脑炎、心肌炎等。

英特威犬钩端螺旋体(犬型、黄疸出血型)二价灭活苗的应用效果良好，保护率高，其余螺旋体病尚无有效的疫苗。治疗时可选用青霉素、链霉素、土霉素、四环素、强力霉素、泰乐菌素等敏感抗生素。

任务四 立 克 次 体

二维码 3-4

立克次体是一类以节肢动物为传播媒介，严格细胞内寄生的原核细胞型微生物，是引起斑疹伤寒、恙虫病等的病原体。立克次体病是一种严重威胁人类健康、人畜共患的自然疫源性疾病，感染人类的立克次体至少有10种。

一、生物学特性

（一）形态与结构

立克次体大小为(0.3～0.6) μm×(0.8～2.0) μm，介于细菌与病毒之间，具多形性，以球状或杆状多见。立克次体革兰染色阴性，但不易着色，用姬姆萨染色呈紫蓝色。立克次体结构与革兰阴性菌相似，其细胞壁最外层是由多糖组成的微荚膜样黏液层，具有黏附宿主细胞和抗吞噬作用，与致病性有关。

Note

（二）培养特性

立克次体须寄生在活细胞内，以二分裂方式繁殖，繁殖速度较慢，繁殖一代需要 9～12 h。常用细胞培养、鸡胚卵黄囊接种及动物接种技术分离培养立克次体。可在鸡胚成纤维细胞和非洲绿猴肾细胞上培养，最适培养温度为 37 ℃。

（三）抵抗力

立克次体抵抗力均较弱，可被 56 ℃、0.5%苯酚和 75%酒精数分钟灭活，在节肢动物粪便中可存活 1 年以上。离开宿主迅速死亡，但在－20 ℃或冷冻条件下可保存数年。对四环素、利福平、强力霉素等抗生素敏感，但磺胺类药物则可促进其生长繁殖。

二、致病性

立克次体病主要通过节肢动物如虱、蚤、蜱或螨的叮咬而传播。立克次体侵入人体后，先在局部淋巴组织或小血管内皮细胞中繁殖，引起初次菌血症。再经血液扩散至全身器官的小血管内皮细胞中繁殖后，大量立克次体释放入血导致第二次菌血症。由立克次体崩解释放的内毒素等毒性物质也随血液流向全身，引起毒血症。立克次体损伤血管内皮细胞，引起细胞肿胀和组织坏死，血管通透性增强，导致血浆渗出、血容量降低以及凝血机制障碍、DIC（弥散性血管内凝血）等。常伴有全身实质性脏器的血管周围广泛性病变，皮肤可出现皮疹，肝、脾、肾等则出现相应脏器损害症状。晚期机体内由于抗原-抗体复合物的形成，可加重临床症状，甚至可因心、肾衰竭而死亡。

立克次体可致人的流行性斑疹伤寒（普氏立克次体）、洛矶山斑点热（立氏立克次体）、鼠/地方性斑疹伤寒（斑疹伤寒立克次体）、恙虫病（恙虫东方体），牛、羊易发生心水病（反刍动物埃里希体），还可致牛乏质体病（边缘乏质体）、犬单核细胞埃里希体病（犬埃里希体）、犬颗粒细胞埃里希体病（欧文埃里希体）。

三、微生物学检查和防治原则

采集患病动物或人的血液、脏器，经姬姆萨染色或直接免疫荧光染色镜检，也可通过鸡胚接种和细胞培养进行分离培养与鉴定和血清学诊断。血清学诊断通常有免疫荧光法、ELISA，其中间接荧光法（IF）是目前诊断立克次体病的金标准，也可进行 PCR 检测。

防治立克次体病应注意消灭传播媒介，灭虱、灭蚤、灭蜱、灭螨等，搞好环境卫生，外出旅游，尤其是深入丛林、草原等自然疫源地，需注意个人防护，避免和宠物密切接触。严格控制鲜奶和乳制品的卫生指标。人用疫苗主要有斑疹伤寒鼠肺灭活疫苗。临床治疗该病，治疗原则主要为早期对症治疗和抗生素的选用。四环类抗生素中首选强力霉素，慎用糖皮质激素，禁用磺胺类药物。

二维码 3-5

任务五　衣　原　体

衣原体是一类介于病毒和细菌之间，能通过细菌滤器，严格真核细胞内寄生，有独特两相发育周期的原核细胞型微生物。衣原体广泛寄生于人、畜、禽，大多数不致病，仅少数具有致病性。

一、生物学特性

（一）形态、染色与发育周期

衣原体在宿主细胞内增殖，有独特的发育周期，用光镜可观察到两种形态，即原体（EB）和始体（RB）。EB 呈球形，致密，体积小，直径为 0.2～0.4 μm，有细胞壁，是发育成熟的衣原体，革兰染色阴性，姬姆萨染色呈紫色，麦氏染色为红色。EB 有高度传染性，但无繁殖能力，EB 感染宿主细胞后，被细胞膜包围形成空泡，在空泡内体积逐渐增大发育为 RB。RB 呈球形，无细胞壁，疏松，体积较大，直径为 0.5～1.0 μm，呈纤维网状结构，故又称网状体，麦氏染色呈蓝色。RB 无感染性，以二分裂方式繁殖后形成子代 EB，子代 EB 成熟后从宿主细胞中释放出来，再感染新的易感

Note

细胞，开始新的发育周期。

（二）培养特性

严格细胞内寄生。可用鸡胚卵黄囊接种、易感动物（如小鼠腹腔）接种及传代细胞分离培养。沙眼衣原体由我国科学家汤飞凡于1956年在世界上首次成功用鸡胚卵黄囊接种法分离出来。

（三）抵抗力

衣原体对热敏感，56 ℃仅存活5～10 min，耐低温。75%酒精或2%来苏尔5 min可杀死衣原体。大环内酯类、四环素、强力霉素、红霉素等抗生素可抑制衣原体的繁殖。

二、致病性与免疫性

衣原体中的沙眼衣原体、肺炎衣原体和鹦鹉热衣原体均能感染人，导致结膜炎、沙眼、性病、支气管炎、肺炎和非典型性肺炎等。沙眼衣原体、肺炎衣原体对动物无致病性。鹦鹉热衣原体为人、畜、禽共患病病原体，主要危害鸟类、绵羊、山羊、牛和猪等动物，引起鸟疫，绵羊和山羊及牛的地方性流产，牛散发性脑脊髓炎，牛和绵羊多发性关节炎以及猫的肺炎，人类大多因接触患病禽类而被感染。

鹦鹉热衣原体可诱导机体产生细胞免疫和体液免疫。人和动物自然感染衣原体后，可产生一定的病后免疫力。用感染衣原体的鸡胚卵黄囊制成灭活苗免疫动物，可产生较好的预防效果。

三、微生物学检查和防治原则

采集患病动物或人的病料标本，如眼穹隆或眼结膜分泌物，痰液或咽拭子，尿液，宫颈分泌物或刮取物，肺、关节液、胎盘等涂片，采用姬姆萨染色或荧光抗体染色镜检，观察有无包涵体和衣原体，也可进行病原体分离培养与鉴定。此外，ELISA、免疫荧光试验、PCR、基因芯片也用于实验室诊断。动物体内衣原体的标准检测方法为补体结合试验。

防治应加强疫禽和病畜的检查和管理，并防止与其接触。绵羊衣原体流产疫苗已在我国应用，但若疫苗株与发病地区的分离株在抗原性上有明显差异，则会影响免疫效果，故用当地分离株制成疫苗，可取得较好效果。国内临床可用疫苗有羊衣原体病基因工程亚单位疫苗、羊流产衣原体病灭活疫苗、奶牛衣原体病灭活疫苗（SX5株）、猪鹦鹉热衣原体流产灭活疫苗、鸡衣原体病毒基因工程亚单位疫苗。国外目前有猫衣原体疫苗上市。治疗一般用四环素、喹诺酮（恩诺沙星）、强力霉素、红霉素、利福平及多黏菌素B等。猪衣原体油乳剂灭活疫苗：母猪配种后1～2个月，间隔10 d肌内注射2次。

任务六　放　线　菌

二维码 3-6

放线菌是介于细菌与真菌之间的一类原核细胞型微生物，因菌落呈放射状而得名。放线菌属细菌界放线菌门，多数不致病，能产生大环内酯类、氨基糖苷类、β-内酰胺类等医学上重要的抗生素。至今已报道的近万种抗生素中，约70%是由放线菌产生的，而其中90%由链霉菌产生。放线菌属在自然界中广泛存在，主要以孢子或菌丝状态存在于土壤、空气和水中，尤其是土壤中。土壤中的泥腥味主要由放线菌的代谢产物产生。对动物及人致病的主要是放线菌属，包括牛放线菌、伊氏放线菌和林氏放线菌。它们正常寄居在人和动物口腔、上呼吸道、胃肠道和泌尿生殖道。在机体抵抗力减弱、口腔卫生不良、换牙期、拔牙或外伤等条件下可引起内源性感染。

一、生物学特性

革兰染色阳性，无荚膜、菌毛和鞭毛，不形成芽孢。生活方式大多为腐生，少数为寄生，可形成分枝菌丝和分生孢子。放线菌的菌丝可分为营养菌丝、气生菌丝和孢子菌丝（繁殖菌丝）三种。非抗酸性丝状菌，菌丝细长无隔，直径为0.5～0.8 μm，常形成分枝状无隔营养菌丝，有时菌丝能断裂成链球状或链杆状，类似棒状杆菌。培养较困难，厌氧或微需氧，需加入5% CO_2 培养，37 ℃在血琼脂平板上培养4～6 d，可形成灰白色或淡黄色的粗糙型微小菌落，不溶血，光镜下可见菌落由长度不等的蛛网状菌丝构成。主要以孢子繁殖，其次是裂殖。在患者病灶组织和脓性物质中可找到肉眼可见的黄色小颗粒，这些黄色小颗粒是放线菌在组织中形成的菌落，称为硫磺颗粒。若将此颗粒制成压片后进行革兰染色镜检，可见颗粒呈菊花状，中央由革兰阳性的分枝菌丝交织组成，周围是放射状排列的革兰阴性棒状长丝。病理标本经苏木精-伊红染色，中央为紫色，末端膨大部为红色。

二、致病性

致病代表种为牛放线菌，牛、羊、马、猪易感染，主要侵染牛和猪，奶牛发病率较高。牛感染牛放线菌后主要引起颌骨、唇、舌、咽、齿龈、头颈部皮肤及肺损害，形成放线菌肿或瘘管，尤以颌骨缓慢肿大常见，俗称"大颌病"或"木舌症"。猪感染后病变多局限于乳房，以特异性肉芽肿和慢性化脓灶为特征。

三、微生物学检查和防治原则

取病料(如脓汁)少许，用蒸馏水稀释，找到其中的硫磺颗粒，在水中洗净，置于载玻片上加一滴15%KOH溶液，覆以盖玻片用力按压，置显微镜下观察，可见菊花形或玫瑰花形菌块，周围有趋光性较强的放射状棒状体。如果将压片加热固定后进行革兰染色，可发现放射状排列的菌丝，结合临床特征即可做出诊断。必要时可做病原体的分离。防止动物皮肤黏膜损伤，最好将饲草饲料浸软或粉碎，避免口腔黏膜损伤，及时处理皮肤创伤，以防止放线菌菌丝和孢子的侵入。对放线菌肿或瘘管可进行手术切除，碘酊纱布填充新创腔，连续内服碘化钾，成年牛5～10 g/d，犊牛2～4 g/d，连用2～4周即可。联合使用青霉素、红霉素、林可霉素、磺胺类等抗生素可提高本病的治愈率。

复习思考题

1. 简述真菌的生长繁殖条件。
2. 简述真菌的菌丝分类。
3. 简述兽医临床常见螺旋体种类及其致病性。
4. 简述支原体的培养、个体形态、菌落和致病性。
5. 简述衣原体的致病性。

Note

项目四　消毒与灭菌

视频：消毒与灭菌

项目目标

【知识目标】

1. 了解细菌在自然界中的分布情况。
2. 掌握土壤、水、空气及动物具备哪些微生物生长的条件。
3. 熟悉消毒、灭菌和防腐、无菌的概念。
4. 掌握消毒与灭菌相关药物的正确使用方法。
5. 掌握生物安全对畜牧生产的意义。

【能力目标】

1. 掌握土壤、水、空气中的微生物检查方法。
2. 掌握利用理化因素对微生物进行处理的方法。
3. 正确利用消毒灭菌知识技能进行生产实践操作。

【素质与思政目标】

1. 培养学生正确使用消毒剂、抗微生物药剂的能力，树立无抗养殖观念。
2. 培养学生遵守《兽药管理条例》等法律法规，保障动物健康与食品安全。
3. 培养学生在生产中科学执行生物安全措施，保障人畜安全的能力。

案例引入

某养猪场28日龄断奶猪崽发生疾病，发病猪崽精神不振，拉出白色、腥臭、糊状或浆状粪便。猪崽畏寒、脱水，吃奶减少或不吃，有时可见吐奶。经临床及实验室诊断为猪崽白痢（大肠杆菌病）。用庆大霉素肌内注射10 mg/kg体重，每日2次，治疗3 d，效果不佳。

问题：用药后疗效不佳的原因是什么？后续该如何防治？

任务一　微生物在自然界的分布

二维码 4-1

微生物在自然界的分布极为广泛，高山或海底，甚至在其他生物不生长的荒漠、光秃的岩壁，都存在着形形色色的微生物。

一、土壤中的微生物

（一）土壤中微生物的分布

土壤是微生物的天然培养基，它具备大多数微生物正常发育所必需的一切条件。土壤中含有并经常补充一定数量的有机物和无机物，一般保持着适当的水分和酸碱度，氧气充足，温度变化不太大，并且由于土壤表层的阻挡作用能保护微生物免受日光直射，因此，土壤就成为微生物广阔的天然培养基。

Note

土壤微生物的类型很多，有细菌、放线菌、真菌、藻类以及噬菌体等。在土壤微生物中，无论是从数量、种类方面，还是从活动范围上来看，均是细菌最多，其次是放线菌和真菌。1 g 土壤中往往含有几千万乃至上亿个细菌，若以每克土壤中含有 50 亿个细菌来计算，则深 25 cm 的一亩土层中将含有近 400 斤活的细菌体。由于土壤中蕴藏着大量的有机体，它们一刻不停地进行着生命活动，这些生命活动对土壤中有机物的转化和植物生长，都起着重要作用。

微生物在各层土壤中的分布是不均匀的。表层土壤由于受日光照射和干燥影响，微生物数量一般不多，离地面 10～20 cm 土层中微生物数量最多。越往深处，微生物越少，原因主要是通气不良和缺乏微生物可以利用的有机物。

（二）土壤中病原微生物

病原微生物可以随着尸体、粪便、污水以及受感染的有机体一起进入土壤，使土壤成为某些病原微生物的温床，甚至有一些传染病被认为是经过土壤传染的，如炭疽杆菌、气肿疽梭菌、破伤风梭菌、恶性水肿梭菌等。但也不能过分地强调土壤传染是传染病的传播途径，因为土壤的一些条件对许多病原微生物的生存与繁殖都是不适宜的，例如，缺乏合适的营养物质，土壤微生物的拮抗作用，一些物理化学因素（如光、干燥、较大的 CO_2 浓度等）的抑制作用，以及噬菌体和原生动物的存在，都能阻碍大多数病原微生物的存活。

土壤中芽孢杆菌具有强大的抵抗力。在好氧性芽孢杆菌中，炭疽杆菌芽孢的抵抗力特别强，可以存活几年甚至几十年。破伤风梭菌、肉毒梭菌以及气性坏疽杆菌与恶性水肿梭菌都是土壤中典型的厌氧性芽孢病原菌。在一定的条件下，结核分枝杆菌在土壤中生存时间达 5 个月，甚至可达 2 年之久；伤寒杆菌在土壤中生存时间达 3 个月；布氏杆菌在土壤中生存时间达 100 d；猪瘟病毒在土壤中时，如与血液一起干燥可生存 3 d。

对于患传染病死亡的动物尸体，要进行焚烧或埋地下 2 m，并做无害化处理，以免传播疾病。

二、水中的微生物

（一）水中微生物的分布

水中的微生物主要为腐生性细菌，其中最常见的有荧光杆菌、闪白色细球菌、硫磺细菌、铁细菌等，其次还有噬菌体等。此外，还有很多非水生性的微生物，常随土壤、动物的排泄物、动植物的残体和雨水而汇集到水中。

水中微生物的分布由于水的理化条件和进入水中的微生物数量而有很大差异。在静水池中，微生物数量较多，流水中较少，池水和湖水中微生物的数量取决于水中有机物的含量，有机物越多，微生物的繁殖也越旺盛。澄清的池水，由于直射阳光的杀菌作用，不适合微生物发育。在同一静水池中，微生物的分布也有一定规律，离岸越近，微生物越多，在池底的污泥表层，细菌最多，常形成类似菌膜的物质。静池水在雨后，细菌数大为增多，晴天则减少，而阴天又增多。通过大城市的河流，由于汇集了许多污水，变得特别污秽。在离市区稍远处，河水被清洁的支流冲淡，又逐渐恢复清澈，细菌数迅速减少，这种现象叫作自洁作用。河水自洁作用的原因除了被支流冲淡外，水中的有机物迅速减少，水中原生动物的吞噬作用以及噬菌体和细菌的拮抗作用也起到了一定作用。井水和泉水由于土层的过滤，细菌数很少，雨水和雪水中细菌数也少，特别是在乡村和高山上，每毫升雨水中仅有几个细菌，而从城市上空降下的雨水，每毫升则有几十个到几百个细菌。在距水面 5～20 m 的水层中，细菌数最多；20 m 以下，细菌数随深度的增加而减少。

（二）水中的病原微生物

随患病动物的排泄物、分泌物、血液和内脏等一起进入水中的病原微生物有炭疽杆菌、恶性水肿梭菌、气肿疽杆菌、猪丹毒杆菌、鼻疽杆菌、伤寒杆菌、副伤寒沙门氏菌、霍乱弧菌、布氏杆菌、巴氏杆菌、结核分枝杆菌、口蹄疫病毒和猪瘟病毒等。

被病原微生物污染的水在传染病的传播上有着重要作用。对于许多肠道传染病，如伤寒、痢疾、霍乱等，被污染的饮水往往是传播媒介。死猪肉及死猪内脏在水中冲洗，或把病畜尸体遗弃在水中时，往往使河水带有传染性，从许多家畜传染病的流行迹象中可以看出，传染病的传播是顺着河流而迅速蔓延的。病原微生物进入水中后，常常受到其他微生物的拮抗作用，或为原生动物所吞噬，或为噬菌体所毁灭，它们长期存在于水中是困难的，但也有部分病原微生物能够在水中生存相当长的时间。

检查水中微生物的含量及是否存在病原微生物，对人、畜卫生有着十分重要的公共卫生学意义。通常通过微生物学指标，如水中细菌总数和大肠杆菌数来判定水的污染程度。我国饮用水的卫生标准是每毫升水中细菌总数不超过 100 个，每升水中大肠杆菌数不超过 3 个。

三、空气中的微生物

（一）空气中微生物的分布及组成

空气中，由于缺乏营养物质、干燥以及直射日光的作用，没有微生物生长发育的条件。但微生物常常随着飞扬的灰尘暂时飘浮在空中，然后落在地面，所以在接近地表的空气层中，就含有一定数量的微生物。

被带到空气中的微生物主要为真菌的孢子、细菌的芽孢和某些耐干燥的球菌，如葡萄球菌、四联球菌等。空气中微生物的数量直接取决于空气中尘埃和地面微生物的数量，大工业城市上空微生物最多，乡村次之，森林、草地和田野上空比较清洁，海洋、高山以及被冰雪覆盖的地面上空，微生物数量更为稀少。

（二）空气中的病原微生物

当病畜咳嗽、打喷嚏时，病原微生物就可以随着痰沫排出，飞扬到空气中，健康动物因吸入此种飞沫就会受到感染，这被称为飞沫传播。口蹄疫病毒通常以气溶胶形式传播。奶牛在咳嗽时，其喷出的痰沫，如顺气流方向传播可超过 5 m，带病原微生物的水滴可喷出 2 m 以上。因此，在结核病牛附近的易感性动物是有感染危险的。对于经空气传播的病原微生物，可采用喷雾、熏蒸、过滤等方式消毒。在微生物接种、外科手术、制备生物制品和药物制剂时，必须无菌操作，严防微生物污染。

四、正常动物体中的微生物

（一）体表上的微生物

家畜的皮肤，由于经常受到土壤、空气以及动物排泄物污染，富含多种细菌、放线菌和霉菌。这些微生物的类型在一定程度上与外界环境以及动物接触物体上的微生物类型一致。当皮肤受到损伤时，上述微生物是导致化脓的主要因素。

（二）呼吸道中的微生物

呼吸道的前部，尤其是在鼻黏液中，微生物最多。研究证明，距气管分叉越深的地方，微生物越少。在健康马的呼吸系统中，支气管末梢和肺泡内是无菌的，仅在发生病理变化（如肺炎、支气管炎）的情况下，才可能分离出细菌，主要是化脓性链球菌。在呼吸道前部发现的链球菌和肺炎链球菌一般是无毒力或毒力较低的，但当畜体抵抗力减弱时，这些共生的微生物也能转变为病原微生物。

（三）消化道中的微生物

消化道中的微生物因部位不同而存在明显差异，分布和种类都很复杂。

胚胎期的消化道是无菌的，但在出生数小时后就出现了微生物，并且有些微生物，尤其是大肠杆菌，在动物的一生中都是肠道微生物的组成部分。在正常条件下，这些微生物对宿主不会造成伤害，并且对动物的正常代谢有益，称为正常微生物群。例如，肠道内的部分菌体能合成动物体所需要的 B 族维生素和维生素 K，还能分解纤维素等成分，提高饲料利用率。

口腔中常有食物残留且温度适宜，为微生物的繁殖提供了有利条件，因此口腔中的微生物种类和数量较多，常见的有葡萄球菌、乳酸杆菌、链球菌等。

单胃动物胃内由于盐酸的杀菌作用，抗酸性细菌（乳酸杆菌）、芽孢杆菌（枯草杆菌、炭疽杆菌）和其他具有强大抵抗力的细菌（如胃八叠球菌）可在胃中存活。胃内很少发现典型的大肠杆菌，也很少

Note

发现产气荚膜梭菌。当患胃病和胃液酸度降低时，胃内容物中可发现多种微生物，包括腐败菌、霉菌和酵母菌等。反刍动物的瘤胃中，微生物的种类和数量很多，这些微生物对瘤胃中各种营养物质和粗纤维的消化起着重要的作用。黄色瘤胃球菌、丁酸梭菌及反刍动物月形单胞菌等能分解纤维素，淀粉球菌、淀粉八叠球菌及淀粉螺旋菌等能合成蛋白质，丁酸梭菌还能合成维生素。

十二指肠内，因胆汁具有杀菌作用，微生物含量最少，肠道后段微生物逐渐增多，常见的有大肠杆菌、肠球菌以及芽孢杆菌等。

在整个小肠中都有大肠杆菌、肠球菌、芽孢杆菌与产气荚膜梭菌。大肠和直肠部分，微生物分布最丰富，但种类有限，通常能发现大肠杆菌、肠球菌、芽孢杆菌等。大肠中微生物之所以特别多，是由于消化后的食物残渣停留时间较长，而且消化液的杀菌力也停止了。

动物消化道内的正常菌群平衡对维持动物的消化功能具有很重要的意义。长期口服广谱抗生素能引起草食动物肠道中大肠杆菌被抑制而引起菌群失调，导致维生素缺乏、肠炎等症状；反刍动物饲料中含糖类或蛋白质过多或突然更换饲料，都会使瘤胃内微生物区系发生改变，引起严重的消化功能紊乱，导致前胃疾病的发生。因此，科学的饲养管理和抗菌药物的合理使用，对维持消化道内正常菌群的平衡十分重要。

（四）泌尿生殖道中的微生物

牛、马与其他家畜的阴道黏膜中发现有葡萄球菌、链球菌、大肠杆菌、乳酸杆菌和抗酸性细菌等。公马尿道的黏液中发现有葡萄球菌、链球菌和非病原性螺旋菌。在正常情况下，只有泌尿生殖道的外部才有微生物，子宫、卵巢、睾丸一般是无菌的。

任务二　外界环境因素对微生物的影响

在介绍本任务内容前，先了解以下几个概念。

消毒：杀死病原微生物，但不一定能杀死细菌芽孢的方法。通常用化学方法来达到消毒的目的。

灭菌：把物体上所有的微生物（包括细菌、芽孢在内）全部杀死的方法，通常用物理方法来达到灭菌的目的。

防腐：防止或抑制微生物生长繁殖的方法。用于防腐的化学药物称为防腐剂。

无菌：不含活菌的意思，是灭菌的结果。防止微生物进入机体或物体的操作技术称为无菌操作。

二维码 4-2

一、物理因素对微生物的影响

影响微生物的物理因素主要有温度、湿度、光线、滤膜等。

（一）温度的影响

温度是微生物生长繁殖的重要条件，通常将微生物的生长繁殖温度分为最适温度、最高温度和最低温度。在最适温度范围内，微生物生长繁殖迅速；在最高或最低温度附近时，微生物生长繁殖缓慢，超过最高温度或低于最低温度，则微生物生长停滞，甚至死亡。

1. 高温对微生物的影响　高温对微生物有明显的致死作用。微生物对高温的抵抗力因其种类、发育阶段、温度高低与作用时间等不同而异。高温杀菌主要机理是热力使菌体蛋白质变性或凝固，当蛋白质受热变性时，氢键即遭到破坏，酶失去活性，导致微生物死亡。

热力杀菌法：包括干热灭菌法和湿热灭菌法。

(1) 干热灭菌法：包括火焰灭菌法与热空气法。

①火焰灭菌法：分为灼烧法和焚烧法。灼烧法主要用于接种针、玻璃棒、试管口等的灭菌。传染病畜、实验感染动物的尸体以及某些污染材料常用焚烧法灭菌。

②热空气法：用干热空气进行灭菌的方法，主要用于干燥玻璃器皿的灭菌。干热灭菌时，由于热的穿透力低，要 1.5 h 才能杀死细菌的繁殖体，芽孢在 140 ℃ 3 h、真菌的孢子在 100～115 ℃ 1.5 h

才能被杀死。这种灭菌法是在一种特制的电热干燥器内进行的。灭菌时，使温度逐渐上升到 160～180 ℃维持 2 h，可以杀死全部细菌及其芽孢。

(2) 湿热灭菌法：常用的有如下几种。

①煮沸灭菌法：煮沸时温度接近 100 ℃，10～20 min 可以杀死所有细菌的繁殖体。若在溶液中加入 1%～2%碳酸钠溶液（偏碱性，增强杀菌力）或 2%～5%苯酚溶液（可提高水的沸点），还可减缓金属氧化，防止金属器械生锈，15 min 即可杀死炭疽杆菌的芽孢，提高消毒、杀菌效果。外科手术常用器械、注射器、针头等多用此法灭菌。

②流通蒸汽灭菌法：此法是利用蒸笼或流通蒸汽灭菌器进行灭菌。100 ℃的蒸汽维持 30 min，足以杀死细菌的繁殖体，但不能杀死芽孢。故常将第一次灭菌后的物品放于室温下，待其芽孢萌发，再进行一次同样的灭菌；如此连续 3 d，每天 1 次，即可保证杀死全部细菌及其芽孢。这种连续流通蒸汽灭菌的方法，称为间歇灭菌法。此法常用于易被高温破坏的物品（如含糖、鸡蛋、牛乳和血清的培养基）的灭菌。

③巴氏消毒法：此法常用于葡萄酒、啤酒及牛乳的消毒，特点是可以杀死食品中的病原微生物和其他微生物的全部繁殖体，而不破坏食品中的营养物质，包括低温维持巴氏消毒法（63～65 ℃加热 30 min）、高温瞬时巴氏消毒法（71～72 ℃加热 15～30 s）、超高温巴氏灭菌法（在 132 ℃的管道 1～2 s，然后迅速冷却到 10 ℃左右，又称冷击法）。

④高压蒸汽灭菌法：在正常情况下，水的沸点是100 ℃，当超过标准大气压时，水的沸点超过 100 ℃，压力增大，水的沸点也随之上升。这样，就可以在一个密闭的金属容器内，通过加热来增大蒸汽压力，以提高温度，达到在短时间内完全灭菌的目的。通常是在 121.3 ℃（即 0.105 MPa）维持 20～30 min，这样可保证杀死全部细菌及其芽孢。培养基、生理盐水、某些缓冲液、针剂、玻璃器皿、金属器械、纱布、工作服等均可用此法灭菌。

视频：
高压蒸汽灭菌锅的使用

在同样的温度下，湿热比干热灭菌效果好。

2. 低温对微生物的影响 病毒对低温的抵抗力很强，温度越低，保存活力的时间越长。所以毒种的保存必须维持在－20 ℃以下，有的病毒需要在－50 ℃或－70 ℃下保存。

冷冻真空干燥是保存菌种、毒种、补体、疫苗、药物等的良好方法，将保存的物质放在玻璃容器内，在低温中迅速冷冻，然后用抽气机抽去容器内的空气，使冷冻物质中的水分直接升华而逐渐干燥，最后焊封于真空安瓿瓶内。迅速冷冻时，溶液和菌体内的水分不形成结晶，而呈不定形的玻璃样，这样就可以避免菌体原生质的结构受水分结晶的挤压、穿刺和破坏，从而使细菌活力得以长久保存。

对细菌和真菌长期冷冻仍然是不适宜的，最终将导致其死亡。反复冷冻与融化对任何微生物都具有很大的破坏力。因此，在保存毒种时，要避免反复冻融，可分装成小份单独取用。

（二）湿度的影响

不同种类的微生物对干燥的抵抗力差异很大。淋球菌和鼻疽杆菌在干燥的环境中仅能存活几天，而结核分枝杆菌能耐受干燥 90 d。细菌的芽孢对干燥有强大的抵抗力，如炭疽杆菌和破伤风梭菌的芽孢在干燥条件下可存活几年甚至更长时间。霉菌的孢子对干燥也有强大的抵抗力。饲料、肉类、鱼、蔬菜、药材等常用干燥法保存。

（三）光线和射线

1. 日光与紫外线 日光照射是有效的天然杀菌法，对大多数微生物有损害作用，直射杀菌效果尤佳，其主要的作用因素为紫外线，此外，热与氧气起辅助作用。但杀菌效应受很多因素的影响，如烟尘笼罩的空气、玻璃及有机物等都能减弱日光的杀菌力。

紫外线是一种低能量的电磁辐射，波长为 240～280 nm，这与 DNA 吸收光谱范围一致。紫外线杀菌原理是其易被核蛋白吸收，使 DNA 的同一条螺旋单链上相邻的碱基形成胸腺嘧啶二聚体，从而干扰 DNA 的复制，导致细菌死亡或变异。紫外线的穿透能力弱，不能通过普通玻璃、尘埃，只能用于

Note

消毒物体表面及空气、手术室、无菌操作实验室及烧伤病房，亦可用于不耐热物品表面消毒。杀菌波长的紫外线对人体皮肤、眼睛均有损伤作用，使用时应注意防护。

2. 电离辐射 电离辐射包括放射性同位素射线（α、β、γ 射线）和 X 射线，以及高能质子、中子等。电离辐射具有较高的能量与穿透力，可在常温下对不耐热的物品灭菌，故又称冷灭菌。其机理在于产生游离基，破坏 DNA。电离辐射可用于消毒不耐热的塑料注射器和导管等，亦可用于食品消毒而不破坏其营养成分。

3. 红外线 红外线是一种波长为 0.77～1000 μm 的电磁波，有较好的热效应，红外线的杀菌作用与干热相似，利用红外线烤箱灭菌所需的温度和时间亦与干烤相同，多用于医疗器械的灭菌。人受红外线照射会感觉眼睛疲劳及头疼，长期照射会造成眼内损伤。因此，工作人员应戴能防红外线的防护镜。

4. 微波 微波是一种波长为 1 mm～1 m 的电磁波，频率较高，可穿透玻璃、塑料薄膜和陶瓷等物质，但不能穿透金属表面。微波能使介质内杂乱无章的极性分子在微波场的作用下，按波的频率往返运动，互相冲撞和摩擦而产生热，介质的温度可随之升高，因而在较低的温度下能起到消毒作用。一般认为其杀菌机理除热效应以外，还有非热效应。消毒中常用的微波有 2450 MHz 与 915 MHz 两种。微波照射多用于食品加工。在医院中，微波可用于检验室用品、非金属器械、无菌病室的食品、食具、药杯及其他用品的消毒。

微波长期照射可引起眼睛的晶状体混浊、睾丸损伤和神经功能紊乱等，因此必须做好人员防护。射线的杀菌作用，随波长的降低而递增，如紫外线、X 射线等均有较强的杀菌力，而可见光、红外线对微生物的杀菌作用则较弱。

（四）过滤除菌

过滤除菌是用滤膜或滤器除去液体中微生物的方法，其中孔径为 0.22 μm 和 0.45 μm 的微孔滤膜较常用。不允许细菌通过，只能使液体分子通过的称为细菌滤器。玻璃滤器孔径为 1.2～2.0 μm，能滤除大肠杆菌和葡萄球菌。此外还有石棉滤器、空气滤器等。毒素、抗生素、抗毒素、维生素、酶、细胞培养液及病毒材料等不能耐受高温高压，常常通过细菌滤器和玻璃滤器过滤除菌。但过滤除菌不能除去病毒、支原体以及 L 型细菌等小颗粒。超净工作台、无菌隔离器、无菌操作室、实验动物室及疫苗、药品、食品等生产洁净厂房、万级洁净手术室等都是利用过滤空气除菌的原理工作的。

二、化学因素对微生物的影响

二维码 4-3

以下内容重点介绍消毒剂对微生物的影响。消毒剂对一切细胞原生质均有毒性，对微生物和动物机体组织细胞具有同样的损害作用，所以一般只供外用，只有少数不被吸收的化学消毒剂亦可用于消化道的消毒。

（一）消毒剂的作用原理

1. 改变细胞膜的通透性 表面活性剂、酚类及醇类可导致细胞膜结构紊乱并干扰其正常功能，使小分子代谢物质溢出胞外引起细胞死亡。

2. 使菌体蛋白质变性、凝固或水解 如醇、重金属盐、氧化剂、醛类、染料和酸、碱等。

3. 破坏细菌的酶系统和代谢过程 如某些氧化剂和重金属盐类能与细菌的酶中的—SH 结合并使之失去活性，导致细菌新陈代谢障碍而死亡。

4. 破坏核酸结构 一些染料（如龙胆紫等）可嵌入细菌细胞的双股 DNA 链碱基对中，改变 DNA 分子结构，使细菌生长繁殖受到抑制或死亡。

（二）化学消毒剂的种类

1. 酸类 酸类主要是以氢离子显示其杀菌和抑菌作用。无机酸的杀菌效果与溶液中氢离子浓度成正比。氢离子可以影响细菌的吸收、排泄和代谢等功能。高浓度的氢离子可以引起微生物蛋白质和核酸的水解，并使酶系统失去活性。常用的酸类消毒剂有以下几种。

(1) 无机酸类：硝酸、盐酸、硼酸等。2%硝酸溶液或盐酸具有很强的抑菌和杀菌作用，硼酸的杀菌力微弱。

(2) 有机酸类：甲酸、醋酸和乳酸等。甲酸具有杀伤真菌的作用；3%～4%醋酸溶液可以杀死伤寒杆菌和大肠杆菌，9%醋酸溶液可杀死金色葡萄球菌；0.33～1 mol/L 乳酸对肠道杆菌、葡萄球菌、链球菌有杀害作用，乳酸蒸气和乳酸溶液喷雾对细菌和病毒都有很强的杀伤作用。

2. 碱类 碱类的杀菌能力取决于氢氧根离子的浓度，浓度越大，杀菌力越强。氢氧根离子在室温下可水解蛋白质和核酸，使细菌的结构和酶系统受到损害，同时可以分解菌体中的糖类。病毒、革兰阴性菌对碱类消毒剂较革兰阳性菌和芽孢杆菌敏感。因此，对于病毒的消毒，常用各种碱类消毒剂，如5%～10%生石灰乳剂、5%～10%草木灰水、2%～3%氢氧化钠溶液等。氢氧化钾和氢氧化钠对病毒、细菌繁殖体及芽孢均有强大的杀伤作用，常用浓度为1%～4%。

3. 重金属 重金属能与细菌的酶中的—SH 结合，使其失去活性，使菌体蛋白质变性或沉淀。升汞具有强大的杀菌力，(1∶200000)～(1∶100000)溶液可在 37 ℃于 2 h 内杀死金黄色葡萄球菌和铜绿假单胞菌。链球菌对升汞十分敏感。升汞对人、畜有毒，只供外用，常用浓度为 0.1%。硫柳汞是一种良好的防腐剂，(1∶10000)～(1∶5000)的溶液有很好的抑菌作用。另外，汞溴红常用于皮肤小创伤的消毒。

4. 氧化剂 氧化剂的杀菌作用主要是由于其氧化作用。常用的有高锰酸钾和过氧化氢，高锰酸钾常用浓度为 0.1%，常以 3%过氧化氢溶液消毒深部创口。

5. 卤素 1%～2%碘酒常用于皮肤消毒，碘甘油常用于黏膜的消毒。细菌芽孢对碘非常敏感，比繁殖体还要敏感 2～8 倍，1∶2500 碘溶液可在 10 min 内杀死炭疽杆菌芽孢。

6. 酚类 酚(如苯酚)能抑制和杀死大部分细菌的繁殖体。5%苯酚溶液可在数小时内杀死细菌的芽孢，真菌和病毒对苯酚不太敏感。对位、间位、邻位甲酚的杀菌力强，此三者的混合物称为三甲酚。来苏尔即是用肥皂乳化的三甲酚，其杀菌效力比酚大 4 倍，一般细菌的繁殖体在 2%来苏尔溶液中 5～15 min 即死亡。

7. 醇类 醇类有杀菌作用，其分子量大的，杀菌力较强，丁醇的杀菌力大于丙醇，丙醇的杀菌力大于乙醇。无水酒精杀菌力很弱，加水稀释至 70%～75%的酒精杀菌力最强。醇的杀菌作用主要是由于它的脱水作用使菌体蛋白质凝固和变性。

8. 醛类 甲醛是高效消毒剂，易溶于水，杀菌力强。10%甲醛溶液可以消毒排泄物、金属器械等，也可用于房舍的消毒，浸泡 30 min 可杀灭所有的细菌繁殖体、霉菌及病毒。福尔马林和高锰酸钾按 2∶1 的比例配合使用，利用高锰酸钾的氧化作用，使甲醛汽化，可作为皮毛、室内熏蒸的消毒剂使用，还可用于畜、禽舍的空舍消毒。

9. 染料 2%～4%龙胆紫常用于皮肤浅表创口的消毒。

10. 表面活性剂 临床常用的为阳离子型表面活性剂，如新洁尔灭、消毒净、杜灭芬(消毒宁)、洗必泰等。表面活性剂一般用于消毒皮肤、黏膜、手术器械、污染的工作服等，常用浓度为 0.01%～0.1%。

(三) 影响消毒剂消毒作用的因素

1. 消毒剂的性质、浓度与作用时间 某些药物只对某一部分微生物有抑制作用，而对另一些微生物则作用很弱。在选择消毒剂时，一定要考虑微生物的种类。消毒剂的消毒效果一般与其浓度成正比。在配制消毒剂时，要选择它最有效而又安全的杀菌浓度。例如，70%～75%的酒精杀菌效果最好，如果使用 95%以上的酒精，杀菌效果并不好，还会造成浪费。微生物与消毒剂接触时间越久，死亡数目越多，消毒效果越好。

2. 微生物种类、数量及特性 不同种类的微生物，如细菌、病毒、真菌以及革兰阳性菌与革兰阴性菌，对各类消毒剂的敏感性是不同的，细菌的繁殖体及芽孢对化学药物的抵抗力不同，生长期和静止期的细菌对消毒剂的敏感程度亦有差别，另外细菌的数目也会影响消毒剂的效果。

3. 环境中有机物的存在 有机物特别是蛋白质能和许多消毒剂结合，使消毒剂不能与微生物

Note

发生作用，严重地降低消毒剂的效果。覆盖于菌体表面的有机物，具有机械保护作用。所以在消毒皮肤及创口时，要先洗净，再进行消毒。对于痰、粪便、畜舍的消毒，要选用受有机物影响较小的消毒剂。

4. 温度、湿度、酸碱度 一般消毒剂，当温度升高时，杀菌能力增强。温度每增高 10 ℃，金属盐类的杀菌作用增加 2～5 倍，苯酚杀菌作用增加 5～8 倍。湿度对多数气体消毒剂有影响，酸碱度对细菌和消毒剂也有影响。

5. 消毒剂的物理状态 只有溶液才能进入微生物体内，起到应有的消毒效果。固体和气体均不能进入细菌细胞，所以固体消毒剂必须溶于水中，气体消毒剂必须溶于细菌周围的液体中，才能发挥杀菌作用。例如，福尔马林蒸气消毒时，提高室内的相对湿度可以明显提升其杀菌效果。

6. 消毒剂的相互拮抗 不同消毒剂的理化性质不同，两种或多种消毒剂混用时，可能相互拮抗，降低消毒效果。如阳离子型表面活性剂新洁尔灭和阴离子型清洁剂肥皂混用时，可发生化学反应而使消毒效果降低，甚至完全丧失。次氯酸盐和过氧乙酸会被硫代硫酸钠中和，金属离子的存在对消毒效果也有一定影响，可降低或增强消毒作用。

三、生物因素对微生物的影响

（一）抗生素对微生物的影响

抗生素是由真菌、放线菌或细菌等产生的一类能杀灭或抑制另一些微生物的物质。到目前为止，各种抗生素超过 1000 种，临床上常用的有青霉素、链霉素、卡那霉素等。新型抗生素制品和新抗生素仍在不断研发中，但仍然无法满足临床需要。畜牧生产已经进入无抗养殖时代，如何解决生产中的感染性疾病防治问题，是畜牧养殖面临的一个重要挑战。

（二）植物杀菌素对微生物的影响

某些植物中存在杀菌物质，这种杀菌物质被称为植物杀菌素。中草药如黄连、黄柏、黄芩、大蒜、双花、连翘、鱼腥草、板蓝根等都含有杀菌物质，其中有的已制成注射液。这些中草药对多种微生物具有抑制或杀灭作用，如黄连、黄柏中的黄连素（又称小檗碱）是有效的杀菌成分，对革兰阳性菌和革兰阴性菌都有抑制作用，对痢疾杆菌、结核分枝杆菌、鼠疫杆菌、溶血性链球菌、伤寒杆菌、副伤寒杆菌、大肠杆菌等均有抑制作用。鱼腥草中的有效抗菌成分为鱼腥草素，其对革兰阳性菌中的肺炎链球菌、金黄色葡萄球菌、溶血性链球菌等有效，对真菌中的念珠菌、红色癣菌也有抑制作用。

（三）噬菌体对微生物的作用

噬菌体是寄生于细菌、放线菌和真菌的一类病毒，一般呈蝌蚪形，在自然界广泛分布，有微生物生存的地方，几乎都可以找到噬菌体。噬菌体营专性寄生生活，具有"种"或"型"的特异性。它们感染宿主细胞时，是以其尾部吸附在宿主细胞表面将其核酸注入宿主细胞内，并控制宿主细胞的代谢，使宿主细胞原有的全部合成反应受到抑制，而形成噬菌体需要的蛋白质和 DNA（或 RNA），继而出现大量的子代噬菌体，宿主细胞崩解，子代噬菌体被释放出来，又重新感染其他的宿主细胞，就这样一代一代地繁殖下去，这种噬菌体称为烈性噬菌体。还有一些噬菌体感染细菌后，并不发生溶菌现象，噬菌体的 DNA 和细菌细胞的 DNA 并存，均以一定的速度在细菌体内复制，这样的噬菌体称为温和噬菌体，带有温和噬菌体的细菌称为溶源性细菌。

由于噬菌体有着强大的溶菌效力，人们很早就应用某些噬菌体来预防和治疗传染性疾病。在兽医学方面，应用噬菌体防治猪崽副伤寒、犊牛副伤寒、幼畜大肠杆菌病和雏鸡白痢病等方面取得了一定的效果。在创伤感染时，应用葡萄球菌噬菌体、链球菌噬菌体，尤其是铜绿假单胞菌噬菌体取得了良好的效果。

（四）细菌素对微生物的作用

细菌素是一种由细菌产生的蛋白质，具有杀菌作用。细菌素一般分为三类：多肽细菌素、蛋白质细菌素和颗粒细菌素。一般认为细菌素的主要特点是只能作用于与它相应的不同菌株的细菌以及与它相近的细菌，例如，大肠杆菌所产生的细菌素名为大肠杆菌素，除了能作用于不同菌株的大肠杆菌外，还能作用于同种或与它相近的志贺氏菌、克雷伯氏菌、沙门氏菌和巴氏杆菌等。大肠杆菌素已被应用于细菌检测分型、药物引导和环境治理等方面，是研究革兰阴性菌内膜的工具。乳酸菌产生的细菌素为乳酸链球菌素（乳链菌肽），铜绿假单胞菌产生的细菌素为绿脓菌素，霍乱弧菌产生的细菌素为霍乱弧菌素。

任务三　微生物的遗传变异

二维码 4-4

一、微生物的变异现象

微生物变异现象可见于微生物的各种性状，表现为形态、结构、菌落特征、抗原性、毒力、酶活性、耐药性、空斑、宿主范围等的变异，可分为非遗传型变异和遗传型变异。微生物在一定的环境条件下发生的变异，不能稳定地传给子代，当环境条件改变，其可能恢复原来的性状，称为非遗传型变异；微生物的基因型发生改变，变异的性状能稳定地传给子代，并且不可逆转，称为遗传型变异。

1. 形态变异　由于环境中含有某种药物（如青霉素、氯化锂等），或由于培养物陈旧，正常的细菌形态可变为多形性。细菌的 L 型形态呈现高度多形性，且对渗透压敏感，在普通培养基中不能生长。

2. 菌落特征变异　菌落特征变异即 S-R 变异，指从患病动物体新分离的细菌菌落常为光滑型（S），经人工培养后菌落呈现粗糙型（R），且常伴有抗原性、毒力以及某些生化特性的改变。

3. 结构与抗原性变异

（1）荚膜：有荚膜的炭疽杆菌、肺炎链球菌可变为不产生荚膜，有的以后又可恢复其产生荚膜的能力。由于荚膜的丧失，荚膜抗原也就丧失了，与荚膜有关的致病性也随之发生变异。

（2）鞭毛：有鞭毛的细菌可变得无鞭毛而不运动。人们很早就发现变形杆菌在固体培养基上有膜状者与没有膜状者两种，膜状者有鞭毛，能运动，后者无鞭毛。H-O 变异指的是有鞭毛-无鞭毛的变异。鞭毛抗原又称 H 抗原，菌体抗原又称 O 抗原。H 型细菌有鞭毛抗原，变成 O 型后便无鞭毛抗原。

（3）芽孢：将能产生芽孢的细菌长期培养于较高温度，便可能使之不易形成芽孢。

4. 毒力变异　病原微生物的毒力可以由强变弱，或由弱变强。例如，巴氏杆菌的弱毒株，牛瘟病毒、猪瘟病毒的弱毒株，供制作疫苗。卡介苗是一株毒力减弱而保留抗原性的变异株，预防接种后人不患病，却可使人获得免疫力。

5. 代谢变异　例如，一般的大肠杆菌能在培养基中以铵盐为氮源合成氨基酸和蛋白质，这种大肠杆菌称为野生型，当大肠杆菌失去了合成某种氨基酸（例如色氨酸）的能力时所产生的变异型称为营养缺陷型，并可通过实验方法显示出来。营养缺陷型的大肠杆菌只在含有它需要的氨基酸培养基中才能生长。

6. 耐药性变异　耐药性变异是指对某种抗菌药物敏感的细菌变成对该药物耐受的变异。其产生可通过细菌耐药基因的突变、耐药质粒的转移和转座子的插入，使细菌产生一些新的酶类或多肽类物质，破坏抗菌药物或阻挡药物向靶细胞穿透，或产生新的代谢途径，从而形成对某种抗菌药物的耐药性，造成临床药物治疗的失败。

7. 病毒变异　病毒变异也是多方面的，从现象来看，有毒力变异、空斑大小变异、形态变异和抗原变异等。在自然情况下，禽流感病毒易发生变异，此时往往伴随着血凝素的变异，原来对鸡红细胞凝集价低的禽流感病毒可变成凝集价高的。

二、微生物遗传变异机理

微生物的变异，有些属于非遗传型变异，有些属于遗传型变异。

Note

（一）非遗传型变异

基因未改变，只是由于外界环境暂时不同。例如，炭疽杆菌的菌落正常情况下为粗糙型，若厌氧培养于富含血清或血液的环境下，则菌落表现为光滑型，再转回普通琼脂或血琼脂进行需氧培养时，又变为常见的粗糙型。

（二）遗传型变异

遗传型变异即突变，是由于基因发生了变化，引起相应的性状发生了变化，故可遗传下去。突变在自然情况下经常发生。

微生物发生突变，多是由于基因中某些碱基的增加、缺失与复制错误以及发生基因重组，可以发生在无性繁殖过程中，也可以发生在有性繁殖过程中。

技能训练

二维码
JX-11

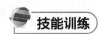

技能训练十一　水中细菌总数的测定

【目的要求】

（1）掌握水样的采集方法和水中细菌总数测定的方法。

（2）了解平板上菌落计数的原则。

【仪器及材料】

普通琼脂培养基、灭菌水、灭菌三角烧瓶、灭菌带玻璃塞瓶、灭菌培养皿、灭菌吸管、灭菌试管等。

【操作方法与步骤】

1. 水样的采集

（1）自来水：先将自来水龙头用火焰灼烧 3 min 灭菌，再放水 5 min 后以无菌容器接取水样。

（2）池水、河水或湖水：应取距水面 10～15 cm 深的水样。先将无菌的带玻璃塞的小口瓶瓶口向下浸入水中，然后翻转过来，取下玻璃塞，待盛满水后将瓶塞盖好，再从水中取出。一般立即检查，否则须放入冰箱中保存。

2. 细菌总数的测定

（1）自来水：吸取 1 mL 水样与培养皿内冷却至 45 ℃的琼脂培养基混匀，于 37 ℃培养 24 h 后计数，共做 3 个，同时用不加水样的琼脂培养基做空白对照。

（2）池水、河水或湖水：采用平板菌落计数法，一般中等污染水样，取 10^{-1}、10^{-2}、10^{-3} 三个稀释度，取 1 mL 水样注入盛有 9 mL 灭菌水的试管内摇匀，再从此试管吸 1 mL 至下一个含 9 mL 灭菌水的试管，连续稀释至 10^{-3}。若水污染严重，则继续稀释。从最后 3 个稀释度的试管中各取 1 mL 水样，重复上述自来水中细菌总数测定实验，每个稀释度做 3 个培养皿。

3. 菌落计数方法

（1）计算同一稀释度的平均菌落数：有较大片菌苔生长时，弃用；以无片状菌苔生长的培养皿计数；若片状菌苔大小不到培养皿的一半，其余一半分布均匀，可将分布均匀的一半菌落数乘 2 代表整个培养皿的菌落数，然后计算该稀释度的平均菌落数。

（2）选择平均菌落数在 30～300 的平板，只有 1 个稀释度符合此范围时，以该平均菌落数乘稀释倍数（表 4-1，例 1）。有 2 个稀释度在 30～300 时，由两者菌落总数比值决定：比值小于 2，取平均值（表 4-1，例 2）；比值大于 2，取较小的菌落总数（表 4-1，例 3）。

菌落数＞300，取稀释度最高的平均菌落数乘稀释倍数（表 4-1，例 4）。

菌落数＜30，取稀释度最低的平均菌落数乘稀释倍数（表 4-1，例 5）。

菌落数不在 30～300 范围内，以最接近 30 或 300 的平均菌落数乘稀释倍数（表 4-1，例 6）。

Note

4. 细菌总数的报告

菌落数在100以内，按实有数报告，大于100时，采用含两位有效数字的形式报告，两位有效数字后面的数字，以四舍五入的方法计算。为了缩短数字后面“0”的个数，可用科学计数法计数（表4-1，“报告方式”栏）。

表4-1 菌落总数的计数方法与报告方式

例次	不同稀释度的平均菌落数			两个稀释度菌落数之比	菌落数/（个/mL）	报告方式/（个/mL）
	10^{-1}	10^{-2}	10^{-3}			
1	1365	164	20	—	16400	16000或1.6×10^{4}
2	2760	295	46	1.6	37750	38000或3.8×10^{4}
3	2890	271	60	2.2	27100	27000或2.7×10^{4}
4	多不可计	1650	513	—	513000	510000或5.1×10^{5}
5	27	11	5	—	270	270或2.7×10^{2}
6	多不可计	305	12	—	30500	31000或3.1×10^{4}

技能训练十二　细菌的药敏试验（纸片扩散法）

二维码
JX-12

【目的要求】

掌握抗菌药物的杀菌或抑菌作用，学会药敏试验的操作步骤和结果判定方法，从而选出敏感药物。

【实验器材与药品】

接种环、酒精灯、试管架、恒温箱、镊子、药敏纸片、水解酪蛋白琼脂培养基、普通琼脂培养基、大肠杆菌、枯草杆菌和金黄色葡萄球菌的培养物。

【实验原理】

将含有一定量抗菌药物的纸片贴在已接种测试菌的琼脂平板上。纸片中所含的药物在吸收平板中的水分后溶解，不断向纸片周围区域扩散，形成递减的浓度梯度。在纸片周围抑菌浓度范围内，测试菌的生长被抑制，从而形成透明的抑菌圈。抑菌圈的大小反映测试菌对测定药物的敏感程度，并与该药对测试菌的最低抑菌浓度（MIC）呈负相关，即抑菌圈越大，MIC越小。

【操作方法与步骤】

1. 准备药敏纸片　选择直径为6.35 mm、吸水量为20 μL的专用药敏纸片。含药纸片密封贮存于2～8 ℃或在−20 ℃无霜冷冻箱内保存，β-内酰胺类药敏纸片应冷冻贮存，且不超过1周。使用前将贮存容器移至室温放置1～2 h，避免开启贮存容器时产生冷凝水。实验室也可自制药敏纸片。

2. 培养基　水解酪蛋白琼脂培养基是美国临床和实验室标准协会（CLSI）推荐采用的需氧菌和兼性厌氧菌药敏试验标准培养基，pH为7.2～7.4。对营养要求高的细菌，如流感嗜血杆菌、链球菌等需加入补充物质，琼脂厚度为4 mm。配制的琼脂平板当天使用或置塑料密封袋中4 ℃保存，使用前应将平板置35 ℃孵育箱孵育，使其表面干燥。用于教学目的的试验，也可以用普通琼脂培养基代替水解酪蛋白琼脂培养基进行。

3. 细菌接种　将细菌划线接种到培养基上。接种细菌时要求均匀密集，尽可能布满培养基（也可挑取测试菌于少量生理盐水中制成细菌混悬液，用灭菌棉拭子将细菌混悬液在培养基表面均匀涂抹接种3次，每次旋转平板60°，最后沿平板内缘涂抹1周，要求涂布均匀密集）。

4. 贴药敏纸片　将镊子于酒精灯火焰上灭菌后略停，取药敏纸片贴到培养基表面（图4-1）。为了使药敏纸片与培养基紧密相贴，可用镊子轻按几下药敏纸片。为了能准确地观察结果，要求药敏纸片有规律地分布于培养基上。一般可在中央贴1片，外周可等距离贴若干片（外周一般最多可贴7片），每种药敏纸片的名称要记住，并在培养皿上注明接种的细菌名称、日期、接种人姓名。要求纸片间有2 cm以上的间距，粘贴牢固。纸片贴上后不可再移动，因为与培养基接触后纸片上的药物已开始扩散。

Note

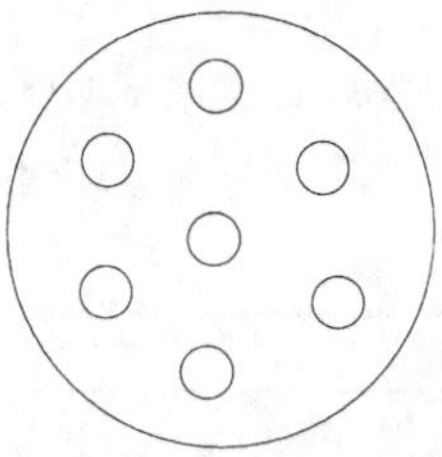

图 4-1　在培养基表面贴药敏纸片

5. 培养　放入 37 ℃恒温培养箱中培养 18～24 h，苛养菌应孵育在含 5% CO_2 的环境中，甲氧西林和万古霉素药敏试验应孵育 24 h。

6. 结果观察与判定　用游标卡尺或直尺量取抑菌圈直径（抑菌圈的边缘应是无明显细菌生长的区域），先量取质控菌株的抑菌圈直径，以判断质控是否合格，然后量取实验菌株的抑菌圈直径，根据抑菌圈直径做出细菌对抗菌药物的敏感性判断。一般情况下，按照表 4-2 的判定标准进行，对于不同的菌株及不同的抗生素药敏纸片需参照 CLSI 标准，据抑菌圈直径做出细菌对药物敏感性的判断。

表 4-2　药敏试验判定标准

抑菌圈直径/mm	药物敏感性
＞20	极敏
15～20	高敏
10～14	中敏
10 以下	低敏
0	不敏

复习思考题

1. 名词解释：灭菌、消毒、防腐、无菌操作、巴氏消毒法、正常菌群、菌群失调。
2. 简述影响微生物的主要物理因素。
3. 简述各种热力灭菌法的主要用途。
4. 高浓度的糖或盐为何可用于食品的防腐？为什么将其归为物理防腐而非化学防腐？
5. 常见的微生物变异现象有哪些？

项目五　抗感染免疫

项目目标

【知识目标】

1. 掌握免疫的概念及基本功能，免疫与传染的关系。

2. 掌握免疫分类、非特异性免疫的构成因素及其作用。

3. 掌握抗体的概念、基本结构、分类及作用，掌握抗体产生的一般规律，掌握细胞因子的概念、分类及作用，掌握抗原的概念、性质、分类。

4. 掌握免疫应答的过程。

5. 掌握抗感染免疫过程中非特异性免疫和特异性免疫因素对病原微生物的作用。

6. 掌握血清学试验的种类、特点及影响因素，熟悉凝集试验、沉淀试验、免疫酶技术的原理，了解各项血清学试验的实际应用。

7. 掌握变态反应的基本类型及各型反应的特点，熟悉各型变态反应的发生机制及常见疾病，了解变态反应的防治原则。

8. 掌握生物制品概念、种类及应用。

【技能目标】

1. 能够从传染发生的必要条件着手，在实践中预防传染病。

2. 应用免疫知识指导畜牧生产，畜禽传染病的诊断、防治。

3. 能运用血清学试验进行未知抗原或抗体的检测，达到正确诊断疾病的目的。

4. 具有正确指导和合理利用生物制品进行传染病诊断、预防与治疗的能力。

【素质与思政目标】

1. 严格执行《兽用生物制品经营管理办法》等畜牧兽医法规，培养遵纪守法的思想规范和意识。

2. 培养科学制订免疫程序的思维。

3. 培养科学、规范使用疫苗，勤俭节约的职业素养与主人翁意识。

案例引入

王某是某动物养殖场生产总监，在生产中发现，在防治某些传染病的过程中，使用疫苗后仍然不能达到理想效果，某些疫苗使用后甚至没有任何作用，完全不能阻止传染病的发生。

问题：生产中如何解决此类问题？如何提高疫苗的使用效果？如何有效阻止规模化养殖传染病的流行？

Note

二维码 5-1

任务一　传染与免疫

一、传染

（一）传染的概念

传染是指当病原微生物突破动物机体防御屏障，侵入动物机体后，克服机体防御机能，在一定部位生长繁殖，并引起不同程度病变的过程。

（二）传染发生的必要条件

传染的发生与发展和病原微生物的致病性、机体的易感性和外界环境条件等密切相关。

1. 毒力与数量　侵入机体的病原微生物必须具有一定的毒力，没有足够的毒力，不能引起传染。同时，病原微生物还需要达到一定的数量才能引起传染，如毒力较强的鼠疫耶尔森菌在机体无特异性免疫保护的情况下，数个细菌即可引起传染，而毒力较弱的细菌，如沙门菌属中的部分细菌，往往需要几亿个才能引起急性胃肠炎。

2. 入侵门户　病原微生物侵入易感动物体内，经适当途径到达一定部位，才能生长繁殖，引起传染，如果侵入门户不恰当，一般不能呈现致病作用。例如，破伤风梭菌必须在深部创口内的缺氧环境中才能生长繁殖，产生毒素，引起疾病。

3. 易感动物　动物种类不同，对同一种病原微生物的易感性是不同的。例如，猪瘟病毒只能感染猪和野猪；草食动物对炭疽杆菌非常易感，但禽类在正常情况下对炭疽杆菌无易感性。

4. 外界环境条件　传染的发生与发展直接或间接地受外界环境条件的影响。外界环境条件一方面影响病原微生物的生命力、毒力以及接触或侵入动物体的可能性程度，另一方面也影响动物机体的抵抗力。

影响传染发生的外界条件有气候、季节、地理环境、温度、湿度及饲料、管理、兽医卫生措施等。气候、季节等自然因素可影响传染病的流行，如乙型脑炎、马传染性贫血均由媒介节肢动物传播，所以多发生在节肢动物活跃的季节。

在传染发生的过程中，病原微生物的致病作用和机体的防御机能是在一定的传播途径和外界环境条件下，不断相互作用的过程，只有具备了一定数量和足够毒力的病原微生物、适宜的侵入门户、合适的易感动物以及适宜的外界条件，传染病才能发生。了解传染发生的条件，对控制和消灭传染病具有重要意义。

二、免疫

机体具有三道免疫防线，抵挡各种病原微生物的入侵。

第一道防线是由皮肤和黏膜等屏障结构构成的，它们不仅能够阻挡病原微生物侵入人体，而且它们的分泌物（如乳酸、脂肪酸、胃酸和酶等）还有杀菌的作用。呼吸道黏膜上有纤毛，可以清除异物。

第二道防线是体液中的杀菌物质和吞噬细胞。这两道防线是机体在进化过程中逐渐建立起来的天然防御功能，特点是生来就有，不针对某一特定的病原微生物，对多种病原微生物都有防御作用，因此叫作非特异性免疫，又称先天性免疫。多数情况下，这两道防线可以防止病原微生物对机体的侵袭。

第三道防线是特异性免疫。主要由免疫器官、免疫细胞和免疫分子组成，免疫器官和免疫细胞相互关联、相互作用，协调完成机体免疫功能。其中，B 细胞“负责”体液免疫，T 细胞“负责”细胞免疫（细胞免疫最后往往也需要体液免疫来善后）。第三道防线是动物机体在出生以后逐渐建立起来的后天防御功能，特点是出生后才产生，只针对某一特定的病原微生物或异物起作用，因而叫作特异性免疫，又称后天性免疫。

Note

免疫与传染是相对立而存在的，二者相互对抗，又相互依存。没有传染就没有免疫，免疫是针对传染而产生的，而免疫一旦产生，又能对抗和清除相同病原微生物的再次感染。一般情况下，传染可激发免疫，而免疫又能终止传染。二者力量的对比不同，机体的表现亦不同。当机体免疫状态良好而病原微生物能激发强烈的免疫应答，同时病原微生物毒力较弱时，免疫可终止传染；相反，如果机体由于某种原因而免疫力低下，病原微生物入侵则容易引起传染。

但某些情况下，传染又能抑制或破坏机体的免疫功能，如免疫缺陷病毒感染、慢性消耗性疾病；另一方面，机体免疫功能过强，不是终止传染，而是造成对自身组织的损伤。

任务二　免疫系统

一、免疫概述

二维码 5-2

视频：免疫系统

（一）免疫的概念

免疫(immunity)一词来源于拉丁文“immunis”，其原意是“免除服役”或“免除杂税”。在微生物学和医学中引用时，是指“免除疫患”，即机体对传染病的抵抗力。免疫学起源于抗感染的研究，当初主要研究传染病的免疫学预防、诊断和治疗等方面。

进入 20 世纪后，人们发现，血型不符的两个个体输血时，会出现严重的输血反应，而两个个体血型相符时，彼此则可以输血；自体植皮成功，异体植皮排斥。这些现象说明，机体具有识别“自己”或“非己”物质的能力，接受是自己的物质，排斥不是自己的物质；进入机体的抗原性异物，除病原微生物外，亦可以是其他成分；机体产生的免疫应答，除免疫防御外，也有对机体造成损害的一面。再者，临床中出现的一些免疫性疾病，仅用免疫防御也是无法解释的，如青霉素半抗原进入体内与特异性抗体的免疫反应所引起的过敏，显然不能应用抗感染免疫来解释。因此，传统免疫的概念是陈旧的、不全面的。

现代免疫概念认为，免疫是机体识别和排除抗原性异物，维持自身稳定和平衡的一种生理功能，通常对机体有利，某些条件下也可对机体造成损害。

（二）免疫的基本特性

1. 识别自己和非己　对自己和非己的大分子物质进行识别是免疫应答的基础。机体的这种识别功能十分精密，不仅能识别异种蛋白质，甚至对同种动物的不同个体的组织和细胞也能进行识别，从而出现对异体组织移植的排斥反应。只有基因型完全相同的个体，如同卵双生的兄弟姐妹，或近系小鼠才能进行异体组织或器官的移植，并不被排斥。识别功能对保证机体的健康是十分重要的，识别功能的降低会导致对“敌人”宽容，从而减小或丧失对传染或肿瘤的防御能力。识别功能的紊乱会导致严重的生理失调，把自身的物质或细胞当作“敌人”，造成自身免疫病。

2. 特异性　与识别功能一样，免疫应答有高度的特异性，它能对抗原性物质极细微的差异加以区别。例如，接种猪瘟疫苗就可以获得对猪瘟病毒的免疫力，但不能获得对其他病毒的抵抗力。

3. 免疫记忆　抗原进入动物体后，经一段时间的潜伏期，血液中出现抗体，徐徐增加并达到顶峰，之后逐渐下降，甚至消失。但当抗体消失后，用同源抗原加强免疫时，机体能迅速产生比初次接触抗原时更多的抗体。这一现象说明机体有免疫记忆功能。在初次接触抗原时，机体除形成产生抗体的细胞外，也形成免疫记忆细胞。动物在某种传染病康复后或用疫苗接种后，可产生长期免疫力，这归功于机体的免疫记忆功能。

（三）免疫的基本功能

1. 免疫防御　免疫防御是指宿主抵御、清除入侵病原微生物的免疫保护作用。这是免疫系统最基本的功能，即通常所指的抗感染免疫。

动物无时无刻不生活在微生物的包围之中，每天都有成千上万的微生物从消化道、呼吸道、泌尿生殖道以及皮肤和黏膜进入动物体内，机体获悉此种“外敌入侵”的信号后，就立刻产生免疫物质与之斗争，并予以歼灭。动物免疫功能正常时，能充分发挥对进入机体的病原微生物的抵抗力，通过机体的非特异性免疫和特异性免疫，将病原微生物消灭。免疫防御应答异常增高可导致超敏反应；免疫防御应答低或缺失，则可发生免疫缺陷病。

2. 免疫自稳 免疫自稳又称免疫稳定，指机体清除衰老或损伤的细胞，进行自身调节，维持体内生理平衡的功能。

在新陈代谢中，机体每天都有大量的细胞衰老死亡，这些失去了功能的细胞积累在体内，必然会影响正常细胞的活动。免疫系统的第二个重要功能就是消除这些衰老死亡的细胞，保持机体正常新陈代谢，使机体的各组织、器官都能精确地执行功能，充满活力。细胞衰老死亡时，可刺激机体产生自身抗体，以便及时清除这些细胞。若此功能失调，就会引起自身免疫病。

3. 免疫监视 免疫监视指机体识别和清除突变细胞，防止肿瘤发生的功能。

正常细胞在致癌因素的诱导下可以突变为肿瘤细胞。免疫的第三个重要功能就是严密监视肿瘤细胞的出现，一旦出现就能立即予以识别，并调动免疫系统在其尚未形成肿瘤组织时将其歼灭。免疫功能降低或抑制就会使肿瘤细胞大量增殖，从而出现临床上的肿瘤。肾移植患者应用免疫抑制疗法以及老龄动物因免疫功能低下，癌症的发病率均较高。因此，保持动物健康，加强免疫功能是预防肿瘤的有效方法。

（四）免疫的分类

一般按免疫的产生及特点，将免疫分为非特异性免疫和特异性免疫两大类。

1. 非特异性免疫 非特异性免疫是机体生来就有的一种防御功能，又称先天性免疫。

2. 特异性免疫 特异性免疫是机体在后天受到异物刺激而产生的对该种异物的免疫清除作用，故又称获得性免疫。

二维码 5-3

二、非特异性免疫

非特异性免疫是机体在长期种系发育和进化过程中逐渐形成的一种天然防御功能，是个体一出生就具有的天然免疫力，具有遗传性。它能识别自己和非己，对异物没有特异性识别功能。在抗传染免疫过程中，非特异性免疫发挥作用更快，起着第一线的防御作用，是特异性免疫的基础和条件。

动物机体的非特异性免疫是由多种结构和物质共同完成的，其中主要包括皮肤和黏膜等组成的生理屏障，各种组织中的吞噬细胞和正常体液中的抗微生物物质等。

（一）屏障结构

1. 皮肤和黏膜屏障 皮肤和黏膜屏障是指机体体表的皮肤和所有与外界相通腔道的黏膜，是机体与外界直接接触的结构。微生物只有通过皮肤或黏膜才能侵入体内，因此皮肤和黏膜构成了动物机体防御外部入侵者的第一道防线。皮肤和黏膜具有机械阻挡和排除作用，例如，呼吸道纤毛上皮的摆动，尿液、泪液、唾液的冲洗等，绝大多数病原微生物不能通过正常健康的皮肤和黏膜。此外，皮下和黏膜腺体的分泌液中含有多种抑菌和杀菌物质，如汗腺分泌的汗液中的乳酸、皮脂腺分泌的脂肪酸、泪液和唾液中的溶菌酶等，都具有抑制或杀灭局部病原微生物的作用。再者，皮肤黏膜上还存在着正常菌群，其对病原微生物具有拮抗作用。

少数微生物，如布氏杆菌，可以通过健康的皮肤和黏膜侵入机体，应注意防护。当烧伤或皮肤发生外伤时，病原微生物可趁机侵入，引起感染。

2. 内部屏障

(1) 血脑屏障：由软脑膜、脑毛细血管壁和壁外胶质细胞形成的胶质膜构成，它能阻止血液中的病原微生物和大分子毒性物质进入脑组织和脑脊液。幼小动物的血脑屏障因发育尚未完善，较易发生脑部和中枢神经感染。

Note

(2) 胎盘屏障：由母体子宫内膜的基底膜和胎儿绒毛膜及滋养层细胞构成，可防止母体感染的微生物及其产物穿入。妊娠早期，胎盘屏障发育尚不完善时，母体若感染疱疹病毒等，病毒容易通过胎盘屏障感染胎儿，引起胎儿的畸形或死亡。

动物体内还有多种内部屏障，如肺中的气血屏障、睾丸中的血睾屏障、胸腺中的血-胸腺屏障等，这些屏障能阻止病原微生物进入相应的组织。

（二）吞噬细胞及其吞噬作用

当病原微生物突破机体的屏障结构进入机体内部，则会遭到吞噬细胞的吞噬和围歼，故可以说吞噬细胞的吞噬作用是机体的第二道防线。

1. 吞噬细胞 动物体内的吞噬细胞主要有两大类，一类以血液中的中性粒细胞为代表，个体较小，属于小吞噬细胞；另一类是单核吞噬细胞系统，包括血液中的单核细胞及单核细胞移行于各组织器官而形成的多种细胞，如肺中的尘细胞、肝脏中的枯否氏细胞、骨组织中的破骨细胞和神经组织中的小胶质细胞等。吞噬细胞功能：①吞噬和杀伤病原微生物，识别和清除自身衰老损伤的细胞；②杀伤肿瘤细胞和受病毒感染的细胞；③摄取、加工、处理、呈递抗原给淋巴细胞，激发免疫应答，增强机体免疫力；④分泌作用，吞噬细胞均有分泌功能，仅巨噬细胞就能分泌 50 多种细胞因子，如补体、白细胞介素、干扰素、凝血因子、肿瘤生长抑制因子等。

2. 吞噬过程 当病原微生物通过皮肤或黏膜侵入组织时，中性粒细胞等吞噬细胞便从毛细血管游出聚集到病原微生物存在的部位，发挥吞噬作用。吞噬过程为几个连续步骤，即趋化、识别与调理、吞入与脱颗粒、杀菌和消化。

(1) 趋化：病原微生物进入机体后，吞噬细胞在细菌或机体细胞释放的趋化因子作用下，向病原微生物存在部位移动，对其进行围歼。

(2) 识别与调理：吞噬细胞通过识别病原微生物表面的特征性物质，结合病原微生物并进行吞噬。病原微生物结合血清中的抗体和补体成分后，会更容易被吞噬，这被称为调理作用。

(3) 吞入与脱颗粒：病原微生物与吞噬细胞接触后，吞噬细胞伸出伪足，接触部位的细胞膜内陷，将病原微生物包围并摄入细胞质内形成吞噬体。随后，吞噬体逐渐离开细胞边缘而向细胞中心移动；同时，细胞内的溶酶体向吞噬体移动并靠拢，与之融合形成吞噬溶酶体，并将含有各种酶的内容物倾于吞噬体内而杀灭和消化病原微生物。

(4) 杀菌和消化：溶酶体与吞噬体内的病原微生物混合后，通过酶的水解作用等将病原微生物杀死，并分解成小分子物质排出细胞外。

3. 吞噬的结果

(1) 完全吞噬：动物整体抵抗力和吞噬细胞的功能较强，病原微生物在吞噬溶酶体过程中完全被杀灭、消化后，连同溶酶体的内容物一起以残渣的形式排出细胞外。

(2) 不完全吞噬：某些寄生在细胞内的细菌，如结核分枝杆菌、布氏杆菌及某些病毒等，能抵抗吞噬细胞的消化作用而不被杀灭，甚至能在吞噬细胞内存活和繁殖，称为不完全吞噬。

吞噬过程也可引起组织损伤。在某些情况下，吞噬细胞异常活跃，在吞噬过程中会释放溶酶体酶到细胞外，引起邻近组织的损伤。

（三）正常体液中的抗微生物物质

正常动物的组织和体液中存在多种抗微生物物质，如补体、溶酶体等。它们对微生物有杀灭或抑制作用，并且可协同抗体、免疫细胞发挥更大的抗微生物作用。

1. 补体与补体系统 补体(complement，C)是脊椎动物和人血清中的一组不耐热、具有酶活性的蛋白质，可辅助特异性抗体介导的溶菌、溶血作用，包括 40 余种可溶性蛋白和膜结合蛋白，因而将参与补体激活的各种固有成分，调控补体激活的各种灭活或抑制因子，以及分布于多种细胞表面的补体受体，合称为补体系统。补体系统含量相对稳定，与抗原刺激无关，不随机体的免疫应答而增加，但在某些病理情况下可引起改变。

补体广泛参与机体病原微生物防御反应以及免疫调节，也可介导免疫病理的损伤性反应，是体内重要的生物学功能效应系统。

(1) 补体的性质。

①补体成分在动物体内含量稳定,占血清蛋白总量的10%~15%,不受免疫的影响。豚鼠血清中补体含量最丰富,在试验中常以豚鼠血清作为补体的来源。

②某些补体成分对热不稳定,许多理化因素都能破坏补体。补体在56 ℃ 30 min或61 ℃ 2 min即可灭活,室温下24 h灭活,0~10 ℃可保存3~4 d,冻干可保存3年左右;许多理化因素,如紫外线、机械振荡、酸碱等,都能破坏补体。

③正常生理情况下,补体成分一般以无活性的酶前体,即酶原的形式存在于血清中。

④补体的作用无特异性,可与任何抗原-抗体复合物结合而发生反应,且只能作用于复合物,可杀死细菌,溶解细胞,增强白细胞的吞噬作用。

(2) 补体系统的激活途径:在一般情况下,补体多以非活性状态的酶原形式存在于血清或体液中。补体系统的激活是指补体各成分在受到激活物质的作用后,在转化酶的作用下从无活性的酶原形式转化为具有酶活性状态的过程,常见的激活物有免疫复合物(IC)、内毒素等多种物质,补体的激活途径一般包括经典途径和旁路途径等。

(3) 补体激活后的生物学效应:补体具有多种生物学功能,不仅参与非特异性防御反应,也参与特异性免疫应答,补体系统的功能可分为以下两大方面。

①补体介导的细胞溶解:补体系统被激活后,在靶细胞表面形成攻膜复合物,可导致靶细胞溶解。补体的溶细胞效果因细胞种类不同而异。例如,革兰阴性菌、支原体、有胞膜的病毒及各种血细胞对补体敏感,革兰阳性菌则不敏感。补体的溶细胞作用是机体抵抗病原微生物及寄生虫感染的重要防御机制,但在某些病理情况下,它也可导致机体自身细胞溶解,导致组织损伤与疾病。

②补体活性片段介导的生物学效应:补体激活产生一系列活性片段,它们通过与表达在不同细胞表面的相应补体受体(CR)结合而发挥作用。

a. 免疫黏附作用:免疫复合物激活补体之后,可黏附到部分具有受体的红细胞、血小板或某些淋巴细胞上,形成较大的聚合物,有助于被吞噬清除。

b. 调理作用:可与细菌或其他颗粒结合,促进吞噬细胞的吞噬。调理作用在机体的抗感染过程中具有重要意义。

c. 免疫调节:参与捕捉、固定抗原,使抗原易被抗原呈递细胞处理与呈递。

补体成分可与多种免疫细胞相互作用,调节细胞的增殖分化,可与B细胞表面的受体结合,从而使B细胞增殖分化为浆细胞。补体参与调节多种免疫细胞效应功能,如杀伤细胞结合补体后可增强对靶细胞的抗体依赖性细胞介导的细胞毒作用(ADCC)。

d. 炎症反应。

激肽样作用:部分补体能增加血管通透性,引起炎症性水肿。

过敏毒素作用:部分补体具有过敏毒素作用,可使肥大细胞或嗜碱性粒细胞释放组胺,引起血管扩张,增加毛细血管通透性以及使平滑肌痉挛,引起局部水肿。

趋化作用:部分补体能吸引中性粒细胞向炎症部位聚集,发挥吞噬作用,增强炎症反应。

e. 清除免疫复合物:补体与免疫复合物的Ig结合,可妨碍免疫复合物之间相互作用形成网结,因而可阻止免疫复合物的沉积,并可使已形成的免疫复合物中的抗原与抗体发生解离。循环的免疫复合物和补体借助具有受体的红细胞结合,并通过血液运送到肝而被清除。

2. 溶菌酶 溶菌酶为一类低分子量、不耐热的碱性蛋白,主要来源于吞噬细胞,广泛分布于血清及泪液、唾液、乳汁、肠液和鼻液等分泌物中。溶菌酶作用于革兰阳性菌细胞壁的肽聚糖,切断连接N-乙酰葡糖胺和N-乙酰胞壁酸的聚糖链,使细胞壁结构被破坏,细菌发生低渗性裂解,从而杀伤细菌。溶菌酶也能破坏革兰阴性菌的脂蛋白,损伤革兰阴性菌的细胞。

3. 干扰素 干扰素是一种天然的非特异性防御因素,具有广谱抗病毒作用。干扰素本身对病毒无灭活作用,它主要作用于正常细胞,使之产生抗病毒蛋白,从而抑制病毒的生物合成,使这些细

Note

胞获得抗病毒能力。病毒血症时，干扰素也可以通过血液到达靶细胞，抑制病毒增殖，控制病毒向全身扩散。干扰素也具有强烈的免疫调节作用，可调节 T 细胞、B 细胞的免疫功能。

三、特异性免疫

特异性免疫是在非特异性免疫基础上建立的，是个体在生命过程中接受抗原性异物刺激后主动产生或接受免疫球蛋白分子（抗体）后被动获得的，具有特异的针对性，又称适应性免疫或获得性免疫。

免疫系统是动物在种系发生和个体发育过程中逐渐进化和完善起来的，是动物机体执行免疫功能的组织结构，是产生免疫应答的物质基础。免疫系统由免疫器官、免疫细胞、免疫分子构成，它们分布于机体全身各处，直接参与免疫应答，负责执行免疫功能活动。

（一）免疫器官

二维码 5-4

免疫器官按功能不同分为中枢免疫器官和外周免疫器官。中枢免疫器官由骨髓、胸腺、法氏囊（禽）组成，主要是淋巴细胞的发生、分化和成熟的场所，并具有调控免疫应答的功能；外周免疫器官由淋巴结、脾、扁桃体、哈德尔氏腺以及黏膜相关淋巴组织等组成，是成熟免疫细胞定居以及执行免疫应答功能的部位。

1. 中枢免疫器官

（1）骨髓：具有造血和免疫双重功能。骨髓是人和哺乳动物的造血器官，也是各种免疫细胞的发源地，其中含有具有强大分化潜能的多能干细胞，能分化为髓样干细胞和淋巴干细胞。骨髓被认为是高等哺乳动物 B 细胞成熟的部位（禽类在法氏囊内）。早期的 B 细胞发育不需抗原刺激，分化在骨髓造血因子诱导的微环境下进行，造血干细胞最早分化为原 B 细胞，经过前 B 细胞、不成熟 B 细胞、成熟 B 细胞等阶段，带上了膜标志分子，经血液或淋巴迁移至外周免疫器官，接受抗原刺激，在辅助 T 细胞和抗原呈递细胞的协助下，成熟 B 细胞分化为浆细胞，出现新的受体标志，产生免疫球蛋白，参与体液免疫。

（2）胸腺：哺乳动物的胸腺位于胸腔前纵隔内，鸟类的胸腺位于两侧颈沟内，呈多叶排列。胸腺是胚胎期发生最早的淋巴组织，出生后逐渐长大，青春期后开始逐渐缩小，以后缓慢退化，逐渐被脂肪组织代替，但仍残留一定的功能。胸腺不仅是中枢免疫器官，也是内分泌器官，它具有以下功能。

①培育和选择 T 细胞：淋巴干细胞进入胸腺后，在胸腺微环境的诱导和选择下，发育分化形成各种处女型 T 细胞，经血液输送至周围淋巴组织和淋巴器官。因此，胸腺是 T 细胞分化和成熟的场所。

②免疫调节功能：胸腺上皮细胞能分泌多种胸腺激素和细胞因子，促进 T 细胞的成熟。胸腺发育异常或缺失，可引起多种免疫缺陷症。

（3）法氏囊：也称腔上囊，是禽类特有的中枢免疫器官，位于泄殖腔的背侧，以短管与肛道相通，近似圆球形。囊腔内有 9～12 条纵行皱褶，纵行皱褶黏膜的固有层分布有大量的排列紧密的淋巴小结。来自骨髓的淋巴干细胞在腔上囊经诱导分化为成熟的 B 细胞。若切除 17 日龄鸡胚的法氏囊，孵出的雏鸡的体液免疫功能受到抑制。

2. 外周免疫器官

（1）淋巴结：哺乳动物的淋巴结数量多，分布于身体各处的淋巴循环路径上；鹅、鸭仅有 2 对淋巴结，即颈胸淋巴结和腰淋巴结；鸡无淋巴结。淋巴结是体内重要的防御关口，结构层次是被膜、浅皮质区、深皮质区、髓质（髓索和髓窦），由网状组织（网状细胞和网状纤维）构成支架，T 细胞、B 细胞、巨噬细胞、树突状细胞等分布其间。浅皮质区为 B 细胞居留地，深皮质区为 T 细胞居留地；淋巴结是机体产生免疫应答的重要场所，同时具有过滤病原微生物的作用。

（2）脾：机体最大、最活跃的免疫器官，每天有淋巴循环中淋巴细胞总数的约 1/4 流经脾；脾是 T 细胞和 B 细胞定居的场所，是针对来自血液中抗原异物的免疫应答场所，也是体内产生抗体的主要器官。脾的功能有造血、滤血、储血、清除衰老的血细胞、参与免疫应答。

Note

(3) 扁桃体：扁桃体环绕咽喉分布，处于门户位置，是最易接受抗原刺激的免疫器官，因而是构成机体第一道免疫防线的主要结构，机体一旦感染，扁桃体立即发出信号，引起局部或全身的免疫应答，对机体有重要的防御和保护作用。

(4) 哈德尔氏腺：即副泪腺，亦称瞬膜腺，是禽类眼窝内腺体之一，较发达，通常为淡红色至褐红色的带状，位于眶内眼球腹侧和后内侧，疏松地附于眼眶筋膜上。它除了具有分泌泪液，润滑、保护瞬膜外，也分布有T细胞、B细胞，可在抗原刺激下产生特异性免疫应答，分泌抗体，这些抗体可通过泪液进入呼吸道黏膜，成为口腔、上呼吸道的抗体来源之一，在上呼吸道免疫方面起着很重要的作用。鸡新城疫Ⅱ系弱毒疫苗点眼就主要在哈德尔氏腺进行免疫应答，产生抗体。

(5) 黏膜相关淋巴组织：又称黏膜免疫系统，分布于呼吸道、消化道、泌尿生殖道以及外分泌腺，如唾液腺、泪腺及乳腺等处，主要包括肠道黏膜集合淋巴结和消化道、呼吸道、泌尿生殖道黏膜下层的许多小淋巴结及弥散淋巴组织等，是机体与外界相通的腔道黏膜相关的淋巴组织，构成机体抵抗病原微生物入侵的第一道免疫屏障，局部黏膜免疫状况是决定动物机体是否被感染的首要因素。黏膜相关淋巴组织内富含T细胞、B细胞及巨噬细胞等，以产生分泌型IgA的B细胞占多数，产生的IgA分布于黏膜表面，参与免疫应答。

二维码5-5

（二）免疫细胞

参与免疫应答或与免疫应答有关的细胞统称为免疫细胞。免疫细胞按其功能可分为以下几大类。

1. 淋巴细胞 淋巴细胞是构成免疫系统最主要的细胞群，由淋巴干细胞分化发育而来。各种淋巴细胞表面具有特异性的抗原受体，能识别不同的抗原。淋巴细胞受到抗原刺激时，即转化为淋巴母细胞，继而增殖分化形成大量效应淋巴细胞和记忆淋巴细胞。效应淋巴细胞能产生抗体、淋巴因子或释放细胞素，发挥直接杀伤作用，从而清除相应的抗原，即引起免疫应答。记忆淋巴细胞在分化过程中会转为静息状态的小淋巴细胞，能记忆抗原信息，并可在体内长期存活和不断循环，当受到相应抗原的再次刺激时，能迅速增殖形成大量效应淋巴细胞，使机体长期保持对相应抗原的免疫力。接种疫苗可使体内产生大量记忆淋巴细胞，从而起到预防感染性疾病的作用。各种淋巴细胞的寿命长短不一，效应淋巴细胞仅存活1周左右，而记忆淋巴细胞可存活数年甚至终生存在。

根据发育部位、形态结构、表面标志和免疫功能的不同，一般将淋巴细胞分为T细胞、B细胞、K细胞、NK细胞等。在淋巴细胞中，受抗原物质刺激后能分化增殖，发生特异性免疫应答，产生抗体或淋巴因子的细胞，称为免疫活性细胞，也称抗原特异性淋巴细胞，主要是指T细胞和B细胞，它们在免疫应答过程中起核心作用。

2. 免疫辅佐细胞 免疫辅佐细胞主要包括单核吞噬细胞、树突状细胞、B细胞等，在免疫应答过程中起重要的辅佐作用，也称抗原呈递细胞（APC），APC具有捕获和处理抗原以及把抗原呈递给免疫活性细胞的功能。

3. 其他免疫细胞 其他免疫细胞包括各种粒细胞、红细胞和肥大细胞等，可参与免疫应答中的某一特定环节。

(1) T细胞。

①T细胞的发育及分布：畜禽机体T细胞来源于骨髓多能干细胞。干细胞从血液进入胸腺后，在胸腺素、白细胞介素7(IL-7)等诱导下经过10～30 d分化、增殖，98%左右凋亡，2%左右发育成熟为T细胞（又称胸腺依赖性淋巴细胞，简称T淋巴细胞或T细胞）。在胸腺成熟后的T细胞经血液转移，主要分布于淋巴结和脾的胸腺依赖区。

②成熟T细胞的重要表面标志。

a. T细胞抗原受体（TCR）：存在于人和各种动物T细胞表面，是T细胞识别抗原并与之特异性结合的受体。

b. 红细胞受体（E受体）：存在于T细胞表面的CD2分子，是T细胞的重要表面受体，B细胞无此表面受体。人和一些动物的T细胞上因为具有E受体，可在体外与绵羊红细胞结合，形成红细胞花环，即E花环。E花环试验是鉴别T细胞和检测外周血中T细胞的比例及数目的常用方法。

c. 细胞因子受体(CKR)：可表达于静止及活化T细胞表面，静止T细胞表面的CKR亲和力低，数量少，而活化T细胞表面的CKR亲和力高。

d. 组织相容性复合体(MHC)-Ⅰ类分子受体或MHC-Ⅱ类分子受体：存在于T细胞表面的CD4或CD8分子。在同一T细胞表面只能表达其中一种分子，据此可将T细胞分为两大亚群，即具有CD4分子的T细胞和具有CD8分子的T细胞。

e. MHC-Ⅰ类分子：T细胞的表面抗原，所有T细胞表面均存在MHC-Ⅰ类分子，T细胞受抗原刺激后还可表达MHC-Ⅱ类分子。在T细胞表面还有其他表面标志，如有丝分裂原受体，各种激素或介质，如肾上腺素、皮质激素、组胺等物质的受体等。各种激素或介质的受体是神经内分泌系统对免疫系统功能产生影响的物质基础。

③T细胞的亚群及功能：根据T细胞表面是否具有CD4或CD8分子，T细胞可分为两大亚群，即具有CD4分子的T细胞($CD4^+$ T细胞)和具有CD8分子的T细胞($CD8^+$ T细胞)。

$CD4^+$ T细胞的TCR识别的抗原是由抗原呈递细胞的MHC-Ⅱ类分子所结合和呈递的。根据$CD4^+$ T细胞在免疫应答中的不同功能可将其分为以下几类：a. 辅助性T细胞(Th细胞)，主要功能为协助体液免疫和细胞免疫；b. 诱导性T细胞(TI细胞)，主要功能为诱导Th细胞和抑制性T细胞(TS细胞)的成熟；c. 迟发型变态反应T细胞(TD细胞)，主要功能为介导迟发型变态反应。

$CD8^+$ T细胞的TCR识别的抗原是由抗原呈递细胞或靶细胞的MHC-Ⅰ类分子所结合和呈递的。根据$CD8^+$ T细胞在免疫应答中的功能不同可将其分为以下几类：a. 抑制性T细胞(TS细胞)，具有抑制细胞免疫和体液免疫的作用，对稳定和调节免疫系统的生理功能和免疫应答的强度起着重要的作用；b. 细胞毒性T细胞(TC细胞)，又称杀伤性T细胞(TK细胞)，在免疫效应阶段，TC细胞能特异性地杀伤带有抗原的靶细胞，如感染病原微生物的细胞、同种异体移植细胞及肿瘤细胞等。

(2) B细胞。

①B细胞的发育及分布：哺乳动物的B细胞是由骨髓内的淋巴干细胞直接在骨髓内成熟为B细胞的，禽类的B细胞则由骨髓的淋巴干细胞到达法氏囊内，被诱导成熟为B细胞。B细胞成熟后，定居于外周免疫器官中相应部位。

②B细胞的重要受体。

a. B细胞抗原受体(BCR)：B细胞发育成熟过程中自然表达在膜表面，能特异性识别、结合抗原的免疫球蛋白分子。

b. Fc受体：B细胞膜上另有一些糖蛋白，能与免疫球蛋白IgG的Fc段结合。

c. C3b受体：B细胞膜上还有一些蛋白质分子，可与补体C3b的蛋白分子结合。

③B细胞的亚群及功能：B细胞的亚群尚不确定，B细胞的功能如下：a. 产生抗体，发挥中和作用和调理作用；b. 呈递抗原，活化的B细胞可呈递可溶性抗原；c. 激活的B细胞可分泌多种淋巴因子，这些淋巴因子可参与免疫调节、炎症反应及造血过程。

(3) 自然杀伤细胞：简称NK细胞，是直接在骨髓中由淋巴干细胞分化成熟的一种大颗粒淋巴细胞，能非特异性地杀伤某些病毒感染细胞和某些肿瘤细胞。

①NK细胞的膜表面标志：NK细胞膜上不具有抗原受体，具有编号为CD16的蛋白分子，CD16是IgG Fc受体。

②NK细胞的杀伤作用：NK细胞可以杀伤某些病毒感染细胞，但不杀伤未感染细胞；可杀伤某些肿瘤细胞，尤其对造血细胞来源的肿瘤细胞敏感。

(4) 单核吞噬细胞系统：包括骨髓内的前单核细胞、外周血中的单核细胞和组织内的巨噬细胞，具有抗感染、抗肿瘤、参与免疫应答和免疫调节等多种生物学功能。

①吞噬细胞的来源、分布：单核吞噬细胞由骨髓干细胞分化而来，骨髓中的髓样干细胞受骨髓微环境的作用发育成前单核细胞。

②吞噬细胞表面标志及分泌产物：在单核吞噬细胞的膜表面有许多功能不同的受体分子，如Fc

受体和补体分子的受体(CR)。这两种受体通过与 IgG 和补体结合,能促进巨噬细胞的活化和吞噬功能。

③单核吞噬细胞的生物学功能:主要可以概括为以下几个方面,a. 非特异免疫防御;b. 清除外来细胞;c. 非特异免疫监视;d. 呈递抗原;e. 分泌介质 IL-1、干扰素、补体(C1、C2、C3、C4、C5、B 因子)等。

(5) 树突状细胞:定居于体内不同部位的由不同于细胞分化而来的一类专职的抗原呈递细胞,也是体内抗原呈递作用最强的一类细胞。

(6) 其他免疫细胞。

①杀伤细胞:简称 K 细胞,是一类既无 T 细胞表面标志也无 B 细胞表面标志的淋巴细胞,主要存在于腹腔渗出物、血液和脾内,其他组织很少。K 细胞无吞噬作用,但具有抗体依赖性细胞介导的细胞毒作用(ADCC),能杀伤与特异性抗体(IgG)结合的靶细胞。

②粒细胞:分布于外周血液、胞浆中的含有特殊染色颗粒的一群白细胞,包括中性粒细胞、嗜碱性粒细胞、嗜酸性粒细胞 3 种。

中性粒细胞占循环血液中白细胞总数的 60%,细胞内有溶酶体,其内含有过氧化物酶、碱性磷酸酶及其他抗菌物质,细胞膜上有 IgG Fc 受体及补体 C3b 受体。中性粒细胞是血液中的主要吞噬细胞,具有高度的移动性和吞噬功能,在防御感染中起重要作用。同时可分泌炎症介质,促进炎症反应,还可处理颗粒性抗原,将其呈递给巨噬细胞。

嗜酸性粒细胞占血液白细胞总数的 2%~12%,因动物种类而有很大的差异,胞浆内有很多嗜酸性颗粒,颗粒内含有多种酶,尤其富含过氧化物酶。该细胞具有吞噬杀菌能力,并具有抗寄生虫的作用。嗜酸性粒细胞表面有 IgE 受体,能通过 IgE 抗体与某些寄生虫接触,释放颗粒内含物,杀灭寄生虫。

嗜碱性粒细胞在家畜中占血细胞的 0.5%~1%,在鸡中约占 4%,胞浆内有很多嗜碱性颗粒。细胞膜上存在着 IgE Fc 受体,能与 IgE 结合,结合在嗜碱性粒细胞上的 IgE 与特异性抗原结合后,立即引起细胞脱颗粒,释放血管活性物质,引起Ⅰ型变态反应。

③红细胞:和白细胞一样具有重要的免疫功能,具有识别抗原、清除体内免疫复合物、增强吞噬细胞的吞噬功能、呈递抗原物质和免疫调节等功能。

(三) 免疫分子

二维码 5-6

1. 免疫球蛋白 机体内具有抗体活性或化学结构与抗体相似的球蛋白称为免疫球蛋白(Ig)。抗体(Ab)是 B 细胞受抗原刺激后,激活、增殖、分化为浆细胞,由浆细胞所分泌的一类免疫球蛋白。

(1) 免疫球蛋白的结构。

①Ig 的基本结构(图 5-1)。

a. 重链和轻链。Ig 是由两条相同的重链和两条相同的轻链以链间二硫键连接而成的四肽链结构。X 射线晶体结构分析发现,IgG 分子由 3 个相同大小的节段组成,位于上端的两个臂由易弯曲的铰链区连接到主干上,形成一个"Y"形分子,称为 Ig 分子单体,是构成 Ig 的基本单位。

b. 可变区和恒定区。

可变区:在重链和轻链 N 端的约 110 个氨基酸残基变化相当大,构成可变区(V 区),靠近 C 端的其余氨基酸残基相对稳定,构成恒定区(C 区),可变区可形成与抗原决定簇互补的表面。

恒定区:不同类 Ig 重链 CH 长度不一,有的包括 CH1、CH2 和 CH3;有的更长,包括 CH1、CH2、CH3 和 CH4。同一种属动物中,同一类别(同种型)的 Ig 分子的 C 区氨基酸组成和排列顺序较恒定,C 区的抗原性是相同的,那么,用猪 IgG 免疫家兔,家兔产生抗猪 IgG 抗体(针对猪 IgG 的 C 区的抗原性),能与来源于不同个体的猪的 IgG 结合。而猪 IgG,只能以抗原结合部位与相应抗原的抗原决定簇结合。

c. 铰链区:位于 CH1 和 CH2 之间,含有丰富的脯氨酸,易伸展弯曲,使抗体的两个 Fab 片段易于移动,可与不同距离的抗原表位结合。铰链区易被木瓜蛋白酶、胃蛋白酶等水解。

Note

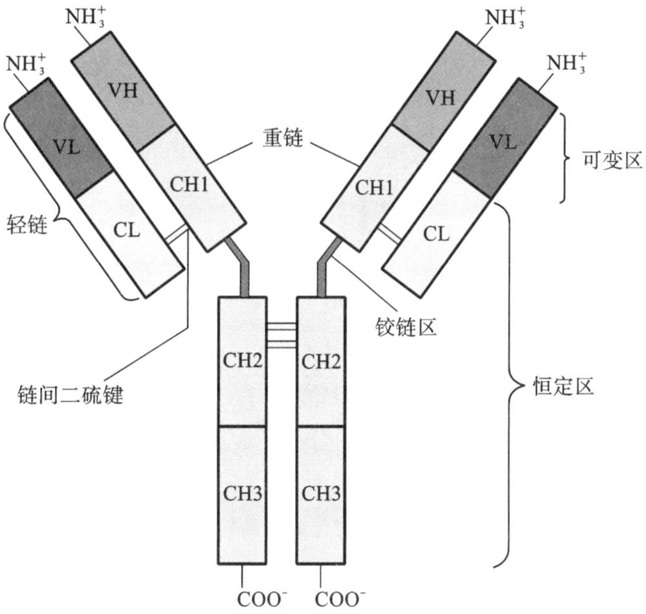

图 5-1　免疫球蛋白的基本结构

②免疫球蛋白的功能区：Ig 的每条肽链可折叠为几个球形的功能区(或称结构域)。每个功能区约由 110 个氨基酸残基构成，其序列具有相似性或同源性。

Ig 的功能区：

轻链有 VL、CL；

重链有 VH、CH1、CH2、CH3、CH4(部分)。

Ig 功能区的主要作用：

VL、VH，结合抗原的部位；

CL、CH，具有部分同种异型的遗传标志；

CH2(IgG)、CH3(IgM)，补体 C1q 的结合位点；

CH3(IgG)，可与单核细胞、巨噬细胞、中性粒细胞、B 细胞、自然杀伤细胞表面的 IgG Fc 受体结合；

IgE 的 CH2 和 CH3，可与肥大细胞、嗜碱性粒细胞表面的 IgE Fc 受体结合。

③免疫球蛋白的水解片段(图 5-2)。

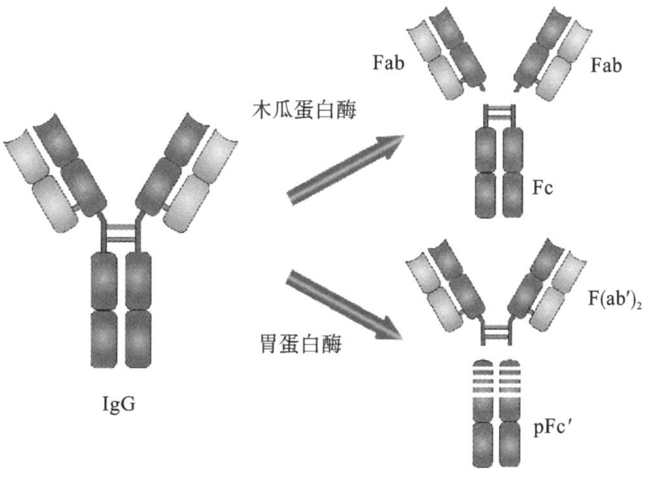

图 5-2　免疫球蛋白的水解片段

木瓜蛋白酶水解 IgG 的片段：Fab、Fab、Fc。

胃蛋白酶水解 IgG 的片段：$F(ab')_2$、pFc'。

(2) 各类免疫球蛋白的特性和功能：动物常见的免疫球蛋白可以分为 5 类，分别是 IgM、IgG、IgA、IgE、IgD(图 5-3)。

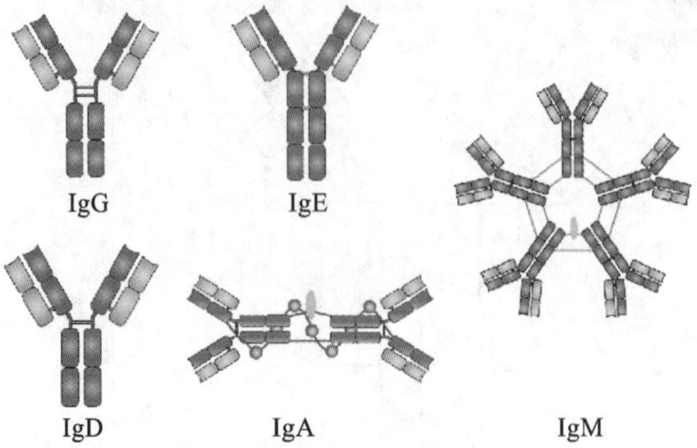

图 5-3　5 类免疫球蛋白结构示意图

①IgM：抗原初次进入机体后体液免疫应答中最先产生的抗体，由 5 个单体分子连接聚合在一起。沉降系数为 19 s，分子量约为 900000，是最大的 Ig，称为巨球蛋白。IgM 是五聚体，主要存在于血管内，有 5～10 个抗原结合价(Ig 每一个与相应抗原决定簇结合的部位，称为一价)，并有 10 个补体结合位点，所以尽管 IgM 的生成数量不多，但在激活补体、中和病毒、凝集作用和调理作用等方面的效率，比 IgG 高很多。IgM 是血管内消除大颗粒抗原的主要抗体，在一定条件下 IgM 也参与Ⅱ型或Ⅲ型变态反应。B 细胞膜上固定的 IgM 是沉降系数 7 s 的单体，起抗原受体作用，识别抗原决定簇。

②IgG：大量产生于抗原再次进入机体引起的再次免疫应答期，单体 Ig 沉降系数为 7 s，分子量约为 180000，在血液中含量最高，占 Ig 总量的 70%～80%，其分子量小，可分布到全身的组织液，人体和兔的 IgG 可通过胎盘从母体进入胎儿，但其他动物的 IgG，因母体与胎儿胎盘的结构层数较多，不能通过胎盘。IgG 具有激活补体、中和病毒或毒素、调理作用等多种活性，是全身抗感染的主要抗体，IgG 也参与Ⅱ型、Ⅲ型变态反应。

③IgA：有两种存在形式，一种是单体，存在于血清中，称为血清型 IgA；另一种为双体，由 J 链连接两个单体，并结合一个分泌片(SC)，分布于各种黏膜表面，称为分泌型 IgA(SIgA)。血清型 IgA 由骨髓内浆细胞产生，进入血液循环中，沉降系数为 7 s，分子量约为 170000，在血清中含量不高，生物学功能尚不太清楚。黏膜相关淋巴样组织(MALT)中的浆细胞分泌 IgA，腺体附近的浆细胞合成 J 链，将 IgA 连接为二聚体，腺上皮细胞产生 SC，当二聚体 IgA 转运到黏膜上时连接上一个 SC 分子，成为完整的 SIgA。SC 的重要作用是使 IgA 对蛋白酶的敏感性下降，并使黏液黏稠，增强对 IgA 的黏附作用，从而保护 SIgA 不受消化道蛋白酶的破坏，并更好地在黏膜局部附着，从而发挥免疫防护作用。SIgA 是呼吸道分泌液、胃肠道消化液、乳汁，尤其是初乳、泪液、唾液、尿液等外分泌液中，黏膜局部抗感染的重要抗体。SIgA 具有中和病毒和凝集颗粒性抗原作用，但没有传统激活补体作用和调理作用。

④IgE：主要由上皮表面附近的浆细胞产生的单体 Ig，沉降系数为 8 s，分子量约为 196000，不耐热，加热至 56 ℃ 30 min 将被破坏。IgE Fc 区易与肥大细胞和嗜碱性粒细胞结合，引起Ⅰ型超敏反应(过敏反应)，故曾被称为亲细胞性抗体和反应素。花粉等特别容易刺激机体产生 IgE。许多动物及人，在抗原的刺激下产生 IgE 的能力与遗传有关，易产生 IgE 的个体也易发生过敏反应，称为特应性个体。

⑤IgD：人的 IgD 主要存在于一些 B 细胞膜表面，沉降系数为 7 s，分子量约为 185000，在 B 细胞上起识别抗原决定簇的作用；在家畜中未证实 IgD 的存在。

（3）抗体产生的一般规律（图 5-4）。

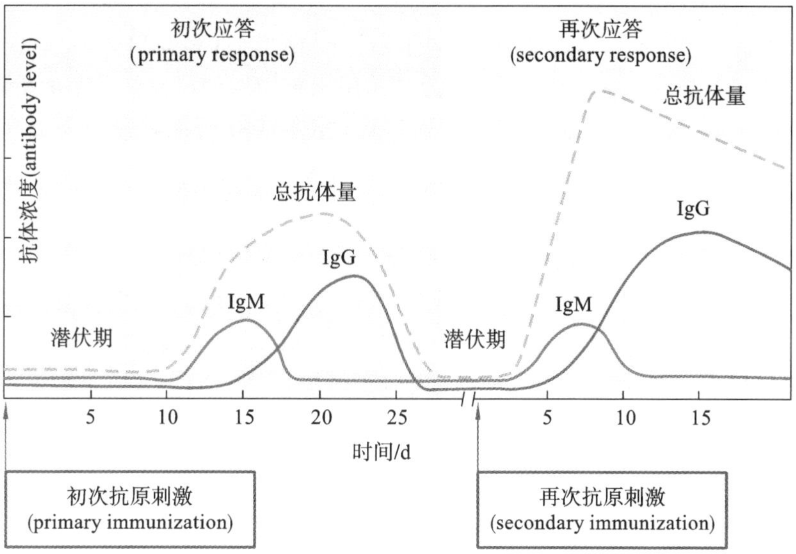

图 5-4　初次及再次应答抗体产生的一般规律

①初次应答：某种抗原第一次进入动物机体引起的抗体产生的过程，称为初次应答。抗原第一次进入动物机体，经一定时间后才能在血清中检测出抗体，此段时间称为潜伏期或诱导期，病毒抗原一般为 3～5 d，细菌抗原一般为 5～7 d，但类毒素和异种血清蛋白需 2～3 周。潜伏期实际是抗原由巨噬细胞吞噬加工处理，呈递给 T 细胞、B 细胞，引起相应细胞分化、增殖为浆细胞分泌抗体，并产生部分记忆淋巴细胞的过程。

潜伏期之后，分化成熟的浆细胞大量增加，分泌于血清中的抗体呈直线上升，称为对数上升期。此后浆细胞的数量趋于稳定，生成与代谢相对平衡，称为稳定期。最后抗体含量不断减少，为下降期。

若引起初次应答的抗原量较低，出现的抗体将仅是 IgM；若抗原量较高，当 IgM 水平达到峰值时，开始出现 IgG。初次应答的特点是抗体浓度不高，维持时间不长。

②再次应答：在初次应答后几周或几个月，当血液中抗体浓度很低，甚至消失后，同种抗原再次进入机体，引起的抗体产生过程称为再次应答。再次应答的特点是，开始血清中原有抗体水平出现暂时下降或已消失的机体出现短暂的阴性期后，抗体迅速上升到高浓度，维持较长时间，且主要是 IgG。这是由于记忆淋巴细胞对再次进入的抗原迅速应答，大量增殖成分泌 IgG 的浆细胞。

（4）抗体的生物学功能：抗体都能与相应抗原特异性结合，不同类别的抗体与抗原特异性结合后发挥不同的作用。

①中和作用：病毒的中和抗体与病毒表面的特定抗原部位结合后，可阻止病毒吸附于易感细胞的受体，使病毒失去感染力；毒素的中和抗体与毒素分子表面的抗原决定簇结合后，使毒素的构型发生改变，失去毒性。

②激活补体作用：抗红细胞抗体，抗菌抗体中的 IgG、IgM 与相应的红细胞或细菌结合后，均会引起补体系统激活，导致红细胞或细菌的溶解。

③免疫调理作用：巨噬细胞、白细胞、K 细胞等表面均有抗体 IgG Fc 受体，细菌或靶细胞与相应抗体 IgG 结合后，Fc 段与吞噬细胞、K 细胞的 Fc 受体结合，通过 ADCC 发挥杀伤作用。此外，抗体 IgE 常引起Ⅰ型过敏反应，IgG、IgM 和 IgA 在一定条件下也参加Ⅱ型、Ⅲ型变态反应，引起免疫病理性损伤。

2. 细胞因子

二维码 5-7

（1）细胞因子的概念：由细胞合成和分泌的、具有某些生物活性的小分子蛋白质的统称。例如，由单核吞噬细胞产生的细胞因子称为单核因子（monokine），由淋巴细胞产生的细胞因子称为淋巴因子（lymphokine），可刺激骨髓干细胞分化成熟的细胞因子称为集落刺激因子（CSF）。

(2) 细胞因子的共同特性。

①种类繁多，生物学功能各异。

②绝大多数为低分子量(15000～30000)的蛋白质或糖蛋白，多为单体，也有二聚体和三聚体。大多数以较高的亲和力与其相应受体结合，极微量作用于靶细胞就可发挥显著的生物学功能。

③某些细胞受抗原、丝裂原或其他刺激物作用后，在激活或活化过程中合成和分泌细胞因子。细胞因子的分泌具有短时自限性(即细胞因子的基因多在细胞受到刺激后开始转录，转录出的mRNA在短时工作后很快被降解)。

④细胞因子可以自分泌、旁分泌或内分泌方式作用于靶细胞。

⑤一种细胞可产生多种细胞因子，不同种细胞之间可产生一种或几种相同的细胞因子。

⑥细胞因子的生物学功能：a. 多效性；b. 重叠性；c. 拮抗效应；d. 协同效应。众多细胞因子在机体内，相互促进或相互抑制，构成一个极为复杂的细胞因子网络。

(3) 细胞因子的种类：可分为六大类，即白细胞介素、干扰素、肿瘤坏死因子、集落刺激因子、生长因子和趋化性细胞因子。

①白细胞介素(IL)：最初是指由白细胞产生，又在白细胞之间发挥效应的细胞因子，后来发现也可产生于、作用于其他细胞，目前报道的IL已有18种(IL-1至IL-18)。

②干扰素(IFN)：最先发现的细胞因子，因具有干扰病毒感染和复制的活性而得名。IFN根据来源和理化性质可分为α、β、γ三种类型，IFN-α、IFN-β主要由白细胞、成纤维细胞及被病毒感染的细胞产生，IFN-γ主要由活化的T细胞和NK细胞产生。

③肿瘤坏死因子(TNF)：Garwell等在1975年发现的一类能使肿瘤发生出血、坏死的细胞因子，有TNF-α、TNF-β两种。TNF-α主要由活化的单核巨噬细胞产生，活化的T细胞、活化的NK细胞及肥大细胞也可分泌。TNF-β主要由活化的T细胞产生，又称淋巴毒素(LT)。

④集落刺激因子(CSF)：能刺激多能造血干细胞和不同分化发育阶段的造血干细胞增殖分化，并可在半固体培养基中形成相应细胞集落的细胞因子。迄今发现的有粒细胞巨噬细胞集落刺激因子(GM-CSF)、单核巨噬细胞集落刺激因子(M-CSF)、粒细胞集落刺激因子(G-CSF)、红细胞生成素(EPO)、干细胞生长因子(SCF)、血小板生成素(TPO)。

⑤生长因子(GF)：具有刺激细胞生长的作用。包括转化生长因子-β(TGF-β)、表皮细胞生长因子(EGF)、血管内皮细胞生长因子(VEGF)、成纤维细胞生长因子(FGF)、神经生长因子(NGF)、血小板衍生生长因子(PDGF)等。另外，IL-2可作为T细胞的生长因子，TNF可作为成纤维细胞的生长因子，但TGF-β可抑制细胞毒性T细胞的成熟及巨噬细胞的激活。

⑥趋化性细胞因子：一个蛋白质家族，由十余种结构上有较大同源性的蛋白质组成，可分为α、β、γ三个亚家族。主要由白细胞及造血微环境中的基质细胞分泌，可结合在内皮细胞的表面，具有对中性粒细胞、嗜酸性粒细胞、嗜碱性粒细胞、单核细胞、淋巴细胞的趋化作用和激活功能。

(4) 细胞因子的生物学功能。

①介导天然免疫。

a. IFN-α、IFN-β、IL-15、IL-12是重要的抗病毒细胞因子。受病毒感染的细胞可合成和分泌IFN-α、IFN-β，IFN-α、IFN-β可刺激邻近的细胞合成抑制RNA和DNA病毒复制的酶，使其进入抗病毒状态；IFN-α、IFN-β可刺激被病毒感染的细胞表达MHC-Ⅰ类分子，增强TC的活性；IFN-α、IFN-β可增强NK细胞裂解受病毒感染细胞的功能。IL-15可刺激NK细胞的增殖。IL-12增强激活的NK细胞和$CD8^+$ T细胞裂解靶细胞的功能。

b. TNF、IL-1、IL-6和趋化性细胞因子是启动抗菌炎症反应的关键细胞因子，被称为前炎症细胞因子。TNF可刺激血管内皮细胞表达黏附分子，使之易黏附白细胞；刺激单核巨噬细胞和其他细胞分泌趋化性细胞因子，诱导白细胞在炎症部位的聚集；TNF-α可激活炎性白细胞杀灭病原菌。IL-1刺激单核巨噬细胞和血管内皮细胞分泌趋化性细胞因子，刺激血管内皮细胞表达白细胞黏附分子。IL-6刺激肝细胞分泌急性期蛋白(如C-反应蛋白、甘露聚糖结合凝集素)。

Note

c. IL-10 在天然免疫过程中是重要的负调节细胞因子，可抑制巨噬细胞等分泌前炎症细胞因子，抑制巨噬细胞对 T 细胞的辅助作用。

②介导和调节特异性免疫应答。

IFN-γ 通过刺激抗原呈递细胞表达 MHC-Ⅱ类分子，促进 $CD4^+$ T 细胞的活化。TGF-β 可抑制巨噬细胞的激活。

IL-2 和 IL-4 是 T 细胞的自分泌生长因子和 B 细胞的旁分泌生长因子，IL-3 和 IL-4 协同刺激肥大细胞的增殖。IL-12 促进初始 $CD4^+$ T 细胞分化为 Th1 细胞，IL-4 促进初始 $CD4^+$ T 细胞分化为 Th2 细胞。细胞因子可使 B 细胞在分化过程中发生类别转换，如 IL-4 刺激 B 细胞产生 IgE，IFN-γ 刺激 B 细胞产生 IgG2a，TGF-β 刺激 B 细胞产生 IgA。

在免疫应答的效应阶段，多种细胞因子刺激免疫细胞清除抗原物质。Th1 细胞分泌的 IFN-γ 和 IL-2 都可增强 NK 细胞的细胞毒活性，IFN-γ 是一种重要的巨噬细胞激活因子，可激活单核巨噬细胞杀灭病原体，促进 TC 的成熟，IL-2 刺激 TC 的增殖和分化及杀灭病原体（尤其对胞内寄生物）。Th2 细胞分泌的 IL-4、IL-5 可刺激嗜酸性粒细胞分化及杀伤蠕虫。

分泌 TGF-β 的 T 细胞表现出抑制 T 细胞的功能，TGF-β 可抑制巨噬细胞的激活及 TC 的成熟。某些肿瘤细胞因分泌大量的 TGF-β 而削弱机体免疫系统的攻击力。

③诱导凋亡：IL-2 可诱导抗原活化的 T 细胞发生凋亡，进而限制免疫应答的强度，避免免疫损伤。如果此机制有缺陷，则易发生自身免疫病。TNF 可诱导肿瘤细胞的凋亡。

④刺激造血：由骨髓基质细胞和 T 细胞等产生刺激造血的细胞因子，在血细胞的生成方面起重要作用。干细胞生长因子（SCF）作用于造血干细胞，使其对多种集落刺激因子具有应答性。

GM-CSF、M-CSF、G-CSF 刺激粒细胞和单核细胞的产生，IL-4 加 GM-CSF 刺激朗格汉斯细胞分化为树突状细胞，IL-7 刺激未成熟 T 细胞前体细胞的生长与分化，EPO 刺激骨髓前体红细胞分化为成熟红细胞，IL-11 和血小板生成素（TPO）刺激骨髓巨核细胞的分化、成熟和血小板的产生。

任务三　抗　　原

一、抗原及其特性

二维码 5-8

（一）抗原（Ag）概念

凡能刺激机体免疫系统产生抗体或致敏淋巴细胞，并能与其相应抗体或致敏淋巴细胞在体内或体外结合发生特异性反应的物质，统称为抗原，如细菌、病毒、毒素等。

（二）抗原特性

抗原有免疫原性和抗原性两种特性。

1. 免疫原性　免疫原性指抗原能刺激机体免疫系统产生免疫应答能力的特性，即抗原进入机体后，能刺激免疫系统中的淋巴细胞活化、增殖、分化，产生特异性抗体或致敏淋巴细胞。

2. 抗原性　抗原性指抗原能与其诱生的免疫应答产物（相应抗体或致敏的效应 T 细胞）发生特异性结合反应的性能，又称反应原性。

根据抗原是否同时具备上述两种特性，可以把抗原分为完全抗原和不完全抗原。既具有免疫原性又具有抗原性的物质称为完全抗原。一般说的抗原即指完全抗原，如大多数蛋白质、细菌、细菌外毒素、病毒和异种动物血清等。只具有抗原性而无免疫原性的物质称为不完全抗原，也称半抗原，如大多数的多糖、某些小分子的药物（如青霉素）和一些简单的有机分子（分子量小于 4000）。不完全抗原没有免疫原性，单独使用时不能刺激机体产生抗体或致敏的效应 T 细胞，但能与已产生的抗体发生特异性反应。不完全抗原与相应载体蛋白（如牛血清蛋白、卵清蛋白等）结合为复合物后就可成为完全抗原，进入机体后可刺激免疫系统产生免疫应答。完全抗原是免疫原，而不完全抗原不是免疫原。

在不同情况下抗原有不同的名称，如引起凝集反应的抗原称为凝集原，引起沉淀反应的抗原称为沉淀原，引起超敏反应的抗原称为过敏原（又称变应原），引起免疫耐受的抗原称为耐受原。

二、构成抗原的条件

一种物质能否作为抗原，取决于其自身的化学性质和宿主因素。抗原物质必须具备以下几个条件，才能具有良好的免疫原性。

（一）异物性

凡是化学结构与宿主成分不同的外来物质，或在胚胎期机体的淋巴细胞从未接触过的物质，均属异物性物质。异物非专指异体物质，除外来分子外，还可是自身物质的分子结构发生改变（如病毒感染的细胞、肝癌细胞等）和胚胎期与淋巴细胞隔绝的自身组织物质（如精子、眼晶状体蛋白等）。正常情况下，T 细胞和 B 细胞发育成熟的标志是细胞表面表达特异性抗原受体。在胚胎期，这种带有特异性抗原受体的淋巴细胞首先接触的是机体自身的细胞和蛋白质，淋巴细胞一旦与之结合，该细胞克隆就被抑制，不能继续分化发育，有的干脆被杀死，称为克隆排除。于是通过这种负筛选的方法，把不能与自身细胞、蛋白质应答的淋巴细胞克隆筛选出来，形成只对外来（即“非己”）抗原物质产生应答的免疫功能，即只有“非己”的、同种异体或异种的抗原物质才能诱导宿主的正免疫应答，这是由于免疫系统在个体发育过程中，对“自己”抗原产生耐受，不能识别，而对“非己”抗原能够识别。因此，根据抗原来源与宿主的关系，异物性抗原有以下几种。

1. 异种抗原　通常认为，与宿主的生物学亲缘关系越远的物质，其分子结构差异越大，免疫原性也越强。例如，马血清对人呈强免疫原性，对驴则呈弱免疫原性，说明种系关系越近的物质，其免疫原性也越弱；鸭血清蛋白对鸡呈弱免疫原性，而对兔则呈强免疫原性。

2. 同种异体抗原　同种不同个体之间的不同基因型物质，其组织细胞成分不同，分子结构也不相同，相互具有免疫原性，如血型抗原、组织相容性抗原等。

3. 自身抗原　正常情况下，机体的自身物质或细胞不能刺激自体的免疫系统发生免疫应答，但如果自身组织结构发生改变，机体免疫识别功能紊乱或胚胎期淋巴细胞从未接触过的正常自身组织，出生后淋巴细胞一旦与之接触会视之为异物等情况，均可引发自身免疫。机体在受感染、电离辐射、外伤或药物等因素的影响下，自身物质的组织成分发生改变，对机体自身产生免疫原性，诱导机体的免疫应答，则此物质为改变的自身抗原。终生与免疫系统隔绝的成分，如眼球内的晶体蛋白、甲状腺球蛋白、精子等，一旦释放入血，会被免疫系统视为“非己”物质，成为自身抗原，这类物质称为隐蔽的自身抗原。自身抗原刺激免疫系统发生免疫应答，可导致自身免疫病。

（二）分子量大及化学结构的复杂性

1. 大分子物质　并非所有的异物都具有免疫原性，凡具有免疫原性的物质，必须具有一定的化学组成和结构，其分子量都较大，一般在 10000 以上；小于 10000 者，其免疫原性较弱；低于 4000 者为不完全抗原，没有免疫原性，但其与大分子蛋白质载体结合后可以获得免疫原性。因此，蛋白质分子、复杂的多糖是常见的良好抗原，如细菌、病毒、外毒素、异种动物的血清等都是抗原性很强的物质，一般认为其原因如下：分子量越大，其表面的抗原决定簇越多，化学结构也较稳定；大分子物质不易被机体破坏或清除，在体内存留的时间较长，有利于与免疫细胞接触，从而刺激机体的免疫系统产生免疫应答。

2. 分子结构的复杂性　仅分子量大，若是结构简单的聚合物，不一定具有免疫原性，如明胶是有机大分子（分子量为 100000～150000），但因其结构简单重复而无免疫原性。因此，抗原物质除了要求分子量大外，还需有一定复杂的化学结构和化学组成。

在蛋白质分子中，凡含有大量芳香族氨基酸，尤其是含有酪氨酸的蛋白质，其免疫原性一般较强，如蛋白质分子中含有 2%的酪氨酸，即具有良好的免疫原性。而以非芳香族氨基酸为主的蛋白质，其免疫原性弱。结构复杂的蛋白质和多糖抗原，免疫原性强，反之则较弱。其复杂性是由氨基酸和单糖的类型及数量等决定的，如聚合体蛋白质分子较简单，可溶性蛋白质分子的免疫原性强；结构复杂的多糖，如细菌的细胞壁、荚膜及红细胞血型抗原等，均具有较强的免疫原性，核酸、脂质无免疫原性，但与蛋白质结合形成核蛋白、脂蛋白则具有免疫原性。在自身免疫病中，天然核蛋白可诱导免疫应答，产生抗 DNA 或抗 RNA 抗体。

（三）物理状态

免疫原性的强弱也与抗原物质的物理状态有关。球形蛋白质分子的免疫原性比纤维形蛋白质分子强；聚合状态的蛋白质较其单体的免疫原性强；颗粒性抗原较可溶性抗原的免疫原性强，这是由于可溶性蛋白易被蛋白酶降解。因此，免疫原性较弱的蛋白质经聚合或吸附在氢氧化铝凝胶、脂质体等大分子颗粒上，就可以增强其免疫原性。

三、抗原的特异性与交叉性

（一）抗原特异性

抗原的特异性表现在免疫原性和抗原性两方面。前者指某一特定抗原只能激发机体相对应的淋巴细胞产生针对该抗原的特异性抗体，后者指某一特定抗原只能与其对应的抗体发生特异性结合反应。

抗原分子的结构十分复杂，但抗原特异性并非由整个抗原分子决定的，而是由抗原决定簇决定的。抗原决定簇(AD)是指位于抗原分子表面具有特殊立体构型和免疫活性的化学基团，因其位于抗原分子表面，故又称抗原表位。抗原决定簇是抗原与抗体相互作用的区域，其大小相当于相应抗体的抗原结合部位，一般由 5～8 个氨基酸、单糖或核苷酸残基组成。抗原决定簇可被淋巴细胞识别而诱导免疫应答，被抗体分子识别而发生抗原-抗体反应，这是研究抗原特异性的基础。

（二）抗原交叉性

一个抗原分子可以有一种或多种不同的抗原决定簇，一种抗原决定簇决定一种特异性，多种抗原决定簇决定多种特异性。一个抗原分子上若只有一种抗原决定簇，称为单纯抗原；但是天然情况下很少发现单纯抗原，大多数天然抗原分子结构复杂，具有多种抗原决定簇。一般来说，不同的抗原物质具有不同的抗原决定簇，并各自具有特异性；但也存在某一抗原决定簇同时出现在不同抗原物质上，这种抗原决定簇称为共同抗原决定簇；带有共同抗原决定簇的抗原互称共同抗原。拥有共同抗原在自然界，尤其在微生物中，是很常见的一种现象，存在于同一种属或近缘种属中的共同抗原称为类属抗原，而存在于不同种属生物间中的共同抗原称为异嗜性抗原。

由共同抗原决定簇刺激机体产生的抗体，不仅可与其自身表面的相应抗原表位结合，而且能与另一种抗原的相同表位结合发生反应，称为交叉反应。共同抗原也称交叉抗原。例如，甲、乙两种细菌为共同抗原，因为共同抗原决定簇（A 抗原决定簇）的存在，由甲、乙两种抗原物质刺激机体产生的抗体不仅可分别与其自身表面的相应抗原表位结合，而且由甲菌刺激机体产生的抗体还能与乙菌表面的相同抗原表位结合，同样，乙菌刺激机体产生的抗体亦可与甲菌表面的相同抗原表位结合，但反应程度较弱。这类由于甲、乙两种细菌存在共同抗原而引起甲菌抗原（或抗体）与乙菌的抗体（或抗原）间发生较弱的免疫反应的现象，称为交叉反应。

交叉反应可用来解释某些免疫病理现象。例如，溶血性链球菌与人的肾小球基底膜及心肌组织之间有异嗜性抗原，反复感染链球菌后产生的抗体，可对肾小球和心肌产生免疫效应，导致肾小球炎或心肌炎。交叉反应也可以用来诊断某些传染病，例如立克次体与变形杆菌属的 X19、X2、Xk 菌株的菌体 O 抗原有共同的耐热多糖类抗原，故临床上常用易于制备的变形杆菌 O 抗原代替立克次体抗原与患者血清进行交叉凝集反应，检测患者体内是否有相应的抗体。

四、抗原的类型

自然界存在的抗原物质很多，可根据不同的原则进行分类。

二维码 5-9

（一）根据抗原性质分类

1. 完全抗原 既具有免疫原性又具有抗原性的物质均属完全抗原。如大多数蛋白质、组织细胞、细菌外毒素、抗毒素、异种动物血清、各种疫苗等均是完全抗原。

2. 不完全抗原(半抗原) 只具有抗原性而无免疫原性的物质称为不完全抗原，如多糖、类脂、核酸、某些药物等。不完全抗原因其分子量较小，不能诱导机体产生免疫反应，但如果与大分子蛋白质载体结合后则可成为完全抗原，即可刺激机体产生抗体。任何一个完全抗原都可以看作是半抗原与载体的复合物，载体在免疫反应中起很重要的作用。

(二) 根据对胸腺的依赖性分类

根据抗原物质在激发免疫应答过程中，是否需要T细胞的辅助才能活化B细胞产生抗体，将抗原分为胸腺依赖性抗原和非胸腺依赖性抗原。

1. 胸腺依赖性抗原(TD抗原) 绝大多数抗原需要T细胞协助才能刺激B细胞分化成浆细胞产生抗体，这类抗原称为胸腺依赖性抗原。TD抗原大多数由蛋白质组成，分子量大，结构复杂，表面的抗原决定簇种类多，但排列无规律，缺乏同一抗原决定簇多次重复出现。TD抗原既具有表面的半抗原决定簇(B细胞决定簇)，又具有载体决定簇(T细胞决定簇)，易引起体液免疫和细胞免疫，可诱导免疫记忆。TD抗原刺激机体产生的抗体主要是IgG。

2. 非胸腺依赖性抗原(TI抗原) 这类抗原不需Th细胞辅助，直接激活B细胞分化成浆细胞产生抗体，如大肠杆菌脂多糖(LPS)、肺炎链球菌荚膜多糖(SSS)和聚合鞭毛素(POL)等。TI抗原多数为大分子多聚体，在抗原分子上有大量重复出现的同一抗原决定簇，排列有规律；TI抗原只有B细胞抗原表位，只能诱导体液免疫应答，仅产生IgM抗体，不易产生细胞免疫，无免疫记忆。

(三) 根据抗原的来源分类

1. 外源性抗原 外源性抗原指从细胞外摄取的抗原。自细胞外被单核吞噬细胞等抗原呈递细胞吞噬、捕获或与B细胞特异性结合后进入细胞内的抗原均称为外源性抗原，包括所有自体外进入的微生物、疫苗、异种蛋白等，以及自身合成而又释放于细胞外的非自身物质。

2. 内源性抗原 内源性抗原指自身细胞内合成的抗原，如病毒感染细胞合成的病毒蛋白、肿瘤细胞合成的肿瘤抗原等。

(四) 根据抗原颗粒大小和溶解性分类

1. 颗粒性抗原 主要指微生物、细胞抗原等，如细菌、支原体、立克次体、衣原体、病毒、红细胞等，它们的颗粒相对较大，与相应抗体特异性结合后可出现凝集反应(如红细胞凝集)。

2. 可溶性抗原 存在于宿主组织或体液中游离的抗原物质，包括蛋白质、多糖、脂多糖、结合蛋白(糖蛋白、脂蛋白、核蛋白等)、细菌毒素等。它们作为大分子物质，在水溶液中溶解形成亲水胶体。它们与相应抗体特异性结合后形成抗原-抗体复合物，在一定条件下出现可见的沉淀反应。可溶性抗原是抗原研究的主体，它们存在于一切生物的细胞膜内或体液中。从分子水平看，可溶性抗原存在于颗粒性抗原的细胞膜上，是颗粒性抗原诱导机体产生免疫应答的分子基础。

五、常见的抗原

(一) 微生物抗原

1. 细菌抗原 细菌抗原主要有以下几种类型。

(1) 菌体抗原(O抗原)：主要指革兰阴性菌细胞壁抗原，其化学本质为脂多糖(LPS)，耐热，性质较稳定。

(2) 鞭毛抗原(H抗原)：细菌的鞭毛蛋白抗原性强，不耐热，56～80 ℃即可被破坏。不同细菌的H抗原具有特异性，常作为细菌血清学鉴定和分型的依据之一。例如，用鞭毛抗原制备抗鞭毛因子血清，可用于沙门氏菌和大肠杆菌的免疫诊断。

(3) 菌毛抗原(F抗原)：许多革兰阴性菌和少数革兰阳性菌具有，菌毛由菌毛素组成，有很强的抗原性，如大肠杆菌F4(K88)抗原、F5(K99)抗原。

Note

(4) 荚膜抗原(K 抗原):也称表面抗原,主要指荚膜多糖或荚膜多肽,是包围在细菌细胞壁外周的抗原,如大肠杆菌的 K 抗原、伤寒杆菌的 Vi 抗原。

2. 毒素抗原 有些细菌如破伤风梭菌,能产生并释放毒力很强的外毒素,外毒素是蛋白质,具有很强的免疫原性。外毒素经 0.3%～0.4%甲醛处理后其毒力减弱或完全丧失,但仍保留很强的免疫原性,成为类毒素;将类毒素注射到动物机体后可刺激机体产生抗外毒素的抗体,这种抗体称为抗毒素。类毒素对预防白喉、破伤风等细菌外毒素引起的疾病有重要作用。

3. 病毒抗原 病毒很小,结构简单,无囊膜病毒的抗原特异性取决于病毒颗粒表面的衣壳蛋白。病毒表面的衣壳蛋白抗原称为 VC 抗原。例如,口蹄疫病毒的衣壳蛋白 VP1、VP2、VP3、VP4 即为此类抗原,其中 VP1 能使机体产生中和抗体,使动物获得抗感染能力,为口蹄疫病毒的保护性抗原。有囊膜病毒的抗原特异性则主要由囊膜上的纤突蛋白决定,将病毒表面的囊膜抗原称为 V 抗原。例如,流感病毒外膜上的血凝素(H)和神经氨酸酶(N)都属于 V 抗原,具有很强的抗原性和特异性,通常以 HN 表示流感病毒的血清亚型分类。

4. 真菌和寄生虫抗原 真菌、寄生虫及其虫卵都有特异性抗原,但免疫原性较弱,特异性也不强,交叉反应较多,一般很少用于分类鉴定。

5. 保护性抗原 微生物具有多种抗原成分,但其中只有 1～2 种抗原成分能刺激机体产生抗体,具有免疫保护作用,因此将这些抗原称为保护性抗原或功能抗原。例如,口蹄疫病毒的 VP1 保护性抗原、传染性法氏囊病毒的 VP2 保护性抗原、肠致病性大肠杆菌的菌毛抗原(如 K88、K99 等)和肠毒素抗原(如 ST、LT 等)。

(二)动物抗原

1. 异种动物红细胞 异种动物红细胞都具有很强的免疫原性。免疫学实验中,常将绵羊红细胞注射到家兔体内制成抗绵羊红细胞血清,将其与绵羊红细胞及补体加在一起,可使绵羊红细胞溶解。

2. 异种组织细胞和血清 异种组织细胞和血清都具有很好的免疫原性,应用含有异种动物组织的疫苗时应注意,例如反复注射兔脑和羊脑制备的狂犬疫苗可能引起变态反应性脑脊髓炎。应用异源免疫血清治疗时,反复注射也可能引起过敏反应。

任务四 免疫应答

一、免疫应答概述

二维码 5-10

(一)免疫应答概念

免疫应答是抗原物质刺激机体免疫系统后发生的一种生理性排异过程,即免疫细胞受抗原刺激后活化、增殖、分化及产生免疫效应以清除抗原异物的过程。

免疫应答过程包括抗原呈递、淋巴细胞活化、免疫分子形成及免疫效应发生等一系列的生理反应。机体通过有效的免疫应答,识别"自己"与"非己",并及时清除体内"非己"的抗原物质,从而维持机体内环境的平衡和稳定。

广义的免疫应答包括机体非特异性的和特异性的识别,并排除"非己"物质,以维持自身相对稳定的全过程。本任务中所阐述的免疫应答主要是抗原诱导的特异性免疫应答。

(二)免疫应答类型

1. 按介导效应反应免疫介质的不同分类 免疫应答可分为细胞介导免疫和体液免疫两大类:

细胞介导免疫是T细胞介导的免疫应答,简称细胞免疫;体液免疫是B细胞介导的免疫应答,也称抗体应答,以血清中出现循环抗体为特征。

2. 按抗原刺激顺序分类 某抗原初次刺激机体与一定时期内再次或多次刺激机体可产生不同的效果,据此,免疫应答可分为初次应答和再次应答两类。一般来说,不论是细胞免疫还是体液免疫,初次应答比较缓慢柔和,再次应答则较快速激烈。

3. 按抗原进入机体后免疫应答的效果分类 ①正常免疫应答:机体建立特异性免疫,即特异性淋巴细胞受抗原刺激后活化、增殖、分化,产生效应分子(抗体、淋巴因子等)和效应细胞(细胞毒性T细胞等),表现为排异反应,发挥免疫保护作用,此过程为正免疫应答。②免疫耐受性:机体不发生正常免疫应答,即免疫活性细胞接触抗原性物质时所表现的一种特异性的无应答状态。正常情况下,免疫系统对宿主自身的组织和细胞不产生免疫应答,此为负免疫应答(不产生效应分子和效应细胞),也称自身免疫耐受。③病理性免疫应答:由免疫机能失调所导致的超敏反应、免疫缺陷、免疫增生以及自身免疫病等,为免疫损伤。

(三)免疫应答的基本过程

机体的免疫应答过程十分复杂,可人为地划分为三个阶段:致敏阶段、反应阶段和效应阶段。

1. 致敏阶段 致敏阶段又称感应阶段、抗原识别阶段,包括抗原的摄取、处理、呈递和特异性识别。进入体内的抗原,除少数TI抗原可直接激活相应的B细胞外,大多数TD抗原由巨噬细胞(抗原呈递细胞)吞噬、加工后,将抗原决定簇呈递给辅助性T细胞(Th细胞),再由Th细胞一方面呈递给相应的T细胞,由抗原特异性T细胞识别,另一方面呈递给带相应膜表面免疫球蛋白(SmIg)的B细胞,由抗原特异性B细胞识别。

2. 反应阶段 反应阶段又称活化、增殖和分化阶段,是抗原特异性淋巴细胞(T细胞和B细胞)识别抗原后活化,进行增殖、分化以及产生效应淋巴细胞和效应分子的过程。诱导产生细胞免疫时,T细胞识别抗原后活化,增殖分化为淋巴母细胞,最终成为效应T细胞(又称致敏T细胞,包括细胞毒性T细胞和迟发型变态反应T细胞),并产生多种细胞因子。诱导产生体液免疫时,B细胞识别抗原后活化,增殖分化为浆细胞,浆细胞可合成、分泌抗体。少数T细胞、B细胞在分化过程中,中途停止分化形成长寿的记忆细胞(Tm细胞或Bm细胞)。记忆细胞贮存着抗原信息,在体内存活数月、数年,甚至更长的时间。记忆细胞以后再次接触相同抗原时可迅速增殖、分化为致敏淋巴细胞或浆细胞,发挥效应作用。

3. 效应阶段 效应阶段是免疫效应细胞和效应分子发挥细胞免疫效应和体液免疫效应,最终清除抗原的过程。当效应T细胞或浆细胞再次遇到相同抗原刺激时,效应T细胞就会释放出多种具有免疫活性的淋巴因子或直接与靶细胞(抗原)结合杀伤靶细胞,发挥细胞免疫效应;而浆细胞则合成、分泌抗体,其分布于体液中,直接作用或在吞噬细胞、K细胞、补体等协助下消灭相应抗原,发挥体液免疫效应。

综上所述,机体可同时进行细胞免疫应答和体液免疫应答,因抗原的特性不同,两种免疫应答的侧重可能不同。

(四)免疫耐受性

免疫耐受性是指机体接触抗原后建立的特异性无应答状态。机体免疫耐受性的建立与正常免疫应答具有共性,都需要抗原诱导,均具有特异性和记忆性。已对某一抗原耐受的个体,当再次接触同一抗原时不应答,但对其他抗原仍具有免疫应答能力。免疫耐受性的建立受机体和抗原两方面因素的影响。

1. 机体方面

(1)与动物种属、品系有关:例如,兔和有蹄兽、灵长类只在胚胎期才能诱导建立免疫耐受性,小鼠和大鼠在胚胎期和新生期都可以建立免疫耐受性。给C57BL/b小鼠注射0.1 mg丙种球蛋白即可诱导免疫耐受性,但给BALB/c小鼠注射10 mg也难诱导成功。

（2）与年龄有关：免疫耐受性建立的难易与免疫细胞发育与功能完善程度密切相关，总的规律是胚胎期接触抗原容易建立免疫耐受性，新生期次之，成年期难以建立。

2. 抗原方面 能诱导免疫耐受性的抗原称为耐受原。一般小分子可溶性抗原（血清蛋白、多糖、脂多糖等）较易成为耐受原。TI 抗原只有高剂量时才能诱导免疫耐受性，TD 抗原在低剂量和高剂量时均可成为耐受原。不同抗原状态及接触方式诱导免疫耐受性的难易顺序为不加佐剂抗原＞加佐剂抗原，静脉注射＞腹腔注射＞皮下注射。

二、体液免疫应答

二维码 5-11

（一）体液免疫概念

抗原进入机体后，刺激 B 细胞使其活化、增殖为浆细胞，产生抗体，分布于体液（血液、淋巴液、组织液）中，通过中和作用或在补体、吞噬细胞、K 细胞等协助下，特异性地清除抗原的过程，称为体液免疫。

体液免疫以浆细胞产生抗体来发挥作用，主要针对胞外病原体和毒素。因此，当病原体侵入血液、淋巴液或组织液（即细胞外液）时，体液免疫起关键作用。体液免疫可通过免疫血清从已免疫的个体转移给未免疫的个体。

（二）体液免疫应答过程（图 5-5）

1. 感应阶段 体液免疫可由胸腺依赖性抗原（TD 抗原）和非胸腺依赖性抗原（TI 抗原）诱发。TD 抗原和 TI 抗原引起的体液免疫应答过程不同，前者必须有 Th 细胞的辅助，后者无需 Th 细胞的辅助。大多数的天然蛋白质类抗原属于 TD 抗原，非蛋白质类抗原（如脂类、多糖抗原等）属于 TI 抗原。

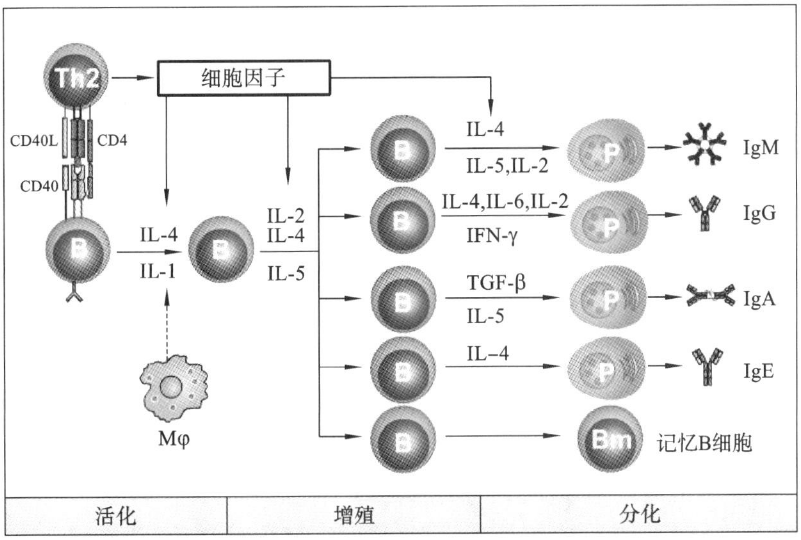

图 5-5 体液免疫应答过程示意图

2. 反应阶段 B 细胞受 TD 抗原刺激后，开始进行一系列的增殖或分化，大部分分化为可合成分泌不同类型免疫球蛋白的浆细胞，初期的浆细胞分泌 IgM，中期的浆细胞分泌 IgG，后期的浆细胞分泌 IgA；小部分形成记忆 B 细胞，其寿命较长，参加再循环并带有特异的 SmIg，当同种抗原再次进入机体与其 SmIg 结合后，记忆 B 细胞将迅速分裂增殖、分化为浆细胞，大量分泌 IgG。B 细胞受 TI 抗原刺激后，增殖、分化成浆细胞，只产生少量的 IgM，不产生记忆 B 细胞，无再次应答反应。

3. 效应阶段 在这一阶段，抗原成为被作用的对象，浆细胞产生的各类抗体在体液中与抗原特异性结合后，通过中和作用或补体结合、免疫调理、ADCC 等作用发挥免疫效应，清除抗原。例如，抗体与入侵的病原体结合，可以抑制病原体的繁殖或是对宿主细胞的黏附，从而防止感染和疾病的发生；抗体与病毒结合后，可以使病毒失去侵染和破坏宿主细胞的能力；在多数情况下，抗原与抗体结合后会发生进一步的变化，如形成沉淀或细胞集团，进而被吞噬细胞吞噬消化。

（三）体液免疫的效应

体液免疫应答最终效应是将侵入机体的“非己”细胞或分子加以清除，即排异效应。但抗体分子本身只具有识别作用，并不具有杀伤或排异作用，因此体液免疫的最终效应必须借助机体其他免疫细胞或免疫分子的协同作用才能达到排异效果。抗体的免疫效应主要有以下几个方面。

1. 中和作用 机体内针对细菌毒素的抗体与相应毒素结合后，可改变毒素分子的构型而使其失去毒性作用，且毒素与抗体形成的复合物也易被吞噬细胞所吞噬；针对病毒的抗体与相应病毒结合可阻止病毒与靶宿主细胞结合，从而发挥抗体的免疫保护作用。但中和作用无法在根本上将这些病原微生物及其产物在体内清除，为了将病原微生物在宿主体内清除，还需通过抗体介导的免疫调理作用、ADCC 等来清除病原微生物。

2. 局部黏膜免疫作用 由黏膜固有层中浆细胞产生的分泌型 IgA 可阻止病原微生物对黏膜上皮的吸附，是抵抗呼吸道、消化道和泌尿生殖道病原微生物感染的主要防御力量。

3. 免疫调理作用 免疫调理作用指抗体与吞噬细胞表面结合，促进吞噬细胞吞噬细菌等颗粒性抗原的作用。有些毒力较强的细菌，如有荚膜的肺炎链球菌、葡萄球菌等不易被吞噬细胞吞噬消化，但当相应的抗体（IgG 或 IgM）与之结合后，则容易被吞噬消灭；如果再激活补体形成细菌-抗体-补体复合物，则更容易被吞噬消灭。这是由于单核-巨噬细胞表面具有抗体分子 Fc 段的受体和 C3b 的受体，体内形成的抗原-抗体复合物或抗原-抗体-补体复合物容易被巨噬细胞捕获，抗体的这种作用称为免疫调理作用。

4. 免疫溶解作用 某些病原菌（如霍乱弧菌）或某些原虫（如锥虫）与抗体结合后激活存在于正常血清里的补体，可导致细菌细胞或虫体溶解。

5. 抗体依赖性细胞介导的细胞毒作用（ADCC） IgG 和 IgM 与靶细胞（病毒感染细胞或肿瘤细胞等）结合后，其 Fc 段可以与效应细胞（巨噬细胞、K 细胞等）的 Fc 受体结合，从而发挥效应细胞的细胞毒作用，杀伤靶细胞。

6. 免疫损伤作用 抗体在体内引起的免疫损伤主要是介导Ⅰ型（IgE）和Ⅱ型（IgG、IgM）超敏反应，以及一些自身免疫病。

三、细胞免疫应答

二维码 5-12

（一）细胞免疫概念

细胞免疫又称 T 细胞介导的免疫，是指抗原进入机体后，T 细胞受抗原刺激增殖分化为效应 T 细胞（致敏 T 细胞），并产生细胞因子，从而发挥免疫效应的过程。

（二）细胞免疫应答的基本过程

抗原进入机体后，经 Mφ 吞噬、降解处理后，将抗原决定簇呈递给 Th 细胞和抗原特异性 T 细胞。Th 细胞同时在 Mφ 分泌的白细胞介素（IL-1）作用下活化为效应 Th 细胞，通过分泌 IL-2 的作用，辅助抗原特异性 T 细胞，使之分化、增殖，产生大量效应 T 细胞。效应 T 细胞包括细胞毒性 T 细胞（TC 细胞）和迟发型 T 细胞（TD 细胞）。TC 细胞对抗原发挥特异性杀伤作用，TD 细胞与同种抗原结合后，释放多种具有生物活性的淋巴因子（LK）。有的淋巴因子能吸引吞噬细胞，有的能激活吞噬细胞和白细胞，引起慢性炎症反应，以清除抗原（图 5-6）。

（三）细胞免疫的作用机制

细胞免疫的作用机制包括两个方面。

1. 细胞毒性 T 细胞（TC 细胞）的直接杀伤作用 TC 细胞具有杀伤能力，又称杀伤性 T 细胞。当 TC 细胞与带有相应特异性抗原的细胞（靶细胞）再次接触时，TC 细胞能与靶细胞特异性结合，并分泌穿孔素，使靶细胞发生不可逆的损伤，直接杀伤靶细胞，使靶细胞溶解而死亡。TC 细胞在杀伤靶细胞过程中，本身未受伤害，对靶细胞杀伤破坏后可完整无缺地与裂解的靶细胞分离，又可重新攻击其他靶细胞，产生细胞毒作用。TC 细胞对靶细胞能起直接杀伤和重复杀伤作用，在抗细胞内感

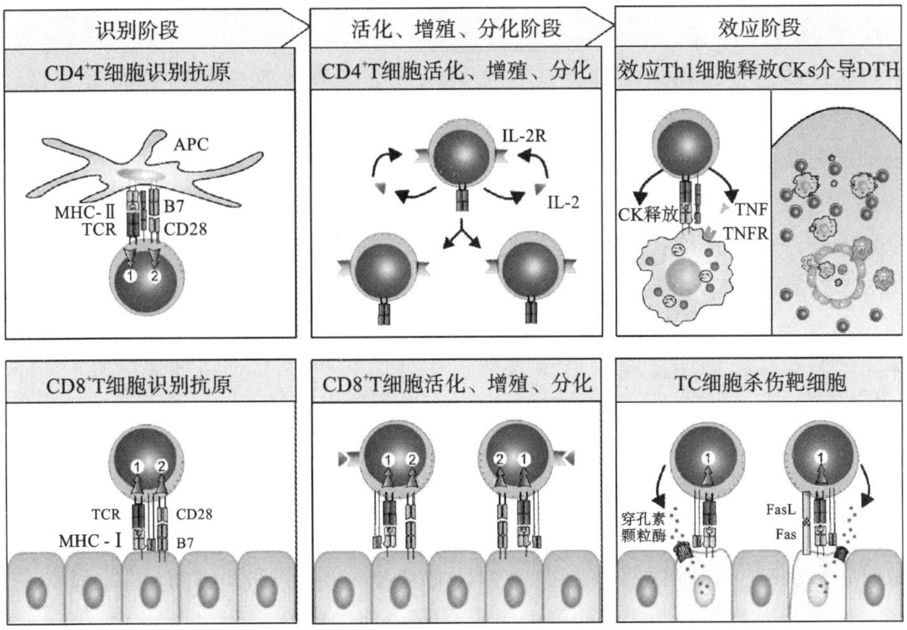

图 5-6　细胞免疫应答的基本过程

染、同种异体移植排斥反应和抗肿瘤免疫中发挥重要作用。

2. 通过淋巴因子相互配合、协同杀伤靶细胞　TD 细胞的免疫效应是通过释放多种可溶性的淋巴因子来实现的，主要引起以局部的单核细胞浸润为主的炎症反应，即迟发型变态反应(DTH)。TD 细胞受相应抗原作用后，释放的许多具有生物活性的可溶性蛋白质总称为淋巴因子(lymphokine，LK)。LK 是细胞免疫的主要介质，目前已发现 50 多种，以其生物学功能命名，多数 LK 非特异性地作用于其他细胞，发挥其功能。如皮肤反应因子可使血管通透性增强，使吞噬细胞易于从血管内游出；巨噬细胞趋化因子可吸引相应的免疫细胞向抗原所在部位集中，以利于对抗原进行吞噬、杀伤、清除等。各种淋巴因子的协同作用，扩大了免疫效果，达到清除抗原异物的目的(表 5-1)。

表 5-1　主要的淋巴因子及其作用

淋巴因子	作　用
巨噬细胞移动抑制因子(MIF)	抑制巨噬细胞随机移动，使之聚积在炎症部位，增强吞噬作用
巨噬细胞趋化因子(MCF)	吸引巨噬细胞至局部
巨噬细胞聚集因子(MAF)	使巨噬细胞集中
巨噬细胞活化因子(MAggF)	激活和加强巨噬细胞溶菌和杀伤肿瘤细胞作用
淋巴细胞生长因子类(IL-2、BCGF、IL-3 等)	诱导淋巴细胞的 DNA 合成过程，促进其生长增殖
趋化因子类(CFs)	分别吸引各种不同粒细胞
白细胞移动抑制因子(LIF)	抑制中性粒细胞的随机移动
淋巴毒素(LT)	对肿瘤细胞和病毒感染的靶细胞有选择性杀伤作用
γ 干扰素(IFN-γ)	防止病毒在靶细胞内复制，可激活 NK 细胞，加强巨噬细胞的溶菌能力
Ia 抗原诱导因子	诱导巨噬细胞表达 Ia 抗原
转移因子(TF)	使已致敏机体内其他正常淋巴细胞获得相应特异性细胞免疫的能力，也可将其转移给其他正常个体
皮肤反应因子(SRF)	引起血管扩张，增加血管通透性
有丝分裂原因子(MF)	非特异性地使淋巴细胞进行有丝分裂，以扩大免疫应答的后备力量

（四）细胞免疫的效应

1. 抗胞内病原体感染作用 细胞免疫在抗胞内寄生病原体感染方面具有重要作用。例如，胞内寄生菌(结核分枝杆菌、布氏杆菌、马鼻疽杆菌、人的麻风病杆菌等)被吞噬细胞吞噬后形成不完全吞噬，细菌、病毒或原虫进入感染宿主细胞内，体液免疫的抗体不能发挥作用，靠机体细胞免疫应答产生的 TC 细胞和淋巴因子，共同将胞内菌、病毒或原虫消灭。

2. 抗肿瘤作用 细胞免疫在抗肿瘤免疫方面也具有重要作用。肿瘤细胞抗原被机体的 T 细胞识别后，产生可直接破坏肿瘤细胞的 TC 细胞，同时释放淋巴因子，杀伤或破坏肿瘤细胞，并动员机体的免疫器官，监视突变细胞的出现。

3. 同种异体组织移植排斥反应 机体的细胞免疫应答也可引起同种异体移植物的排斥反应。这是因为同种动物不同个体组织细胞的组织相容性抗原，除同卵双生的两个个体之间相同外，其他个体之间都不相同。在不同的个体间进行组织移植，受体的淋巴细胞均会识别非自身的供体组织，进行细胞免疫应答，通过 TC 细胞的直接杀伤作用和淋巴因子引起的炎症反应，移植物被排斥并脱落。

4. 迟发型变态反应 机体对某些胞内菌的细胞免疫应答，可同时引起迟发型变态反应。机体受抗原刺激后，在某些淋巴因子的作用下，引起以局部单核细胞浸润为主的炎症反应，反应部位血管通透性增强，巨噬细胞聚集于感染部位，机体在消灭病原体的同时，引起局部组织损伤、坏死及溃疡。

任务五 抗感染免疫

感染是指病原微生物侵入机体，在体内繁殖，释放出毒素、酶，或侵入组织细胞，引起组织细胞乃至器官发生病理变化的过程。这一过程同时交织着机体的特异性免疫应答和非特异性防御功能。当非特异性免疫不能阻止侵入的病原微生物生长、繁殖并加以消灭时，机体对该病原微生物的特异性免疫即逐渐形成，直到感染终止，这就大大加强了机体抗感染的能力。

抗感染免疫是机体抵抗病原微生物及其有害产物，以维持生理功能稳定的过程。机体抗感染免疫包括特异性免疫和非特异性免疫。非特异性免疫包括皮肤与黏膜等屏障结构、吞噬细胞的吞噬功能和补体等体液中的抗微生物物质，特异性免疫包括以抗体作用为中心的体液免疫和致敏淋巴细胞及其产生的淋巴因子为中心的细胞免疫。抗胞外菌感染以体液免疫为主，抗胞内菌感染以细胞免疫为主。在抗病毒免疫过程中，体液免疫和细胞免疫都重要，预防病毒的再传染主要靠体液免疫，而病毒感染机体的恢复主要依靠细胞免疫。在寄生虫感染后，机体产生的免疫反应与其他病原体感染一样，也表现为体液免疫和细胞免疫。

根据病原体的不同，可将抗感染免疫分为抗细菌感染免疫、抗病毒感染免疫、抗真菌感染免疫和抗寄生虫感染免疫等。

一、抗细菌感染免疫

二维码 5-13

视频：抗细菌感染免疫

抗细菌感染免疫是指机体抵御细菌感染的能力，是由机体的非特异性免疫和特异性免疫协调完成的。病原菌侵入动物机体后，机体首先发挥非特异性免疫作用，其中以细胞吞噬作用和炎症反应为主，随后特异性免疫产生，两者协同消灭病原菌。

根据病原菌与宿主细胞的关系，病原菌可分为胞外菌和胞内菌。细菌的种类不同，感染的部位不同，机体抗感染免疫的成分及作用方式不同。

（一）抗胞外菌感染的免疫

动物病原菌大多为胞外菌，感染机体后主要寄居在宿主体细胞外的组织间隙和血液、淋巴液、组织液中，通过产生内、外毒素等毒性物质和炎症反应致病，如葡萄球菌、链球菌、破伤风梭菌、巴氏杆菌、致病性大肠杆菌等主要在吞噬细胞外繁殖，引起急性感染。胞外菌大多具有能抵抗吞噬作用的表面抗原结构和酶，如荚膜、溶血性链球菌的黏蛋白、金黄色葡萄球菌的凝固酶等。有的胞外菌侵袭力不强，但能产生毒性很强的外毒素引起疾病，如破伤风梭菌等。机体对胞外菌的抗感染作用主要依靠非特异性免疫（吞噬作用）和体液免疫两者配合来消灭病原菌。

1. 抗胞外菌的非特异性免疫 胞外菌穿过皮肤与黏膜等体表屏障向机体内部入侵、扩散时，机体的吞噬细胞及体液中的抗微生物物质会发挥抗感染作用。机体内的中性粒细胞等吞噬细胞对病原菌进行吞噬。若病原菌毒力不强、数量不多，可很快被中性粒细胞、单核巨噬细胞吞噬、杀灭，不会形成感染。但有荚膜的细菌能抵抗吞噬细胞的吞噬作用，金黄色葡萄球菌可分泌凝固酶，使宿主血浆中的纤维蛋白原转化为纤维蛋白，包裹在菌体表面，也能起抗吞噬作用。

体液中的补体等抗微生物物质对病原菌也有一定作用，但作用不如吞噬细胞。在体内，这些抗微生物物质的直接作用一般不大，常是配合其他杀菌因素发挥作用。

2. 抗胞外菌的特异性免疫 若非特异性免疫不能完全阻挡病原菌，则需依靠体液免疫来清除胞外菌。胞外菌感染的致病机制，主要是引起感染部位的组织破坏（炎症）和产生毒素。因此抗胞外菌感染的特异性体液免疫应答作用在于排出细菌及中和其毒素，表现为杀菌及溶菌作用、调理吞噬作用、局部黏膜免疫作用等。对于细菌的外毒素，机体通过中和作用使其丧失致病作用。

（1）杀菌及溶菌作用：在许多感染中，机体能产生相应抗体（IgG、IgM、IgA），当 IgM、IgG 与细菌表面抗原结合形成的免疫复合物通过经典途径活化补体，或由分泌型 IgA 通过替代途径活化补体，形成攻膜复合物时，即可引起细胞膜的损伤。对大多数革兰阴性菌而言，补体被激活后，还需溶菌酶同时参与才能破坏细菌表层的黏多糖，破坏细胞膜，最后使细胞溶解。

（2）调理吞噬作用：对已形成荚膜的细菌，抗体直接作用于荚膜抗原，使其失去抗吞噬能力，被吞噬细胞吞噬和消化；对无荚膜的细菌，抗体作用于 O 抗原，通过 IgG Fc 段与吞噬细胞表面相应的 Fc 受体结合，即可在细菌与吞噬细胞间形成抗体“桥梁”，促进吞噬细胞对细菌的吞噬作用。与细菌结合的抗体（IgG 和 IgM）又可激活补体，并通过活化的补体成分，与吞噬细胞表面的补体受体结合，增强其吞噬作用。

在调理吞噬作用中，IgM 的作用较 IgG 强 500～1000 倍；在补体参与的溶菌作用中，IgM 的作用比 IgG 强 100 倍。因此，在初次免疫反应期间，体液中 IgM 含量虽然较少，但其免疫效率极高，是感染早期机体免疫保护的主要因素。

（3）中和作用：抗毒素能与细菌的外毒素特异性结合，使其失去活性。两者特异性结合后形成的复合物可被吞噬细胞吞噬，发生降解而被清除。抗毒素与毒素的结合可使毒素不能吸附到敏感的宿主细胞（受体）上，或使毒素生物学活性部位（酶）被封闭，进而使毒素不能发挥毒性作用，但抗毒素不能对已与组织结合的毒素起中和作用。因此，抗毒素的应用时机和剂量极其重要，在破伤风、肉毒毒素中毒等疾病治疗中，及时使用足量抗毒素是十分有效的。

（4）局部黏膜免疫作用：分泌型 IgA 存在于呼吸道、消化道、泌尿生殖道等黏膜表面，能阻止细菌吸附于上皮细胞，在局部黏膜抗感染中起着重要作用。例如，抗大肠杆菌 K88 或 K99 抗体可阻止大肠杆菌菌毛与小肠上皮微绒毛的黏附，从而保护猪崽免受感染。

（二）抗胞内菌感染的免疫

胞内菌侵入机体后，主要寄生于宿主细胞内生长繁殖，如结核分枝杆菌、李氏杆菌、布氏杆菌、鼻疽杆菌等。胞内菌进入机体内并被吞噬细胞吞噬后，能抵抗吞噬细胞的杀菌作用，在吞噬细胞内长期生存，甚至繁殖，不仅可以随吞噬细胞的移行扩散到其他部位，还可逃避体液因子和药物的作用。此类细菌多引起慢性感染。

机体抵抗胞内菌感染主要依靠以 T 细胞作用为主的细胞免疫，通过产生多种细胞因子来发挥作用。体液免疫抗胞内菌感染的作用不大，这是因为产生的抗体分子量大，不能进入胞内菌寄生的宿主细胞内与之作用。此类病原菌制备的死菌苗常不能诱导机体产生足够的保护性免疫，被动输入抗血清也不能获得良好的保护力，只有当胞内菌释放到细胞外时，抗体和其他细胞因子才能发挥作用。

当胞内菌初次感染未免疫动物时，一般先由吞噬细胞吞噬，但吞噬后不能将其杀死，反而有助于其扩散。经过 7～10 d，待机体免疫系统产生了针对胞内菌的特异性细胞免疫后，才能逐步杀灭胞内寄生的病原菌。

细胞免疫应答通过两个方面起作用。T 细胞在接触细菌抗原后活化、增殖、分化为效应 T 细胞（TC 细胞和 TD 细胞），TD 细胞可分泌多种淋巴因子，其中 IFN-γ 是巨噬细胞的强力激活剂，它可以使巨噬细胞吞噬胞内菌的作用增强，尤其重要的是赋予巨噬细胞对胞内菌的杀伤力，这就有利于清除寄居在细胞内的病原菌；TC 细胞可直接将穿孔素和颗粒酶等生物活性物质导入被胞内菌感染的细胞，破坏其完整性，病原菌释放后，再经特异性抗体的调理作用而被吞噬细胞吞噬杀灭。

机体对胞内菌进行细胞免疫应答的过程中，巨噬细胞活化，机体在杀灭病原菌的同时，也会产生传染性变态反应，形成肉芽肿，导致组织坏死、纤维化和功能受损。

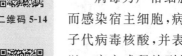

二维码 5-14

视频：抗病毒感染免疫

二、抗病毒感染免疫

病毒为严格细胞内寄生的病原体，只能在活细胞内增殖。病毒通过与宿主细胞表面受体结合而感染宿主细胞，病毒核酸进入宿主细胞内，利用宿主细胞的酶、核酸和蛋白质进行自我复制产生子代病毒核酸，并表达、合成新的病毒蛋白质，然后由这些新合成的病毒组分装配成子代病毒，并以一定方式释放到细胞外。多数无囊膜病毒复制后在细胞内积聚，待细胞破裂后释放，有囊膜的病毒以出芽的方式释放到细胞外。有的病毒核酸进入宿主细胞后与宿主细胞核酸整合，呈潜伏慢性感染。

病毒通常由一种或几种蛋白质构成的衣壳包裹，有些病毒还覆盖有囊膜，囊膜多来自宿主细胞的脂蛋白。机体的免疫系统接受这些蛋白刺激后可产生免疫应答，保护机体。抗病毒感染的免疫机制与病毒在宿主体内扩散、复制和感染的方式有关。病毒的方式主要有细胞外、细胞内和核内 3 种。当病毒侵入动物机体后，能否引起感染不仅取决于病毒的性质，更大程度上取决于动物机体的防御体系和免疫功能。机体抗病毒感染免疫包括非特异性免疫和特异性免疫两类。

（一）机体非特异性因素的抗病毒作用

1. 机械和化学屏障 完整的皮肤是阻止病毒感染的良好屏障，皮肤汗腺分泌的汗液含乳酸，皮脂腺分泌脂肪酸，可有效防止病毒与易感细胞的接触；呼吸道黏膜上皮细胞纤毛的反向运动是一种保护机制，可以防止直径为 5～10 nm 或更大的颗粒进入下呼吸道；胃酸对病毒有灭活作用，有囊膜病毒一般不能通过消化道感染，多数无囊膜肠道病毒是耐酸的；血脑屏障和胎盘屏障可阻止大多数病毒感染脑细胞和胎儿。

2. 单核吞噬细胞和自然杀伤细胞 单核吞噬细胞的吞噬作用是动物机体的一个重要防御机能，在抗病毒感染中起着重要作用。单核吞噬细胞，尤其是固定或游走的巨噬细胞吞噬并消化大分子异物，抗体或补体的活性成分起调理吞噬作用，经 IFN-γ 活化的巨噬细胞杀灭病毒的能力增强。

自然杀伤细胞（NK 细胞）在无抗原刺激的情况下，通过非抗体依赖的方式自然杀伤肿瘤细胞及病毒感染细胞，是机体抗肿瘤、抗病毒的重要防线。此外，NK 细胞还具有抗体依赖性细胞介导的细胞毒作用（ADCC）。

3. 干扰素（IFN） 干扰素是一类具有广谱抗病毒活性的蛋白质，在病毒感染时，干扰素的产生较特异性抗体早，是早期中断病毒复制、阻止病毒扩散的重要因素。

4. 种属免疫或遗传免疫 许多病毒有限定的宿主范围，是否种属免疫可能取决于宿主细胞是否具有相应的受体，若机体的细胞缺乏某些病毒的相应受体，这些病毒就不能吸附到机体细胞上，从而阻止病毒的增殖。例如，脊髓灰质炎病毒的受体仅存在于人和灵长类动物中，因而其他动物对脊髓灰质炎病毒具有天然的种属免疫力；牛不感染马传染性贫血病毒，而狂犬病毒可感染多种恒温动物。

Note

5. 年龄与生理状态 机体对病毒的易感性与机体的年龄、营养状态有关。例如，3 周龄内的雏鹅易感染小鹅瘟，而成年鹅不易感，机体的营养状态差则易患病毒感染性疾病。

（二）机体特异性抗病毒作用

1. 体液免疫 动物机体感染病毒后，体液中可出现相应的特异性抗体。抗体具有重要的抗感染作用，给动物被动地输入抗体可预防或治疗病毒感染。在抗病毒免疫中起主要作用的是IgG、IgM和IgA。分泌型IgA可防止病毒局部入侵，IgG和IgM可阻断已入侵的病毒通过血液循环扩散，其抗病毒机制主要是中和病毒和调理作用。

（1）中和抗体与非中和抗体：具有吸附穿入作用的病毒表面抗原所诱生的抗体，称为中和抗体，具有免疫保护作用。中和抗体可与存在于宿主细胞外的病毒结合，使病毒丧失感染力，导致其不能与易感细胞表面的相应受体结合而进入细胞，并且随后这些抗体和病毒的结合物会被吞噬细胞吞噬降解。血液中特异性IgM出现于病毒感染的早期，IgG出现较晚，它们都能抑制病毒的局部扩散和清除病毒血症，并能抑制原发病灶中病毒播散至其他易感组织和器官（靶器官）。黏膜表面分泌型IgA的出现比血流中IgM稍晚，它是呼吸道和肠道抵抗病毒的重要因素，而补体能明显地加强中和抗体的作用。

不具有吸附穿入作用的病毒表面抗原及病毒颗粒内部抗原所诱生的抗体，称为非中和抗体。例如，抗流感病毒神经氨酸酶的抗体，不能阻止病毒吸附穿入敏感细胞，但可与病毒表面神经氨酸酶结合，使其易被吞噬清除；抗流感病毒核蛋白的抗体，没有免疫保护作用。

（2）抗体介导的抗病毒作用方式。

①中和抗体与病毒表面抗原结合，导致病毒表面蛋白质构型的改变，阻止其吸附于敏感细胞。中和作用是机体灭活游离病毒的主要方式。

②病毒表面抗原（如流感病毒的血凝素和神经氨酸酶）与相应的抗体（中和抗体或非中和抗体）结合时，易被吞噬清除。

③病毒表面抗原和相应的抗体结合后，激活补体，导致有囊膜的病毒裂解。

④感染细胞表面表达的病毒抗原与相应抗体结合后，或通过ADCC，或通过激活补体，使靶细胞溶解。

2. 细胞免疫 在病毒感染机体中，当病毒进入宿主细胞后，体液免疫的抗体分子因不能进入细胞内而使其作用受到限制，这时主要依赖细胞免疫发挥作用。虽然NK细胞和活化的巨噬细胞有杀伤靶细胞的作用，但破坏病毒感染的靶细胞主要靠细胞毒性T细胞。

参与抗病毒感染的细胞免疫主要有：①被抗原致敏的细胞毒性T细胞（TC细胞）能特异性地识别感染细胞表面的病毒抗原，释放穿孔素、颗粒酶等生物活性物质，使病毒感染的细胞破裂死亡，释放出的病毒则可被特异性抗体中和消灭；②被抗原致敏的TD细胞释放淋巴因子，或直接破坏病毒，或增强巨噬细胞吞噬或破坏病毒的能力，或分泌干扰素抑制病毒的复制；③抗体依赖性细胞介导的细胞毒作用（ADCC）；④在干扰素的作用下，自然杀伤细胞识别和破坏异常细胞。

有些病毒能逃避宿主的免疫反应，呈持续感染状态；有些病毒可直接在淋巴细胞或巨噬细胞中增殖，直接破坏机体的免疫功能。在大多数情况下，机体抗病毒免疫反应需要干扰素、体液免疫和细胞免疫共同参与，以阻止病毒复制，消除病毒感染。

三、抗真菌感染免疫

真菌可在侵入部位产生局部感染，如霉菌所致的皮肤、角质、被毛感染，或广泛侵袭引起全身感染，真菌在机体内主要依靠顽强的增殖力及产生破坏性酶及毒素破坏易感组织。如果机体的防御机能不健全或受到抑制，真菌侵入则呈慢性经过，于局部形成肉芽肿及溃疡性坏死，并可产生迟发型变态反应。

真菌感染机体可产生非特异性和特异性免疫防御。

（一）非特异性免疫作用

完整的皮肤及黏膜可抵御真菌侵犯，皮肤分泌的脂肪酸有抗真菌的作用，阴道分泌的酸性分泌

Note

物也有抑制真菌的作用。真菌一旦进入机体，可经旁路途径激活补体，吸引中性粒细胞至感染部位，对入侵真菌发挥吞噬作用；但中性粒细胞不能完全吞噬侵入的真菌，真菌尚能在细胞内增殖，刺激组织增生，引起细胞浸润，形成肉芽肿。小的真菌片段或孢子可由巨噬细胞或 NK 细胞吞噬杀灭。

（二）特异性免疫作用

在深部感染中，真菌抗原的刺激可以激活体液免疫及细胞免疫予以对抗，其中以细胞免疫较为重要。致敏淋巴细胞遇到真菌时，可以释放细胞因子，招引吞噬细胞和加强吞噬细胞消灭真菌，产生迟发型变态反应。

四、抗寄生虫感染免疫

寄生虫的结构、组成和生活史比微生物复杂得多，因此宿主对寄生虫感染的免疫反应也是多种多样，有多种表现形式。多数寄生虫是有充分抗原性的，但在对寄生生活的适应过程中，它们发展了许多能在机体存在免疫应答的情况下生存的机制。大部分寄生虫在长期进化中，获得了逃避宿主免疫应答的机制，如某些寄生虫产生免疫抑制作用，或改变自身抗原性，或自身吸附宿主的血清蛋白，或红细胞抗原呈抗原隐蔽状态等。所以，抗寄生虫感染免疫与其他病原体感染一样，也表现为体液免疫和细胞免疫。

（一）对原虫的免疫

原虫是单细胞动物，其免疫原性取决于入侵宿主组织的程度。例如，肠道的痢疾阿米巴原虫，只有当它们侵入肠壁组织后，才能激发抗体的产生；引起弓形体病的龚地弓形体，在滋养体阶段，其寄生性几乎完全没有种属特异性，能感染所有哺乳动物和多种鸟类。

1. 非特异性免疫防御机制 抵抗原虫的非特异性免疫机制尚不十分清楚，但通常认为这种机制与细菌性和病毒性疾病中的机制相似，种属的影响可能是最重要的因素。例如：路氏锥虫仅见于大鼠，而肌肉锥虫仅见于小鼠，两者都不引起疾病；布氏锥虫、刚果锥虫和活泼锥虫对东非野生蹄兽不致病，但对家养牛毒力很强。这种种属的差异可能与长期选择有关，动物的遗传性能决定其对原虫的抵抗力。

2. 特异性免疫防御机制 大多数寄生虫具有完全的抗原性，当它们适应寄生生活时，能逐渐形成抵抗免疫反应的机制而得以生存。原虫既能刺激机体产生体液免疫，又能刺激细胞免疫应答。抗体通常作用于血液和组织液中游离生活的原虫，而细胞免疫则主要针对细胞内寄生的原虫。

抗体对原虫作用的机制与其他颗粒性抗原类似，针对原虫表面抗原的血清抗体能调理、凝聚或使原虫不能活动，方便抗体和补体以及细胞毒性 T 细胞一起杀死这些原虫。有的抗体能抑制原虫的酶，从而使其不能增殖。

某些原虫，如球虫，其保护性免疫机制尚不十分清楚。鸡感染在肠道寄生的巨型艾美耳球虫后产生对感染有保护作用的免疫力，这种免疫力能抑制早期侵袭的滋养体在肠上皮细胞内的生长。免疫鸡血清中能检出巨型艾美耳球虫的抗体，免疫鸡的吞噬细胞对球虫孢子囊的吞噬能力增强。

（二）对蠕虫的免疫

蠕虫是多细胞动物，同一蠕虫在不同的发育阶段，既可有共同的抗原，也可有某一阶段的特异性抗原。高度适应的寄生蠕虫很少引起宿主强烈的免疫应答，它们很容易逃避宿主的免疫应答，所以如果这些寄生虫引起疾病，疾病症状是很轻微的或不显临床症状。只有当它们侵入不能充分适应的宿主体内，或有大量的蠕虫寄生时，才会引起急性病的发生。

1. 非特异性免疫防御机制 影响蠕虫感染的因素多而复杂，不仅包括宿主方面的因素，而且包括宿主体内其他蠕虫方面的因素。已知存在种内和种间的竞争作用，这种竞争是蠕虫之间对寄生场所和营养的竞争，对动物体内蠕虫群体的数量和组成起着调节作用。

Note

宿主方面影响蠕虫寄生的因素包括宿主的年龄、品种和性别。动物性别和年龄对蠕虫寄生的影响与激素有很大关系。动物的性周期是有季节性的，寄生虫的繁殖周期往往与宿主的繁殖周期一致。例如，母羊粪便中的线虫在春季明显增多，这与母羊产羔和开始泌乳的时间一致。另外，宿主遗传因素对其对蠕虫的抵抗力也有较大影响。

2. 特异性免疫防御机制 蠕虫在宿主体内以两种形式存在，一是以幼虫形式存在于组织中，二是以成虫形式寄生于胃肠道或呼吸道。虽然针对蠕虫抗原的免疫应答能产生常规的 IgM、IgG 和 IgA 类抗体，但参与抗蠕虫感染的免疫球蛋白主要是 IgE。分叶核白细胞、巨噬细胞和 NK 细胞可能参与对蠕虫的免疫，但主要的防护机制似乎是由嗜酸性粒细胞和肥大细胞介导的（这两种细胞表面都有与 IgE 结合的 Fc 受体）。在许多蠕虫感染中，血液内 IgE 抗体显著增多，可以呈现Ⅰ型变态反应，出现嗜酸性粒细胞增多、水肿、哮喘和荨麻疹性皮炎等。由 IgE 引起的局部过敏反应，可能有利于驱虫。动物感染蠕虫时，嗜碱性粒细胞和肥大细胞向感染部位聚集，当蠕虫抗原与吸附于这些细胞表面的 IgE 抗体相遇时，脱颗粒而释放出的血管活性胺，可导致肠管的强烈收缩，从而驱出虫体。除 IgE 外，其他免疫球蛋白也起着重要的作用。如嗜酸性粒细胞也有 IgA 受体，当这些受体交联时嗜酸性粒细胞会释放它们的颗粒内容物。在脱颗粒时，嗜酸性粒细胞释放出效力强大的拮抗性化学物质和蛋白质，包括阳离子蛋白、神经毒素和过氧化氢，这些物质可能有助于形成蠕虫栖息的有害环境。蠕虫感染通常使免疫系统朝向 Th2 细胞应答，产生 IgE、IgA 以及 Th2 细胞因子和趋化因子。T 细胞因子 IL-3、IL-4 和 IL-5 以及趋化因子对嗜酸性粒细胞和肥大细胞有趋化性。

细胞免疫通常对高度适应的寄生蠕虫不发生强烈的排斥反应，但其作用是不可忽视的，效应 T 细胞以两种机制抑制蠕虫的活性：①通过迟发型变态反应将单核细胞吸引到幼虫侵袭的部位，诱发局部炎症反应；②通过细胞毒性 T 细胞的作用杀伤幼虫，在组织切片中可以看到许多大淋巴细胞吸附在正在移行的线虫幼虫上。

总之，各种病原微生物进入动物机体后，机体将发动一切抗感染免疫机制，以抵抗病原微生物的感染，最大限度地保护自身组织器官不受外来病原微生物的破坏。

任务六　免疫学实验室诊断技术

一、血清学试验概述

（一）血清学反应的概念

抗原与相应的抗体在体内和体外都能发生特异性结合反应，在体外能发生可见的免疫反应。因抗体主要来自血清，因此把体外进行的抗原-抗体反应称为血清学反应或血清学试验（表 5-2）。

表 5-2　各类血清学试验的敏感性和用途

反应类型及试验名称		敏感性 /(μg/mL)	用途		
			定性	定量	定位
凝集试验	直接凝集试验	0.01	+	+	−
	间接凝集试验	0.005	+	+	−
	乳胶凝集试验	1.0	+	+	−
沉淀试验	絮状沉淀试验	3	+	+	−
	琼脂免疫扩散试验	0.2	+	+	−
	免疫电泳试验	3	+	−	−
	火箭免疫电泳	0.5	+	+	−

续表

反应类型及试验名称		敏感性/(μg/mL)	用途		
			定性	定量	定位
补体参与的试验	补体结合试验	0.01	+	+	−
免疫标记技术	免疫荧光技术	−	+	−	+
	酶免疫测定技术	0.0001	+	+	+
	放射免疫测定法	0.0001	+	+	+
	发光标记技术	0.0001	+	+	−
中和试验	病毒中和试验	0.01	+	+	−

（二）血清学反应的一般规律

1. 特异性和交叉性 所谓特异性，即一种抗原只能与其相应的抗体结合，不能与其他抗体发生反应，例如，抗鸡新城疫病毒的抗体只能与鸡新城疫病毒结合，而不能与鸡法氏囊病毒结合。当两种抗原物质间有共同抗原成分存在时，则可与相应抗体发生交叉反应。例如，鼠伤寒沙门氏菌抗体能凝集肠炎沙门氏菌。

2. 反应具有可逆性 抗原与抗体的结合是分子表面之间的结合，是可逆的，二者在一定条件下可解离，且解离后的抗原、抗体各自的生物学活性不变。

3. 最适比与带现象 比例适当的抗原与抗体结合才有可见反应。若抗原过多或抗体过多，则二者结合后均不能形成大的复合物，不出现可见反应，这称为带现象。抗体过剩称为前带，抗原过剩称为后带。

4. 反应的二阶段性 抗原与相应的抗体相遇，就发生结合，是反应的第一阶段，这一阶段反应快，但无可见反应。第二阶段是在介质作用下出现的可见反应，作用较慢，需几分钟或更久。

（三）血清学反应的影响因素

抗原-抗体反应通常受电解质、pH、温度、振荡及是否含有杂质等理化因素的影响。常用的电解质溶液为生理盐水，最适 pH 为 6～8，温度为 37 ℃等，而强烈的振荡或含有杂质都会影响反应的真实性。

二、常见血清学试验

二维码 5-15

（一）凝集试验

颗粒性抗原（如细菌、红细胞等）与相应的抗体混合后，在电解质参与下，经过一定时间，抗原与抗体凝聚成肉眼可见的凝集团块，这种反应称为凝集试验。血清中的抗体称为凝集素，抗原称为凝集原，主要有直接凝集试验和间接凝集试验两种类型。

1. 直接凝集试验 颗粒抗原与抗体直接结合出现凝集现象的试验称为直接凝集试验，可分为玻片凝集试验和试管凝集试验。

(1) 玻片凝集试验：将适量已知抗血清滴于洁净玻片上，取待检抗原加入其中并混合均匀，数分钟后若有可见的凝集现象即为阳性反应。常用于细菌鉴定或畜禽传染病的诊断，如布氏杆菌病及鸡白痢等。

(2) 试管凝集试验：一种定量的方法，通常应用已知抗原检查血清中相应抗体含量。试验时，用一系列试管将待检血清用生理盐水做倍比稀释，然后加入等量抗原，置 37 ℃水浴数小时，观察，能与一定量抗原发生 50%凝集的血清最高稀释度称为凝集价或效价（滴度）。

2. 间接凝集试验 微量可溶性抗原或抗体，与相应抗体或抗原结合，不能出现肉眼可见的反应，但是将抗原或抗体吸附在与抗原-抗体反应无关的惰性颗粒表面，在有电解质存在的条件下，可通过抗原、抗体的特异性结合间接使颗粒出现明显的凝集现象。用于吸附抗原或抗体的颗粒称为载

Note

体，已吸附抗原或抗体的载体称为致敏载体。用致敏载体进行检测抗原或抗体的试验称为间接凝集试验。为区别，将已知抗原致敏载体检测抗体的试验，称为正向间接凝集试验，习惯上就称为间接凝集试验；将已知抗体致敏载体检测抗原的试验称为反向间接凝集试验。

间接凝集试验中，常用的载体是绵羊红细胞、聚苯乙烯乳胶和炭粉，因而相应地称为间接血细胞凝集试验、间接乳胶凝集试验和间接碳素凝集试验。在血清学试验中，最常用的是间接血细胞凝集试验（图 5-7）和反向血细胞凝集试验，前者以抗原致敏红细胞检测抗体，后者以抗体致敏红细胞检测抗原。

间接凝集试验均可在反应板的孔内进行，1～2 h 可判定结果，在玻璃板上只需 1～5 min，可检测出极微量的抗原或抗体，而且致敏好的载体在冰箱内可存放 1～2 年，因而该类试验具有特异、灵敏、快速、稳定、操作简单等特点。

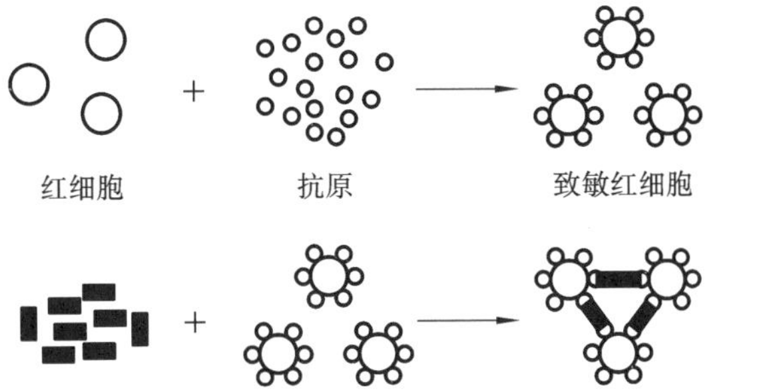

图 5-7　间接红细胞凝集试验原理示意图

（二）沉淀试验

二维码 5-16

将可溶性抗原（血清蛋白、类毒素、病毒因颗粒很小，在血清学试验中也称为可溶性抗原）与相应的免疫血清混合，在有电解质的环境中，比例合适时，将出现肉眼可见的沉淀现象，这称为沉淀试验。参加反应的抗原称为沉淀原，免疫血清称为沉淀素。沉淀试验主要包括以下几种。

1. 环状沉淀试验　试验在小试管中进行，先将少量已知的沉淀素加入小试管的底部，再仔细加入待检的抗原溶液，使其与沉淀素成为界限分明的两层，静置几分钟后，两层界面处出现白色沉淀环者为阳性。本试验常用于检验毛皮中有无炭疽杆菌抗原，又称为 Ascoli 氏试验。

2. 琼脂免疫扩散试验　1%左右的琼脂凝胶内部呈网状结构，内部充满水分，可溶性抗原和血清抗体可在凝胶内自由扩散，两者相遇，因有电解质存在，在比例合适处将结合成肉眼可见的白色沉淀线。本试验中常用的是单向琼脂扩散试验和双向琼脂扩散试验。

视频：禽流感琼脂扩散试验

（1）单向琼脂扩散试验：将加热融化的 1%琼脂冷却至 50 ℃左右时，加入抗体血清混匀并浇注玻片，待琼脂冷凝后打孔、封底，孔中加入不同稀释度的抗原，放置在湿盒中过夜，孔中的抗原以同心圆方式向四周扩散，次日，在抗原孔周围将出现白色沉淀环。本法常用于检测抗原的浓度，因为环的直径与抗原浓度成正比，如与标准曲线比较，则可对待测抗原进行定量。

（2）双向琼脂扩散试验：把加热融化的 1%琼脂在玻片上浇成薄层，冷凝后打孔、封底，抗原、抗体分别加入相邻的两孔中，置湿盒中过夜，如抗原、抗体相对应，比例适当，则于两孔之间相遇结合，出现白色沉淀线。双向琼脂扩散试验可分析溶液中的抗原，由于不同抗原的分子量大小不同，扩散速度也不同，故可在不同位置与相应抗体反应，出现不同的沉淀线。本法还能鉴定两种抗原是完全相同还是部分相同，若试验抗原与对照抗原与相同抗体反应，出现的沉淀线完全融合即抗原完全相同，有刺线即抗原部分相同，相交叉则抗原不相同，如图 5-8 所示。本法灵敏度低，耗时也较长。

3. 免疫电泳试验　沉淀试验也可在 1%左右的琼脂凝胶中在电场作用下进行，这被称为免疫电泳试验。常用的试验方法有三种：对流免疫电泳试验、琼脂免疫电泳试验、火箭电泳试验。

（1）对流免疫电泳试验：本试验是在双向琼脂扩散试验基础上发展起来的，在电场的作用下，抗原、抗体向其相对的方向移动，当两者相遇，将反应形成白色沉淀线。方法是用 pH 8.6 的巴比妥缓

Note

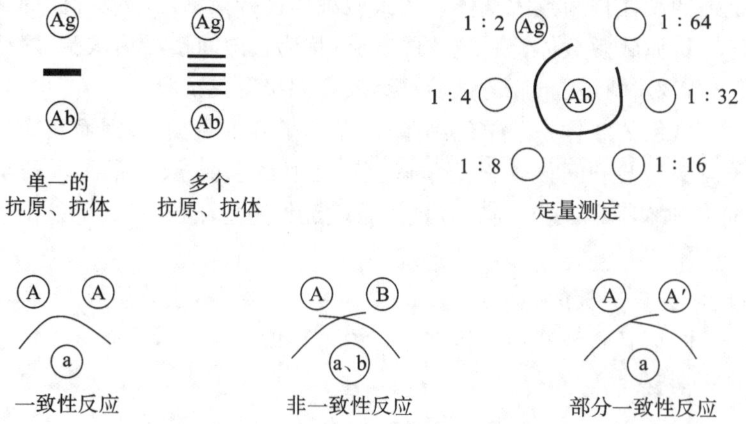

图 5-8　双向琼脂扩散试验的几种类型

A、A′、B 为抗原；A 与 B 完全不同；A 与 A′部分相同；a 与 b 为抗体

冲液配制 1%琼脂，倒板、打孔、封底，如图 5-9 所示，将抗原加入负极孔中，抗体加入正极孔中，放置于电泳槽中进行电泳，由于抗原在 pH 8.6 的缓冲液中带负电荷多，向正极泳动，抗体带负电荷少，在电流作用下，反而向负极泳动，两者相遇出现沉淀线。对流免疫电泳试验限制了抗原、抗体自由地向多方向扩散，加速了泳动速度，所以比琼脂免疫扩散试验缩短了反应时间，提高了敏感度。

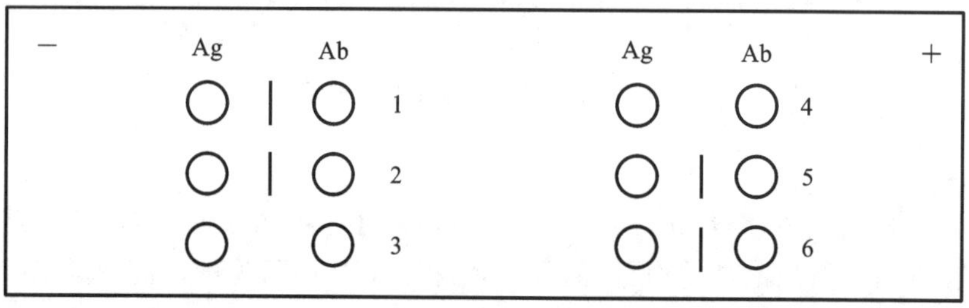

图 5-9　对流电泳示意图

(2) 琼脂免疫电泳试验：抗原先在琼脂中电泳，再加抗体进行双向琼脂扩散的一种试验。方法是将抗原加入琼脂板孔中进行电泳，使抗原中各个成分按电泳迁移率的不同而分离开来，电泳结束后，在琼脂板中挖一沟槽，槽内加入相应抗体，进行琼脂扩散，抗原、抗体分别在不同位置相遇，出现多条沉淀弧。如与已知电泳图比较，即可分析标本中所含抗原成分。本法常用于血清蛋白组分的分析以及研究抗体组分的变化。

(3) 火箭电泳试验：这是将单向琼脂扩散试验同电泳技术结合在一起的试验。方法是将已知抗体加入融化的 1%琼脂中，浇板，冷凝后在近阴极端打一排小孔，封底，各孔中分别加入一定量的待测抗原样品及不同稀释度的标准抗原作为阳性对照。电泳时抗原在琼脂中移动，与琼脂板中的抗体结合形成火箭状的沉淀峰，故称火箭电泳。沉淀峰的高低与抗原含量成正比，与阳性对照比较后，可测出待测抗原的含量(图 5-10)。

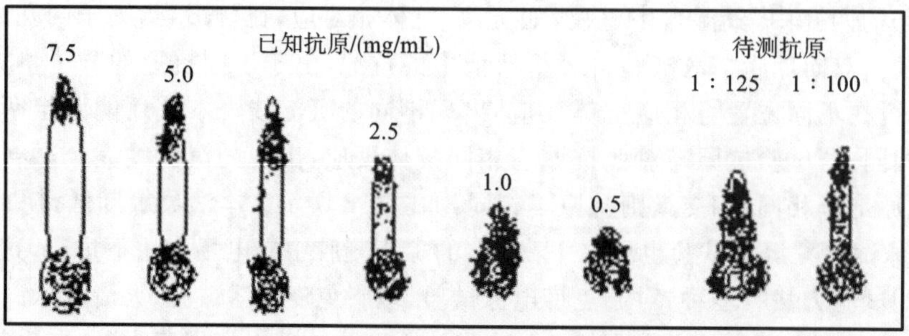

图 5-10　火箭电泳示意图

Note

（三）补体结合试验

补体参与的试验有两类，一类是补体与抗原-抗体结合物结合后，直接引起可见的溶血反应或溶菌反应等，其中溶血反应常用作补体结合反应的指示系统，溶菌反应可用于某些细菌的鉴定；另一类是补体与可溶性抗原-抗体复合物结合后，不出现可见现象，需通过红细胞-溶血素这一指示系统测定补体是否已结合，从而间接地检测是否存在抗原-抗体反应。在此类试验中最常用的是补体结合试验。

补体结合试验包括两个系统五种反应成分。一为被检系统，即已知的抗体和待检的未知的可溶性抗原（或已知抗原与待检抗体）；另一为指示系统，包括绵羊红细胞和溶血素，以及参与反应的补体（新鲜豚鼠血清或冻干补体）。补体结合试验原理如图 5-11 所示。

被检系统	指示系统	溶血反应	补体结合反应
Ag	C → EA	+	−
Ab	C → EA	+	−
Ab Ag ← C	EA	−	+

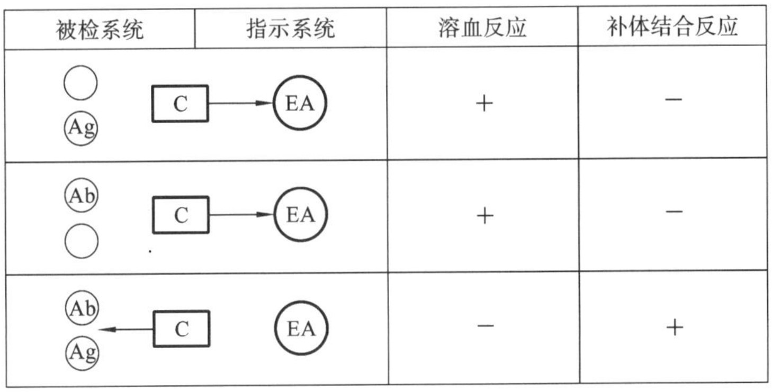

图 5-11　补体结合试验原理
Ab:抗体；Ag:抗原；C:补体；EA:致敏红细胞

（四）中和试验

中和试验是在易感动物（如鸡胚或鸭胚），组织培养中进行的一类血清学试验，包括毒素中和试验和病毒中和试验。抗毒素与相应毒素作用后，毒素的毒力消失，称为毒素中和试验，常用于毒素的鉴定。抗病毒血清与相应病毒作用后，病毒失去感染力，称为病毒中和试验，该试验常用于病毒病的诊断和病毒的鉴定。

（五）免疫标记技术

本类技术是指用荧光素、酶或放射性同位素标记的抗原或抗体进行抗原-抗体反应的技术。免疫标记技术将标记物检测的敏感性与抗原-抗体反应的特异性结合起来，大大提高了抗原-抗体反应的敏感性。

1. 免疫荧光技术　免疫荧光技术也称荧光抗体技术，该技术将荧光素与抗体结合制成荧光抗体，荧光抗体保持了与相应抗原特异性结合的特性，又有荧光反应的敏感性，是免疫标记技术最早的应用。荧光抗体与相应抗原结合后，在荧光显微镜下观察荧光的有无、出现荧光的部位，就能起到对抗原试验定性和定位的作用。常用的荧光素有异硫氰酸荧光黄（FITC）和罗丹明 B（rhodamine B），常用的试验方法有直接法和间接法（图 5-12）。

（1）直接法：用荧光素标记已知抗体，直接检测相应抗原。本法特异性高，受非特异性荧光的干扰小。缺点是每检测一种抗原就必须制备一种与之相应的荧光抗体，增加了制备荧光抗体的麻烦。

（2）间接法：间接法是用荧光素标记抗球蛋白抗体（如标记羊抗兔的 Ig，或称为标记抗抗体）。当待检抗原与已知兔抗体发生特异性结合后，经洗涤，洗去游离的兔抗体，再加入羊抗兔的荧光抗体，洗涤后，置荧光显微镜下观察，若出现荧光，则表明有特异性抗原存在。间接法的优点是只需标记第二抗体（如羊抗兔荧光抗体），能用于多种抗原-抗体系统的检测。本法比直接法更敏感，应用比直接法更广泛，但要更加注意排除非特异性荧光。

2. 酶免疫测定（EIA）技术　EIA 技术是用酶标记抗体，与抗原反应后，加入底物，以底物被酶分

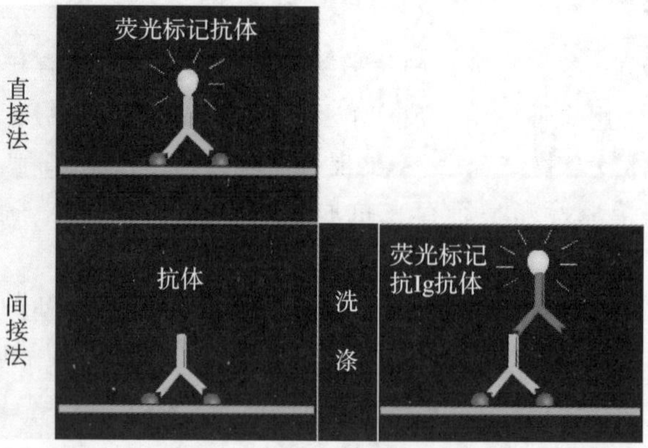

图 5-12　免疫荧光技术

解后再用供氢体的产物呈现的颜色深浅来反映待测样品中抗体含量的技术。EIA 技术将抗原-抗体反应的特异性与酶催化反应的高灵敏性结合起来，大大地提高试验的敏感度。在 EIA 技术中，常用的酶是辣根过氧化物酶(HRP)，底物和供氢体反应后产生的有色产物，可用目测、显微镜观察或酶标仪检测。

EIA 技术中常用的方法是酶联免疫吸附试验(ELISA)，ELISA 广泛用于抗原、抗体的测定，且方法不断改进，有各种改良法。ELISA 的基本方法有三种，即间接法、双抗体夹心法和抗原竞争法，而兽医学中常用的是间接法。

(1) 间接法：用于检测抗体。基本试验步骤是将已知抗原吸附(包被)于酶标反应板上，洗涤，加入待检抗体，孵育，洗涤，加入酶标抗体，孵育，洗涤，加入酶的底物和供氢体，孵育，经一定时间后终止反应，目测或用酶标仪读数(图 5-13)。

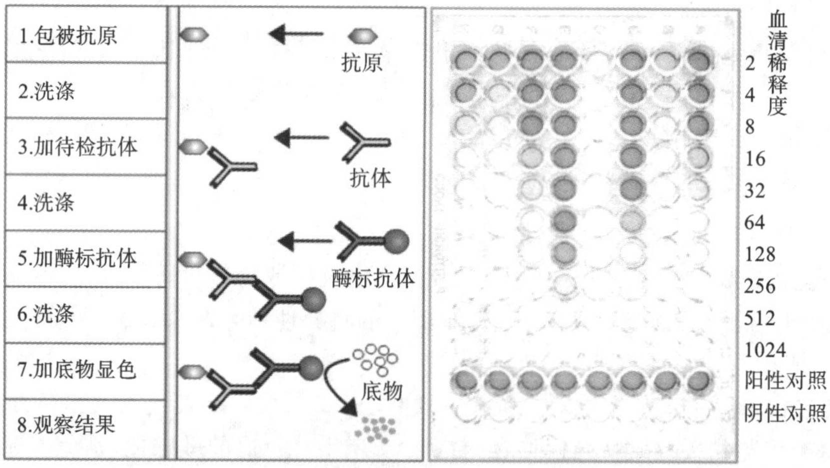

图 5-13　酶联免疫吸附试验(间接法)

(2) 双抗体夹心法：用于测定抗原。基本试验步骤是将已知特异性抗体包被于酶标反应板上，洗涤，加入待检抗原，孵育，洗涤，加入酶标抗体，孵育，洗涤，加入底物和供氢体，经一定时间后终止反应，目测或用酶标仪读数。

(3) 抗原竞争法：用于测定抗原(半抗原)。步骤是将特异性抗体包被于酶标反应板上，洗涤，将待测抗原与酶标抗原按适当比例混合后加入，同时以缓冲液代替待测抗原做对照，孵育，洗涤，加入酶的底物和供氢体，经一定时间后中止反应，目测或用酶标仪读数，比较对照与试验的读数，判定结果。最后结合于固相的酶标抗原与待测抗原含量呈负相关。ELISA 的酶标反应板常用聚苯乙烯塑料制成，具有吸附抗原、抗体的特性，试验时在酶标板的孔中进行，所需试验材料少，操作简单，由于ELISA 试验特异、敏感、安全、方便，故被广泛应用。

Note

3. 放射免疫测定法 放射免疫测定法(RIA)是用放射性同位素标记抗原或抗体后进行抗原、抗体测定的方法。本法将放射性同位素的灵敏性与抗原-抗体反应的特异性结合起来,是一种灵敏度极高的检测手段。本法要求高纯度抗原或抗体,需要特殊大仪器,有一定的放射性危害,应用不十分普遍。

任务七 变态反应

一、概述

变态反应又称超敏反应,是指机体对某些抗原初次应答后,再次接受相同抗原刺激时,发生的一种以机体生理功能紊乱或组织细胞损伤为主的特异性免疫应答。引起变态反应的抗原称为变应原。变应原可以是完全抗原,如异种动物血清、蛋白质、花粉、微生物和寄生虫等,有时也可以是变性的自身成分。

二、变态反应类型

根据变态反应的发生机制,通常将其分为Ⅰ、Ⅱ、Ⅲ、Ⅳ四种类型。

(一) Ⅰ型变态反应

二维码 5-17

Ⅰ型变态反应又称速发型超敏反应,也称过敏反应,特点是由 IgE 介导,肥大细胞和嗜碱性粒细胞参与,发生快,恢复快,一般无组织损伤,有明显的个体差异和遗传倾向。

参与Ⅰ型变态反应的变应原,根据变应原进入机体的途径可分为以下几类。

(1) 从呼吸道进入机体的变应原称吸入性变应原。如花粉、粉尘、螨虫及其代谢产物、动物的皮屑、微生物等在空气中飘浮的物质。

(2) 经消化道进入机体的变应原称食物性变应原,如鱼、虾、肉、蛋、防腐剂、香料等。

(3) 由药物引起的Ⅰ型超敏反应的变应原称药物性变应原。大部分是通过肌内注射或静脉途径进入机体,如异种动物血清、异种组织细胞、青霉素、磺胺、奎宁、非那西丁、普鲁卡因,也可由药物中的污染物引起。

吸入性变应原和食物性变应原多为完全抗原,而化学药物常为半抗原,进入机体与组织蛋白结合,才获得免疫原性。

1. Ⅰ型变态反应的发生机制(图 5-14)

(1) 致敏阶段:变应原刺激机体产生 IgE,IgE 结合于肥大细胞和嗜碱性粒细胞。

(2) 效应阶段:处于已致敏状态的机体,一旦再次接触相同的变应原,变应原与肥大细胞和嗜碱性粒细胞膜表面的 IgE 结合,引起细胞脱颗粒释放贮存介质或合成某些新的介质,引发Ⅰ型变态反应。

2. Ⅰ型变态反应的常见疾病

(1) 药物(最常见的是青霉素)过敏性休克。

(2) 呼吸道过敏反应,粉尘、花粉引发的过敏性鼻炎和过敏性哮喘。

(3) 消化道过敏反应,如食物引起的过敏性胃肠炎。

(4) 皮肤过敏反应,如湿疹、皮炎等。

(二) Ⅱ型变态反应

由 IgG 或 IgM 与细胞表面的抗原结合,在补体、吞噬细胞及 NK 细胞等参与下,引起的以细胞裂解死亡为主的病理损伤。

1. Ⅱ型变态反应发生机制 Ⅱ型变态反应的发生,是因机体血液内天然存在的血型抗体(通常为 IgM)与输入的相应红细胞特异性结合,或因进入体内的半抗原,例如磺胺类、青霉素等药物,与血细胞或血浆蛋白结合成完全抗原,诱导产生的抗体 IgM 或 IgG,与相应的靶细胞(带药物半抗原的血

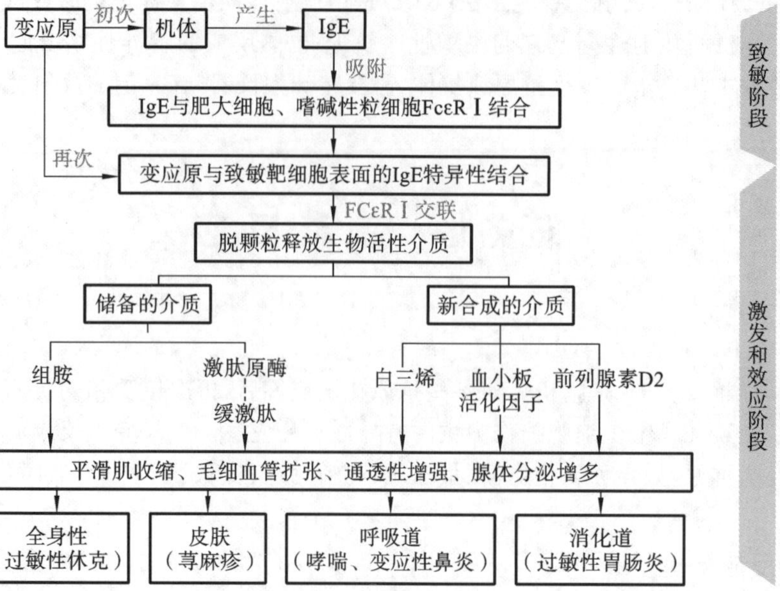

图 5-14　Ⅰ型变态反应的发生机制

细胞）结合，经补体系统参与，或单核吞噬细胞、K 细胞通过 Fc 受体发挥 ADCC，造成细胞溶解（图 5-15）。

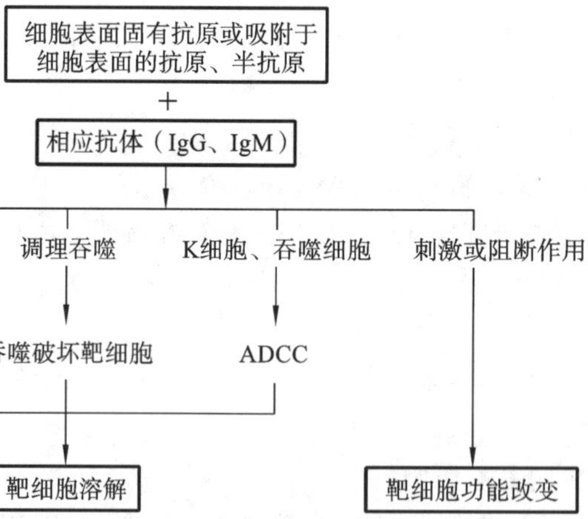

图 5-15　Ⅱ型变态反应的发生机制

2. Ⅱ型变态反应的常见疾病　Ⅱ型变态反应性疾病常见的有输血反应、新生幼畜溶血症、药物引起的血细胞减少症和感染引起的溶血性贫血。

（1）输血反应：给患者输血时，若输入的血型与受血者的血型不同，输入的红细胞迅速大量溶解，患者出现痉挛、发热、血红蛋白尿、咳嗽、呼吸困难、腹泻等，严重者甚至死亡。

存在于红细胞膜上的抗原称为血型。动物和人一样，各有许多不同的血型系统（表 5-3）。例如，人的 ABO 血型系统，A 型血的人的血清中天然存在抗 B 型血的抗体（通常为 IgM），B 型血的人则相反，若将 B 型血输给 A 型血的患者，或者反过来，血清中的血型抗体与输入的红细胞结合，在补体等参与下，输入的红细胞迅速溶解。为预防输血反应，输血前必须检验供血者和受血者的血型，进行同型输血。

表 5-3　主要家畜的血型系统

家畜名称	已知血型系统数	重要的血型系统	检查血型的方法
牛	12	B、J	溶血反应
绵羊	8	B、R	溶血反应、凝集试验

续表

家畜名称	已知血型系统数	重要的血型系统	检查血型的方法
猪	15	A、E	溶血反应、凝集试验、抗球蛋白试验
马	8	Q、A、C	溶血反应、凝集试验
狗	11	A	溶血反应、凝集试验、抗球蛋白试验

动物的输血反应报告很少。据介绍，狗至少有11种血型系统，只有A血型系统具有临床意义，大约60%的狗为A阳性，大约10%的A阴性狗血清中存在天然A抗体，但浓度很低，所以，首次对狗输血，即使血型不符也安全。但是，如果A阴性狗大量输入A阳性血后，将产生高浓度的抗A抗体，再输A阳性血将会发生严重溶血反应。

(2) 新生幼畜溶血症：经产母畜生下的幼畜，往往在吸初乳几小时后，出现虚弱、委顿，后来发生黄疸和血红蛋白尿，严重者来不及出现黄疸便死亡。这是由于母畜孕育的胎儿血型不同。例如，Aa阴性的母马，孕育Aa阳性的胎儿，第一胎分娩过程中，可能胎儿Aa阳性的红细胞因胎盘血管损伤进入母畜血液循环，刺激母体产生抗Aa抗体，若第二胎的胎儿又是Aa阳性，则抗Aa抗体将大量浓集于初乳，幼驹吸吮初乳后，Aa抗体通过肠黏膜进入血液循环与Aa阳性红细胞结合，在补体、单核巨噬细胞及K细胞等参与下，红细胞迅速发生溶解。本病常见于新生骡、驹，人也可发生新生儿溶血症。

(3) 药物引起的血细胞减少症：青霉素、氯霉素等药物可吸附于红细胞、粒细胞或血小板表面，变成完全抗原，引起Ⅱ型变态反应性溶血性贫血，粒细胞减少，或血小板减少。

(4) 感染引起的溶血性贫血：一些病原体可吸附于红细胞，被马传染性贫血病毒等感染的红细胞，带有异种抗原，将诱发Ⅱ型变态反应，导致溶血性贫血。

（三）Ⅲ型变态反应

Ⅲ型变态反应是由IgG、IgM、IgA抗体与可溶性抗原形成中等大小的免疫复合物引起的，以血管炎及邻近组织损伤为特征的变态反应，所以又称为免疫复合物型变态反应。

二维码 5-18

1. Ⅲ型变态反应发生机制 机体内相应抗原、抗体的比例不同，形成的抗原-抗体复合物，又称为免疫复合物(简称IC)的大小也不同，大的复合物易被吞噬细胞吞噬消除，小的复合物易通过肾小球过滤，随尿液排出，中等大小的复合物既不易被吞噬，也不易随尿液排出，却容易沉积于毛细血管基底膜，激活补体，吸引中性粒细胞集中，在吞噬免疫复合物时释放出溶酶体酶，造成血管炎及邻近组织的损伤(图5-16)。

2. Ⅲ型变态反应常见疾病

(1) 局部Ⅲ型变态反应：皮下多次注射可溶性抗原后，在注射部位可出现炎症反应，表现为水肿、出血、血栓形成，甚至坏死，这种现象最先由Arthus发现，故称为Arthus反应。

(2) 血清病：第一次给动物注射大量免疫血清约10 d后，往往出现全身性皮肤红斑、水肿、荨麻疹、淋巴结肿大、关节肿胀、蛋白尿和中性粒细胞减少等症状，持续数日后逐渐消退，是全身性Ⅲ型变态反应的结果。

(3) 自然发生的Ⅲ型变态反应：具有Ⅲ型变态反应成分的动物疾病已有不少被发现，例如狗的“蓝眼病”发生于感染狗传染性肝炎病毒的狗，因病毒或疫苗至眼前房中，与抗体形成IC，中性粒细胞吞噬IC过程中释放一种损伤角膜上皮细胞的酶，导致角膜水肿、混浊，病狗约80%可自愈。

（四）Ⅳ型变态反应

Ⅳ型变态反应又称迟发型变态反应。它与抗体无关，由效应淋巴细胞与相应抗原引起，发生较慢，一般需48～72 h，出现以单核细胞浸润和细胞变性、坏死为特征的局部性炎症。

1. Ⅳ型变态反应发生机制 Ⅳ型变态反应的发生机制如图5-17所示，与细胞免疫应答过程基本一样，产生的各种淋巴因子使血管通透性增强，单核细胞、淋巴细胞聚集于抗原存在的部位，单核细胞吞噬消化抗原的同时，释放出溶酶体酶，引起邻近组织局部炎症、坏死。

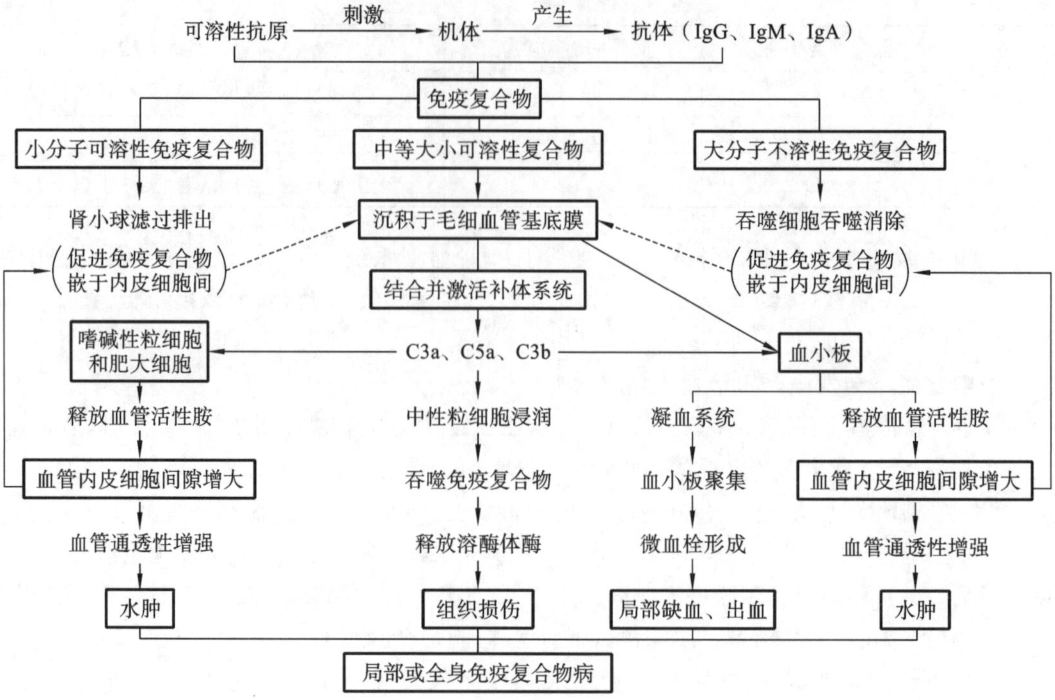

图 5-16 Ⅲ型变态反应的发生机制

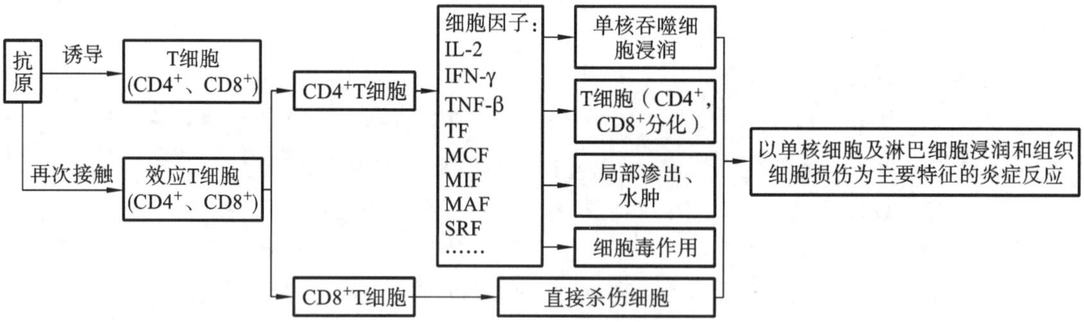

图 5-17 Ⅳ型变态反应的发生机制

2. Ⅳ型变态反应常见疾病

(1) 传染性变态反应：胞内寄生菌（结核分枝杆菌、布氏杆菌等）感染过程中引起的迟发型变态反应。例如，结核分枝杆菌侵入动物体内，一方面可在单核吞噬细胞内繁殖，另一方面可引起细胞免疫应答，产生各种淋巴因子，集中并活化、武装大量巨噬细胞保卫吞噬、消化结核分枝杆菌，在局部形成结节。结节的外层含有大量吞噬细胞，有的已死亡，有的互相融合成多核吞噬细胞，结节内部则包含大量死亡的结核分枝杆菌和少量活菌以及坏死组织，结节的持续发展可变成肉芽肿或钙化灶。

已感染上述病原微生物的动物机体，用相应病原体的抗原作皮内接种后，经过一段时间，可在注射部位引起迟发型变态反应，从而进行这些传染病的诊断和检疫。例如，结核分枝杆菌的抽提物称为结核菌素，当少量结核菌素皮内或眼结膜囊内接种，已感染结核分枝杆菌的动物可在 48～72 h 或 15～18 h出现局部红肿或眼流出脓性分泌物，未感染动物则呈阴性反应。

(2) 变态反应性皮炎：某些过敏体质的人和动物与油漆、染料、碘酒等小分子半抗原接触后，这些小分子半抗原与表皮蛋白结合成完全抗原，引起机体细胞免疫反应，当再次接触相应抗原后，经 24～96 h出现皮炎，表现为局部皮肤红肿、硬结、水疱、奇痒，由于抓伤，可致皮肤脱落、糜烂和继续感染化脓。

(3) 异体移植排斥反应：不同动物或同种动物不同个体之间进行组织器官移植，移植的组织器官将被受体通过细胞免疫应答而被排斥脱落。这是由于供体和受体的组织相容性抗原不同，移植的组织成为变应原,引起受体发生Ⅳ型变态反应的结果。所以,要进行异体移植时,事先要进行组织配型试验,并在移植时给受体用免疫抑制药物,控制排斥反应。

三、变态反应防治

在变态反应发生前,须确定变应原,避免动物与之接触。变态反应开始时,应降低机体免疫应答的强度,以防止反应加重。出现明显症状后,需要及时进行对症治疗,促使损伤组织结构和机能的恢复。

(一) 确定变应原

检出变应原并避免接触,查找变应原可通过询问病史和皮试来完成。

(二) 脱敏疗法

1. 急性脱敏治疗 方法是采用少量变应原(0.1 mL、0.2 mL、0.3 mL)短间隔(20～30 min)、多次注射,主要应用于外毒素所致疾病危及生命又对抗毒素血清过敏者。

2. 慢性脱敏治疗 方法是采用微量变应原长时间反复多次皮下注射,应用于已查明且难以避免接触环境中的变应原等的患者。

(三) 药物治疗

1. 抑制免疫功能的药物 如地塞米松、氢化可的松等。

2. 抑制生物活性介质释放的药物 如肾上腺素、异丙肾上腺素及儿茶酚胺类和前列腺素 E 等。

3. 生物活性介质拮抗剂 如苯海拉明、扑尔敏、异丙嗪等抗组胺药物。

4. 改善效应器反应性的药物 如肾上腺素使毛细血管收缩、血压升高。

任务八 生物制品及应用

生物制品是利用微生物、寄生虫及其组织成分或代谢产物以及动物或人的血液与组织液等生物材料,通过生物学、生物化学及生物工程学的方法加工制成,用于预防、诊断和治疗传染病或其他有关疾病的生物制剂。

一、生物制品概述

生物制品分为疫苗、免疫血清及诊断液 3 种类型。

(一) 疫苗

动物获得对某种传染病的免疫力可以通过下列 4 种途径,即天然主动获得、人工主动获得、天然被动获得和人工被动获得。其中最重要的途径是给动物人工接种疫苗,动物机体通过主动免疫应答获得免疫力。其次是给母畜人工接种疫苗,母畜机体产生抗体通过初乳使幼畜天然被动获得免疫力(图 5-18)。

动物获得免疫力
- 主动获得
  - 天然——自然感染、病愈
  - 人工——人工接种疫苗
- 被动获得
  - 天然——幼畜从初乳获得母源抗体
  - 人工——人工注射免疫血清

图 5-18 动物获得免疫力途径

利用病原微生物、寄生虫及其组织成分或代谢产物所制成的,用于人工主动免疫的生物制品称为疫苗。疫苗概括起来可分为活疫苗、灭活疫苗、代谢产物疫苗和亚单位疫苗及生物技术疫苗等。

1. 活疫苗 活疫苗又称活苗,分为强毒苗、弱毒苗和异源苗 3 种。

强毒苗是应用最早的疫苗，在我国古代民间用于预防天花的痂皮粉中就有强毒。目前生产中禁止应用强毒苗进行免疫，因为存在散毒的可能性。

弱毒苗是在一定条件下，利用人工诱变使病原微生物的毒力减弱，但仍保持良好的免疫原性，或筛选天然弱毒株或利用失去毒力的无毒株制成的疫苗。弱毒苗具有免疫剂量小、免疫维持时间长、应用成本较低的优点。由于它能在动物体内进行一定程度的增殖，存在散毒的可能性或有一定的组织反应，制成联苗有一定的难度，运输和保存条件要求较高，需要在低温条件下进行，目前大多制成冻干疫苗使用。

异源苗是用具有共同保护性抗原的不同种病毒制成的疫苗，只占活疫苗的极小部分，如用火鸡疱疹病毒疫苗预防鸡的马立克氏病。

2. 灭活疫苗 灭活疫苗即通常所说的死疫苗或死苗，是选择免疫原性强的病原微生物，经人工大量培养后，用理化方法灭活制成的疫苗。灭活疫苗具有使用安全，保存运输方便，容易制成联苗或多价苗的优点，但其免疫剂量较大，免疫维持时间短，免疫效果通常不及活疫苗，在生产中常加入免疫佐剂以提高其免疫效果，经多次注射免疫效果会更好。由于不能在动物体内增殖，所以不存在散毒的可能性。

3. 代谢产物疫苗 代谢产物疫苗是利用细菌的代谢产物（如毒素、酶等）制成的疫苗，可作为主动免疫制剂，如破伤风毒素、肉毒毒素经甲醛灭活后制成的类毒素都具有良好的免疫原性。类毒素是将细菌的外毒素用浓度为0.3%～0.5%的甲醛溶液于37 ℃处理一定时间后，使其脱毒而制成的生物制品。类毒素尽管已失去毒性，但仍保留免疫原性，而且比外毒素本身更加稳定。经加入适量的氢氧化铝凝胶吸附后成为吸附精制类毒素，注入动物体后，可延缓其在机体内的吸收，使免疫效果更持久。

4. 亚单位疫苗 亚单位疫苗指病原体经物理或化学方法处理，除去其无效的毒性物质，提取其有效抗原部分制备的一类疫苗。病原体的免疫原性结构成分包含多数细菌的荚膜和鞭毛、多数病毒的囊膜和衣壳蛋白，以及有些寄生虫虫体的分泌和代谢产物，经提取纯化，或根据这些有效免疫成分分子组成，通过化学合成，制成不同的亚单位疫苗。此类疫苗不含遗传性的物质，具有明确的生物化学特性、免疫活性，而且纯度高、使用安全，不足之处是制备成本较高，如流感血凝素疫苗、牛和犬的巴贝斯虫病疫苗、大肠杆菌的菌毛疫苗及大肠杆菌荚膜多糖亚单位疫苗等。

5. 生物技术疫苗 生物技术疫苗是利用生物技术制备的分子水平的疫苗，包括基因工程亚单位疫苗、基因工程活载体疫苗、基因缺失疫苗、合成肽疫苗等。基因工程亚单位疫苗免疫原性差，生产成本高。基因工程活载体疫苗在一个载体病毒中可同时插入多个外源基因，表达多种病原微生物的抗原，可以起到预防多种传染病的效果，其中，以痘病毒作为载体，是目前研究最多、最深入的一种，又称重组活病毒疫苗。基因缺失疫苗比较稳定，无毒力返祖现象，是效果良好而且安全的新型疫苗。合成肽疫苗安全、稳定，且不需低温保存，可制成多价苗，但工艺复杂，免疫原性较差，故尚未推广。

6. 寄生虫疫苗 理想的寄生虫疫苗不多。目前，国际上推出并收到良好免疫效果的有胎生网尾线虫疫苗、丝状网尾线虫疫苗和犬钩虫疫苗，中国市场上的球虫卵囊疫苗、鸡球虫病四价活疫苗，免疫效果较好。

7. 联苗和多价苗 联苗是指两种或两种以上的微生物或其代谢产物制成的疫苗，如鸡新城疫-传染性支气管炎二联苗、猪瘟-猪丹毒-猪肺疫三联活疫苗等。多价苗是指用同种微生物的不同血清型混合所制成的疫苗，如大肠杆菌多价苗，巴氏杆菌多价苗，口蹄疫O型、A型双价活疫苗等。

（二）免疫血清

动物经反复多次注射同一种病原微生物等抗原后，机体体液，尤其是血清中产生大量抗该抗原的抗体，由此分离得到的血清称为免疫血清，又称高免血清或抗血清。免疫血清免疫持续时间短，只适用于治疗与紧急预防，属于人工被动免疫。临床上应用的抗炭疽血清及破伤风抗毒素均属此类。

Note

（三）诊断液

利用微生物、寄生虫或其代谢产物及含有其特异性抗体的血清所制成的，专供诊断传染病、寄生虫病或其他疾病，以及检测机体免疫状态的生物制品，称为诊断液。诊断液包括诊断抗原和诊断抗体（血清）。诊断抗原包括变态反应性抗原和血清学反应抗原，变态反应性抗原有结核菌素、布氏杆菌素等，血清学反应抗原包括各种凝集试验抗原、沉淀试验抗原、补体结合试验抗原等。诊断抗体包括诊断血清和诊断用特殊性抗体。诊断血清是用抗原免疫动物制成的，如鸡白痢血清、炭疽沉淀素血清等，诊断用特殊性抗体有单克隆抗体、荧光抗体、酶标抗体等。

二、生物制品的应用

（一）免疫学预防

对于动物，尤其是大群饲养动物的传染病应"防重于治"。在预防中最重要的则是疫苗接种。为保证疫苗免疫效果，必须注意以下几个方面。

1. 熟悉疫苗 疫苗种类多，各有优、缺点，适用动物的品种、年龄，保存条件，接种剂量、途径，免疫期，预防的疾病、针对的血清型等各不相同，应用时应切实遵照疫苗的说明。

2. 选择疫苗 选择疫苗的原则如下：①本群或本地区的动物已有过流行或受到威胁，可能发生流行的传染病，应选择相应疫苗进行接种，对当地从未发生也不可能流行的传染病，不必引进疫苗来接种，尤其不要引入那些毒力较强的疫苗或强毒苗（如鸡的传染性喉气管炎强毒肛擦苗），否则存在传播病原微生物的危险，即使引入弱毒苗，也将使以后发生可疑疫病时的血清学诊断复杂化；②对于应该接种的疫苗也要根据动物的品种、年龄，疾病流行情况，针对的血清型选择合适的疫苗。

3. 免疫程序 免疫程序指的是根据当地疫情、动物机体状况（主要是指母源及后天获得的抗体消长情况）以及现有疫苗的性能，选用适当的疫苗，安排在适当的时间给动物进行免疫接种，使动物机体获得稳定的免疫力，简单地说就是免疫计划。免疫程序必须根据本群或本地动物疾病流行规律，动物品种、年龄，母源抗体水平，接种疫苗后抗体维持情况，动物健康状况、生产规律以及疫苗种类、性质、免疫途径、剂量等因素考虑，科学地制订，并最好建立免疫检测方法和制度，根据母源抗体和免疫后抗体水平的情况，随时加以调整。

4. 检查免疫效果 每次接种疫苗后密切检查免疫效果，若发现免疫失败，应分析原因，采取措施，及时补充接种，免疫失败的原因可能有以下几种。

（1）动物方面：母源抗体或前次免疫的抗体水平还很高时接种疫苗，抗体与疫苗结合，相互起消除作用；营养不良或处于应激状态，免疫应答功能降低；患过损伤免疫系统的疾病，对疫苗丧失免疫应答；已潜伏感染强毒病原体，接种弱毒苗起激发作用。

（2）疫苗方面：疫苗中残留或污染强毒；疫苗的血清型与现场病原微生物的血清型不符；疫苗质量差，或过期失效，或活疫苗接触过抗菌药物或消毒药，被大量杀死，例如，有人在临用时，不正确地用酒精或消毒剂消毒接种疫苗的注射器，又如给大量注射抗菌药物或服抗菌药物的动物接种活疫苗。此外，动物漏接种疫苗或接种方法不当，没有真正接种到疫苗或接种量不够也会引起免疫失败。

（3）环境方面：若环境卫生差，存在传染源，如散布出大量毒力强的病原微生物的病死畜，免疫动物仍将感染发病。

（二）免疫学诊断

应用诊断制剂、免疫学试验技术，检测患病动物血清中的特异性抗体或组织中的抗原称为免疫学诊断。免疫学诊断常用于以下两个方面。

1. 对慢性传染病的定期检疫 布氏杆菌病、鸡白痢等慢性传染病，患病动物血清中存在特异性抗体，定期采血，用诊断抗原通过凝集试验，检测出特异抗体阳性的个体，称为定期检疫或普查。有些动物，第一次检查时血清抗体结果可能不明显，列为可疑，可过一段时间再次抽血检查，若抗体水平有明显提高，也可做出明确诊断。

一些以细胞免疫为主的慢性传染病，则可用变应原，做迟发型变态反应试验进行检测。例如结

Note

核病，可定期给动物用结核菌素做皮肤或眼结膜囊的结核菌素试验，检出阳性反应的病畜。

2. 对急性传染病的诊断 急性传染病发病急，有的甚至来不及产生典型症状，病畜已死亡，诊断时常以诊断抗体直接检查病料中存在的抗原，或先分离病原体，再用诊断抗体鉴定抗原。

（三）免疫学治疗

应用抗毒素或免疫血清治疗患相应传染病的动物称为免疫学治疗。应用抗毒素或免疫血清治疗时，应遵循尽早使用，大剂量、重复使用，并防止过敏反应发生的原则。因为一旦毒素与靶细胞结合，病毒感染大量宿主细胞后，抗毒素或免疫血清就失去了中和作用。为防止过敏反应的发生，在使用抗毒素或免疫血清时，应做皮肤试验或用脱敏注射的方法，同时准备肾上腺素等应急的药物。

技能训练

二维码
JX-13

技能训练十三　凝集实验

【目的要求】

掌握凝集试验的操作及结果判定方法，了解凝集试验在生产中的应用。

【仪器与材料】

试管架、试管、吸管(5 mL、1 mL、0.5 mL)、0.5%苯酚生理盐水、生理盐水、玻璃板、微量移液器(带枪头)、待检全血、待检血清、温箱、鸡白痢全血平板凝集抗原、鸡白痢阳性血清、鸡白痢阴性血清、布氏杆菌平板凝集抗原和试管凝集抗原、布氏杆菌标准阳性血清和阴性血清等。

【操作方法与步骤】

1. 鸡白痢快速全血平板凝集试验

(1) 被检鸡血和鸡白痢平板凝集抗原各1滴(约30 μL)滴于玻璃板或载玻片上，用牙签或细玻璃棒充分混合。

(2) 结果判定：在室温(20 ℃)下，观察2 min，出现凝集者为阳性，不凝集者为阴性。

2. 布氏杆菌试管凝集试验

(1) 每份血清用5支试管，另取对照试管3支，置于试管架上，若待检血清多时对照只需做一份。

(2) 按表5-4取0.5%苯酚生理盐水(待检绵羊和山羊血清，则用含0.5%苯酚的10%氯化钠溶液稀释血清和抗原)，第1管加入2.3 mL，2～5管加入0.5 mL，然后另取吸管吸取待检血清0.2 mL，加入第1管中，并反复吹吸3次，将血清与生理盐水充分混匀，吸出1.5 mL弃之，再吸出0.5 mL加入第2管，混匀后吸出0.5 mL加入第3管，依此类推至第5管，混匀后吸出0.5 mL弃去。第6管中不加血清，第7管中加1∶25稀释的布氏杆菌标准阳性血清0.5 mL，第8管中加1∶25稀释的布氏杆菌标准阴性血清0.5 mL(取标准阳性血清、阴性血清应另换吸管)。

表5-4　布氏杆菌试管凝集试验术式表

试管号	1	2	3	4	5	6	7	8
血清稀释倍数	1∶12.5	1∶25	1∶50	1∶100	1∶200	抗原对照	阳性血清 1∶25	阴性血清 1∶25
0.5%苯酚生理盐水/mL	2.3	0.5	0.5	0.5	0.5	0.5	—	—
被检血清/mL	0.2	0.5	0.5	0.5	0.5	—	0.5	0.5
1∶20抗原/mL	0.5	0.5	0.5	0.5	0.5	0.5	0.5	0.5
		弃去1.5 mL				弃去0.5 mL		

(3) 将布氏杆菌试管凝集抗原用0.5%苯酚生理盐水稀释20倍，在各管中分别加入0.5 mL，加完后，充分振荡，放入37 ℃温箱中24 h，取出观察并记录结果。

(4) 结果判定：判定结果时用"+"表示反应的强度。以出现"++"以上凝集现象的最高稀释倍数，作为该血清的凝集价(滴度)。

++++:液体完全透明,菌体完全被凝集成伞状沉于管底,振荡时,沉淀物呈片状、块状或颗粒状,表示菌体100%凝集。

+++:液体稍有混浊,菌体大部分被凝集沉于管底,振荡时情况同上,表示菌体75%凝集。

++:液体呈淡乳白色混浊,管底有明显的凝集沉淀,振荡时有块状或小片絮状物,表示菌体50%凝集。

+:液体混浊,不透明,管底有少许凝集沉淀,表示菌体25%凝集。

-:液体完全混浊,不透明,有时管底中央有一部分圆点状沉淀物,振荡时均匀混浊,表示菌体完全不凝集。

牛、马和骆驼凝集价为1∶100,猪、羊和犬凝集价为1∶50,判为阳性;牛、马和骆驼凝集价为1∶50,猪、羊和犬凝集价为1∶25,判为可疑。

(5) 注意事项。

①被检血清必须新鲜,无溶血现象。

②每次需做阳性血清、阴性血清和抗原3种对照。

③可疑反应的家畜,经3~4周后再采血重新检查,牛和羊仍为可疑判为阳性,猪和马仍为可疑,而畜群中没有病例和大批阳性病畜,则判为阴性。

技能训练十四 沉淀试验

二维码
JX-14

【目的要求】

掌握炭疽环状沉淀试验和琼脂扩散试验的操作和判定标准,明确此试验在生产中的应用。

【仪器与材料】

沉淀试验用小试管、毛细吸管、漏斗、滤纸、乳钵、剪刀、微量移液器(带枪头)、琼脂平板、琼脂打孔器、生理盐水、0.5%苯酚生理盐水、炭疽沉淀素血清、炭疽标准抗原、疑似被检材料(脾、皮张等)、禽流感琼脂扩散抗原、禽流感标准阳性血清、被检血清、pH 7.2 0.01 mol/L PBS等。

【操作方法与步骤】

一、环状沉淀试验

兽医临床进行炭疽尸体与皮张的检验工作中,常用炭疽环状沉淀试验,此试验又称Ascoli氏试验。

1. 待检抗原的制备

(1) 取疑为炭疽死亡动物的实质脏器1 g放入小烧杯中剪碎,加生理盐水5~10 mL,煮沸30 min,冷却后用滤纸过滤使之呈清澈透明的液体,即为待检抗原。

(2) 如待检材料是皮张、兽毛等,可采用冷浸法。先将样品高压灭菌30 min后,皮张剪为小块并称重,加5~10倍的0.5%苯酚生理盐水,置室温浸泡10~24 h,用滤纸过滤2~3次,使之呈清澈透明的液体,此即为待检抗原。

2. 加样 取3支口径为0.4 cm的小试管,在其底部各加约0.1 mL的炭疽沉淀素血清(用毛细滴管加,注意液面勿有气泡)。取其中1支,用毛细滴管将待检抗原沿着管壁轻轻加入,使其重叠在炭疽沉淀素血清之上,上下两液间有一整齐的界面,注意勿产生气泡。另2支小试管,1支加炭疽标准抗原,另1支加生理盐水,方法同上,作为对照。

3. 结果判定 5~10 min内判定结果,上下重叠两液界面上出现乳白色环者,为炭疽阳性。对照组中,加炭疽标准抗原小试管应出现乳白色环,而加生理盐水小试管应不出现乳白色环。

4. 注意 观察结果时,可将一只手放在小试管对侧的适当位置上遮挡光线,有利于看到乳白色沉淀环。

二、琼脂扩散试验

1. 琼脂板制备 称取1 g琼脂粉,加入100 mL生理盐水或8.5% NaCl溶液(禽类),煮沸使之溶解。待溶解的琼脂温度降至60 ℃左右时倒入平板中,厚度为2~3 mm。

2. 打孔　用打孔器在琼脂凝胶板上按7孔梅花图案打孔，孔径3～5 mm，中心孔和周围孔间的距离为3～5 mm。挑出孔内琼脂凝胶，注意不要挑破孔的边缘。

3. 封底　在火焰上缓缓加热，使孔底琼脂凝胶微微融化，防止孔底边缘渗漏。

4. 加样　以毛细吸管(或微量移液器)将样品加入孔内，注意不要产生气泡，以加满为度。

(1) 血清流行病学调查：将禽流感琼脂扩散抗原置中心孔，周围1、3、5孔加禽流感标准阳性血清，2、4、6孔分别加被检血清，每加一个样品应换一个枪头。

(2) 抗血清效价测定：将猪血清(抗原)加入中心孔，将兔抗猪IgG(抗体)作2倍比稀释，即1∶2、1∶4、1∶8、1∶16、1∶32等，分别加至周围孔中；或将小鹅瘟琼脂扩散抗原加入中心孔，周围孔加入1∶2、1∶4、1∶8、1∶16、1∶32等稀释的小鹅瘟抗血清。

(3) 抗原检测：将兔抗猪IgG(抗血清)加入中心孔，将待测抗原(猪血清、鸡血清、兔血清、牛血清、羊血清等)置于周围孔中；或将鸡传染性法氏囊病阳性血清加入中心孔，周围孔加鸡传染性法氏囊病琼脂扩散抗原(或待检法氏囊组织浸提液)。

5. 反应　将琼脂凝胶板加盖保湿，置于37 ℃温箱，24～48 h后，判定结果。

6. 结果判定

(1) 血清流行病学调查：待检孔与阳性孔出现的沉淀带完全融合者判为阳性，待检血清无沉淀带或所出现的沉淀带与阳性对照的沉淀带完全交叉者判为阴性。

(2) 抗血清效价测定：以出现沉淀带的血清最高稀释倍数为抗血清的琼脂扩散试验(AGP)效价。

(3) 抗原检测：兔抗猪IgG与猪血清孔之间有明显沉淀带，与其他血清孔之间不形成沉淀带；鸡传染性法氏囊病阳性血清与鸡传染性法氏囊病琼脂扩散抗原孔之间出现沉淀带，如与待检法氏囊组织浸提液孔之间出现沉淀带，说明该法氏囊组织中有鸡传染性法氏囊病病毒抗原。

技能训练十五　酶联免疫吸附试验(ELISA)

【目的要求】

掌握ELISA的基本操作步骤，了解猪瘟抗体检测的意义。

【仪器及材料】

酶标仪、酶标板、微量移液器(带枪头)、猪瘟病毒、猪瘟标准阳性血清、猪瘟标准阴性血清、待检血清、兔抗猪IgG酶标抗体、pH 9.6碳酸盐缓冲液(包被液)、洗涤液(PBS-T)，BSA(牛血清白蛋白)、封闭液、稀释液、底物溶液、3%双氧水、2 mol/L硫酸溶液、邻苯二胺(OPD)、柠檬酸盐缓冲液等。

【操作方法与步骤】

本试验采用间接ELISA，以猪瘟抗体的检测为例。

(1) 包被：用pH 9.6碳酸盐缓冲液稀释猪瘟病毒抗原至1 μg/mL，以微量移液器每孔加样100 μL，置湿盒内37 ℃包被2～3 h。

(2) 洗涤：以PBS-T冲洗酶标板，共洗3次，每次5 min。

(3) 封闭：用微量移液器在每孔内加封闭液200 μL，置湿盒内37 ℃封闭3 h。

(4) 洗涤：重复第(2)步。

(5) 加待检血清：每孔加100 μL PBS-T，然后在酶标板的第1孔加100 μL待检血清，用微量移液器反复吹吸几次混匀，吸100 μL加至第2孔，依次倍比稀释至第12孔，第12孔弃去100 μL，置湿盒内37 ℃作用2 h。

(6) 洗涤：重复第(2)步。

(7) 加酶标抗体：用PBS-T将兔抗猪IgG酶标抗体稀释至工作浓度，每孔加100 μL，置湿盒内37 ℃作用2 h。

(8) 洗涤：重复第(2)步。

(9) 加底物显色：取 10 mL 柠檬酸盐缓冲液，加 OPD 4 mL 和 3% 双氧水 100 mL，每孔加 50 μL，置湿盒内避光显色 10 min。

(10) 终止反应：每孔加 2 mol/L 硫酸溶液 100 μL 终止反应。

(11) 结果判定：以酶标仪检测样品的 OD 值(波长 490 nm)，先以空白孔调零，当 OD 值≥2.1 即判断为阳性。

注意：每块酶标板均须在最后一排的后 3 孔设立阳性对照、阴性对照和空白对照。

附：常用试剂的配制

(1) 包被液(0.05 mol/L pH 9.6 碳酸盐缓冲液)：Na_2CO_3，1.59 g；$NaHCO_3$，2.93 g；蒸馏水，1000 mL。

(2) 缓冲液(0.01 mol/L pH 7.4 PBS-T)：NaCl，8.0 g；KH_2PO_4，0.2 g；Na_2HPO_4，2.9 g；KCl，0.2 g；蒸馏水，1000 mL。

(3) 洗涤液(0.01 mol/L pH 7.4 PBS-吐温-20)：吐温-20，0.5 mL；0.01 mol/L pH 7.4 PBS，1000 mL。

(4) 封闭液(1% BSA-PBS-T)：BSA，1.0 g；PBS-T，100 mL。

(5) 底物缓冲液(pH 5.0 磷酸盐-柠檬酸盐缓冲液)：柠檬酸，4.6656 g；Na_2HPO_4，7.2988 g；蒸馏水，1000 mL。

(6) 底物溶液(临用前新鲜配制，配后立即使用)：邻苯二胺(OPD)，40 mg；3% 双氧水，0.15 mL；底物缓冲液，100 mL。

(7) 终止剂(2 mol/L 硫酸溶液)：H_2SO_4，22.2 mL；蒸馏水，177.8 mL。

复习思考题

1. 名词解释：免疫、先天性免疫、获得性免疫、传染、补体、溶菌酶、抗原、免疫应答、体液免疫、细胞免疫、抗体、血清学试验、变态反应、生物制品、疫苗。
2. 简述传染发生必须具备的条件。
3. 简述免疫的基本功能。
4. 简述补体的生物学特点及功能。
5. 简述中枢免疫器官的组成及功能。
6. 简述外周免疫器官的组成及功能。
7. 简述免疫应答基本过程。
8. 简述抗体种类及功能。
9. 简述抗体产生的一般规律。
10. 简述疫苗使用的注意事项。

项目六　微生物的其他应用

项目目标

【知识目标】

1. 了解单细胞蛋白饲料、微生物发酵饲料、青贮饲料、微生物酶制剂、微生态制剂的主要用途。

2. 了解青贮饲料制作过程中微生物的作用。

3. 了解养殖场粪污对环境的危害以及微生物处理养殖场粪污的方法。

【能力目标】

1. 能应用青贮饲料制作相关理论知识正确进行青贮饲料的生产与保存。

2. 能正确使用各类微生态制剂与产品。

3. 能科学进行养殖场粪污处理。

【素质与思政目标】

1. 培养学生应用理论知识科学指导养殖生产实践的能力。

2. 培养学生生态养殖、无抗养殖的理念，严格执行环境保护相关法律法规。

3. 培养学生关注动物福利、尊重生命的基本态度和与动物和谐共处的人文思想。

案例引入

王某曾经是某养猪场分厂厂长，有5年工作经历，现准备自己创业，在老家开办养猪场，在进行环保评估过程中，遇到了不少问题。其中，采用何种粪污处理设备及如何进行科学合理控制以达到排污要求最让他感到困惑。

问题：如何在工作中解决此问题？如何进行科学合理环境控制以达到排污要求？

二维码 6-1

任务一　单细胞蛋白饲料

单细胞蛋白(SCP)又称微生物蛋白或菌体蛋白，是利用工、农业生产的下脚料，如酿造业的废液、造纸木材水解液、玉米淀粉水、石油天然气中的副产品等作为培养基，培养酵母菌、霉菌、藻类和非病原细菌等单细胞生物体，然后经过净化干燥处理后制成，是食品工业和饲料工业的重要蛋白质来源。

单细胞蛋白具有营养价值高、生产速度快、产量高、易工厂化生产、原料来源广等优点。其蛋白质含量一般占菌体干物质的40%～80%，且氨基酸种类齐全，特别是富含植物饲料中缺乏的赖氨酸、蛋氨酸和色氨酸，因此动物的消化率较高，可达85%～90%。微生物的增殖速度是猪、牛、养等动物的千万倍，且生产过程不受季节等因素的影响。在生产过程中使用的原料价格低廉、利用率低或不经处理污染环境，而通过微生物发酵可变废为宝，还有利于保护环境，其种类如下。

Note

（一）酵母饲料

将酵母培养在工、农业的副产品制成的饲料中称为酵母饲料，其是单细胞蛋白的主要产品。酵母饲料的粗蛋白含量可达50%～60%，必需氨基酸含量与优质豆饼相似，其中赖氨酸、蛋氨酸和胱氨酸水平与鱼粉相当，矿物质元素锌、硒和铁含量也较高，常作为畜禽蛋白质的添加饲料。

常用的酵母有产朊假丝酵母、热带假丝酵母、啤酒酵母和球拟酵母等。用于生产酵母饲料的原料广泛，如亚硫酸盐纸浆废液、废糖蜜、粉浆水等，也可用农作物秸秆、玉米芯、糠壳、棉籽壳、锯末、油饼、粉渣、酒糟等。

制造酵母饲料的方法是在原料中加入适量的无机含氮物，液体原料需要通入足够的空气，使酵母在pH 4.5～5.8及适宜的温度下迅速繁殖。如将其中的酵母分离出来，经干燥、磨碎，就能得到纯酵母粉。

（二）霉菌饲料

用于生产霉菌饲料的霉菌主要有根霉、曲霉、白地霉、青霉和木霉。霉菌菌丝生长较慢且易污染，因此必须在无菌条件下培养。去除培养基后的霉菌细胞蛋白的营养价值与酵母饲料相似。

（三）石油蛋白饲料

以石油或天然气为碳源生产的单细胞蛋白饲料称为石油蛋白饲料，又称烃蛋白饲料。以石油或石蜡为原料时主要接种解脂假丝酵母、热带假丝酵母等，以天然气为原料时接种嗜甲基微生物。

（四）藻类饲料

人工培养螺旋蓝藻、小球藻等微型藻类作为畜禽饲料，即为藻类饲料。藻类细胞中蛋白质占干重的50%～70%，脂肪含量达干重的10%～20%，营养价值比其他任何未浓缩的植物蛋白都高。藻类通过光合作用形成碳水化合物，因此需要二氧化碳及光能，与培养微生物的程序不同。它们的繁殖速度比高等植物快，对太阳能的利用能力比高等植物高几倍。虽然培养藻类需要一定的面积，但它们生产所需的碳源和能源都是易得到的二氧化碳和太阳能，并且可以和环境保护巧妙地结合起来，所以在生产上有重要的价值。

任务二　微生物发酵饲料

二维码 6-2

微生物发酵饲料是指将各种原料或全价配合饲料经过微生物发酵处理，使其有毒、有害或抗营养物质被分解或转化，形成有利于动物消化、吸收的生物饲料。微生物发酵饲料根据其用于发酵的饲料成分不同，可分为全价发酵饲料、发酵浓缩料、发酵豆粕、发酵棉籽饼（粕）、发酵菜籽饼（粕），还有用工业废弃物如甜菜渣、啤酒渣、玉米渣、蔗渣等制成的发酵饲料。按发酵微生物不同，微生物发酵饲料可分为曲霉发酵饲料、纤维素酶解饲料、瘤胃液发酵饲料和担子菌发酵饲料等。

微生物发酵饲料含有较多的纤维分解菌、半纤维分解菌、微生物酶，在发酵过程中不但能将畜禽难以消化吸收的粗蛋白质、粗纤维等大分子物质分解转化成易消化吸收的葡萄糖、氨基酸和维生素等小分子营养物质，而且能消除饲料原料中如棉酚等抗营养因子，降解部分有毒物质，产生促生长因子，从而提高饲料的消化吸收率和营养价值。在发酵过程中，高硬度的纤维也能得以软化，产生酸香味从而改善其适口性，并提高诱食性。另外，生物发酵饲料中的有益微生物还能杀死病原菌，维持动物体内微生态平衡，增强机体的免疫力，具有一定的防病治病功能。

中华人民共和国农业农村部发布的第194号文明确规定，2020年12月31日后流通使用的饲料不得含有促生长类药物饲料添加剂。养殖场要维持生产效益就要制订对应的替抗方案。有研究表明，发酵饲料、酶制剂、微生态制剂等产品具有部分与抗生素相同的作用，因此，它们作为替抗产品越来越受到行业的青睐。目前市场上用于饲料发酵的菌种主要是乳酸杆菌、芽孢杆菌、酵母和霉菌。

（一）乳酸杆菌

乳酸杆菌是一类能利用可发酵碳水化合物产生大量乳酸的细菌的统称。这类细菌无芽孢，厌氧，革兰染色阳性，耐酸性环境，在自然界分布广泛，大部分是人体及动物体内必不可少的菌群。嗜酸乳杆菌、德氏乳杆菌、罗伊氏乳杆菌和干酪乳杆菌是饲料工业中常用的乳酸杆菌。乳酸杆菌发酵饲料可以提高饲料的营养价值和利用率，在乳酸杆菌蛋白酶的作用下，能够将饲料中的蛋白质分解为小分子活性肽和氨基酸。在发酵过程中，乳酸杆菌可产生大量乳酸，降低 pH，还能分泌细菌素，抑制饲料或畜禽肠道中致病微生物的生长。

（二）芽孢杆菌

芽孢杆菌属一类好氧或兼性厌氧、革兰染色阳性、能够产生芽孢的杆状细菌。在畜禽饲料中应用较为广泛的品种为枯草芽孢杆菌。该菌是好氧菌，有较强的生物夺氧能力；具有较强的抗逆性，在对发酵饲料进行加工时能耐高温；能产生多种酶，如蛋白酶、淀粉酶、纤维素酶等，这些酶能够水解饲料中植物细胞的细胞壁，使细胞中的营养物质释放出来，并消除饲料中的抗营养因子；作为饲料添加剂可调节肠道微生物菌群，促进动物生长发育。

（三）酵母

酵母作为单细胞真核微生物，富含蛋白质、糖类、维生素、酶以及生长因子等物质，在食品和饲料中广泛应用。酵母在发酵饲料时，一方面通过自身繁殖来增加饲料原料中的营养物质含量，另一方面通过产生的酶类将饲料原料中大分子物质降解为可直接吸收利用的小分子营养物质来提高饲料利用率。酵母在发酵过程中还会产生酒香味或苹果芳香味，提升饲料风味，从而提高动物采食量。

（四）霉菌

霉菌是丝状真菌的总称，菌落呈绒毛状、絮状和蛛网状，在发酵过程中能产生丰富的酶系。《饲料添加剂品种目录(2013)》中规定，可以使用的霉菌品种为黑曲霉和米曲霉。黑曲霉和米曲霉产生的酶系较全，有酸性蛋白酶、糖化酶、淀粉酶、纤维素酶、果胶酶等。酸性蛋白酶作用的 pH 与动物胃中的 pH 相近，可弥补动物胃蛋白酶的不足；糖化酶的功能是将淀粉酶水解淀粉形成的小分子糊精进一步水解成葡萄糖，可在动物幼仔酶活力不足的阶段补充糖化酶，促进幼仔的生长，提高淀粉成分的利用率；纤维素酶和果胶酶能分解植物组织，使营养物充分暴露而易被分解。

二维码 6-3

任务三　青贮饲料

青贮饲料是指玉米秸秆、牧草等青绿饲料在厌氧条件下，经过微生物发酵作用而调制成的饲料，其颜色黄绿、气味酸香、柔软多汁、适口性好，是一种易加工、耐贮藏、营养价值高的饲料。青贮技术的出现主要是为了在保证饲草的适口性和营养价值前提下，尽可能延长饲草的保存时间，目前常用于牛、羊养殖。

（一）青贮饲料中的微生物及其作用

天然植物体上附着有多种微生物，有的能产生大量乳酸，有益于青贮；有的则消耗乳酸或进行蛋白质腐败作用等，降低青贮饲料的品质。

1. 乳酸杆菌　乳酸杆菌是青贮饲料中最重要的细菌，包括乳酸链球菌、胚芽乳酸杆菌、棒状乳酸杆菌等，是一类兼性厌氧菌。乳酸链球菌兼性厌氧，要求 pH 为 4.2～8.6；乳酸杆菌为专性厌氧菌，要求 pH 为 3.0～8.6。它们能分解青贮原料中的可溶性碳水化合物产生乳酸，使饲料的 pH 急剧下降，从而抑制腐败菌或其他有害菌的繁殖，起到防腐保鲜作用。乳酸杆菌不含蛋白水解酶，但能利用饲料中的氨基酸作为其氮源，其合成的菌体又能为畜禽提供氮源。

2. 酵母　在青贮初期的有氧及无氧环境中，酵母能迅速繁殖，分解糖类产生乙醇，使青贮饲料产生良好的香味。随着氧气的耗尽和乳酸的积累，酵母的活动很快停止。

3. 丁酸菌 丁酸菌是一类革兰阴性、严格厌氧的梭状芽孢杆菌。它们分解糖类产生丁酸和气体；将蛋白质分解成胺类及有臭味的物质；还破坏叶绿素，使青贮饲料带有黄斑。因此，丁酸菌会严重影响青贮饲料的营养价值和适口性，其含量是评价青贮饲料品质的重要指标。丁酸菌不耐酸，在 pH 4.7 以下时不能活动。

4. 肠道杆菌 肠道杆菌是一类革兰阴性、无芽孢的兼性厌氧菌，以大肠杆菌和产气杆菌为主。它们在生长过程中消耗青贮饲料的碳水化合物，还使蛋白质腐败分解，从而降低青贮饲料的营养价值。

5. 腐败菌 凡能强烈分解蛋白质的细菌统称为腐败菌，包括枯草杆菌、马铃薯杆菌、腐败梭菌、变形杆菌等。大多数腐败菌能强烈地分解蛋白质和碳水化合物，并产生臭味和苦味，严重降低青贮饲料的营养价值和适口性。但这些细菌在低 pH 环境中不会产生腐败作用，只有当青贮调制不当时才会导致此类细菌大量繁殖。

6. 其他微生物 青贮原料因密封不严或装填不实而有较多空气时，霉菌、纤维素酶分解菌、放线菌等可生长而使饲料发霉变质，甚至产生毒素。

（二）青贮各时期微生物的活动

青贮饲料中微生物的活动主要包括 4 个时期。

1. 预备发酵期 预备发酵期也称耗氧期，指青贮饲料环境从有氧变为无氧的阶段。最初，需氧和兼性厌氧微生物在青贮窖中生长繁殖，其中腐败菌、霉菌在此时活动最强烈，但随着微生物和植物细胞的呼吸作用，氧气耗尽，腐败菌、霉菌、酵母和肠道菌等需氧菌生长受到抑制，乳酸杆菌等厌氧菌开始迅速繁殖。此阶段持续时间越长，好氧菌数量就越多，营养损失就越多，毒素含量也越多。

2. 发酵竞争期 此阶段主要是厌氧微生物的繁殖和竞争。厌氧微生物种类较多，主要有乳酸杆菌和丁酸菌，其中乳酸杆菌能否占主要地位，是青贮成败的关键。因此，必须尽快创造乳酸杆菌发酵所需的厌氧、低 pH 环境，以控制有害微生物的繁殖。

3. 酸化成熟期 先是乳酸链球菌占优势，随着酸度的增加，乳酸杆菌开始占主导地位，其他微生物停止活动或死亡。当乳酸积累到含量为 1.5%～2%，pH 为 4.0～4.2 时，青贮饲料制作成熟，进入稳定期，在该时期青贮饲料可长期保存。

4. 青贮开窖期 开窖使用后，由于空气进入，好氧微生物（如霉菌）利用青贮饲料的营养成分进行发酵和产热，而引起青贮饲料品质败坏的现象称为二次发酵。故开窖后的青贮饲料应连续、尽快用完，每次取用后用薄膜盖紧，尽量减少青贮饲料与空气的接触。

（三）影响乳酸菌发酵的因素

1. 原料含糖量 玉米、高粱、甘薯等比豆科作物含糖量高，易于青贮。一般来说，原料含糖量应不低于青贮原料重量的 1%～2%。若原料含糖量低，可添加糖渣、酒糟等。

2. 原料含水量 原料的适宜含水量是 65%～75%。水分不足，则原料不易压实而好氧菌大量繁殖，容易使青贮饲料腐烂；水分过多，会抑制乳酸杆菌的生长，引起丁酸菌活动过强，降低饲料品质。

3. 原料切割长度 原料切割是为了减少原料间的空隙，易于空气排净，为厌氧菌发酵创造良好的条件。原料过长，会导致原料张力过大，不易压实，残留空气过多影响无氧发酵。原料过短，则会影响牛羊消化。青贮的切割长度一般为 2～3 cm。

4. 厌氧环境 将原料压实、密封是青贮成功的关键，必要时可采用推土机或拖拉机碾压。

5. 添加剂 添加纤维素酶、淀粉酶等微生物酶制剂，可促进乳酸杆菌发酵。添加 0.2%～0.3%甲酸、甲酸钙、焦硫酸钠或 0.6%～1.2%甲醛等，可防止二次发酵。添加 0.5%尿素，能提高青贮饲料的产酸量和蛋白质含量。

Note

二维码 6-4

任务四　微生物酶制剂

微生物酶制剂是由非致病性微生物产生的酶做成的制剂。

（一）微生物酶制剂的种类及作用

动物生产中使用的微生物酶制剂根据其所含酶的种类可分为外源性消化性酶和非消化性酶。消化性酶可由动物消化道合成和分泌，主要包括淀粉酶、蛋白酶、脂肪酶等；非消化性酶指动物消化道不能分泌的酶，主要包括非淀粉多糖酶(NSPE)和植酸酶等。

1. 外源性消化性酶　主要包括蛋白酶、淀粉酶、脂肪酶等。在幼龄动物消化机能发育不完全，年老动物消化酶分泌功能降低和受到应激或疾病感染后的动物引起消化酶分泌紊乱等情况下，饲料中添加外源性消化性酶可补充内源性消化性酶的不足，同时能激活内源性消化性酶的分泌，增强动物消化吸收的能力，进而提高畜禽生产性能和饲料利用率。

2. 非淀粉多糖酶　包括纤维素酶、木聚糖酶、壳聚糖、β-葡聚糖酶、β-甘露聚糖酶、α-半乳糖苷酶、果胶酶等。非淀粉多糖酶能破坏植物细胞的细胞壁，有利于细胞内淀粉、蛋白质和脂肪的释放，促进畜禽的消化吸收，另外还能减少肠道后段及粪便中的不良分解产物，降低环境中氨气和硫化氢浓度，有利于净化环境。纤维素酶能分解可溶性非淀粉多糖，降低食糜的黏性，减少有害微生物的繁殖。β-甘露聚糖酶将甘露聚糖分解为甘露寡糖，不仅能消除甘露聚糖的抗营养作用，生成的甘露寡糖还能改善动物胃肠道的微生态环境，促进有益菌繁殖。

3. 植酸酶　植物性饲料中都含有1%～5%的植酸盐，它们含有占饲料总磷量60%～80%的磷。植酸盐非常稳定，而单胃动物不分泌植酸酶，难以直接利用饲料中的植酸盐。植酸酶能催化饲料中植酸盐的水解反应，一方面使其中的磷以无机盐的形式释放出来被单胃动物所吸收，另一方面使得与植酸盐结合的锌、铜、铁等微量元素及蛋白质释放，进而提高动物对植物性饲料的利用率。植酸酶还能降低粪便含磷量约30%，减少磷对环境的污染。

4. 酯酶和环氧酶　玉米赤霉烯酮、单孢菌素是饲料在潮湿环境下产生的微生物毒素。酯酶能破坏玉米赤霉烯酮，环氧酶能分解单孢菌素，生成无毒降解产物。

5. 葡萄糖氧化酶和溶菌酶　葡萄糖氧化酶和溶菌酶是新型的酶制剂产品，具有杀菌抑菌的功能。葡萄糖氧化酶是一种需氧脱氢酶，能氧化分解β-D-葡萄糖生成葡萄糖酸和过氧化氢，同时消耗大量氧气。饲料中添加葡萄糖氧化酶能改善肠道健康，提高饲料利用率，因其氧化葡萄糖不但能消耗胃肠道的氧气创造厌氧环境，氧化生成的葡萄糖酸还能降低胃肠道 pH，而酸性和厌氧环境都有利于抑制病原菌(如大肠杆菌、沙门氏菌、巴氏杆菌、葡萄球菌、弧菌等)的生长。另外，反应产生一定量的过氧化氢也具有广谱杀菌作用，为绿色生态养殖提供了一条途径。

溶菌酶是一种对细菌细胞壁有水解作用的蛋白质，其水解对象是细菌细胞壁的肽聚糖，因此作用对象主要为革兰阳性菌。溶菌酶也是生物体内重要的非特异性免疫因子之一，可以增强巨噬细胞的吞噬和消化能力，诱导其他免疫因子的合成和分泌。有研究表明，饲料中添加溶菌酶能改善动物的生产性能，增强动物的非特异性免疫功能等。

（二）微生物与微生物酶制剂的生产

微生物酶制剂一般来源于霉菌、细菌的发酵培养物。不同的菌种产生的酶种类不同，如木霉分泌纤维素酶、木聚糖酶、β-葡聚糖酶，曲霉分泌α-淀粉酶、蛋白酶、植酸酶、果胶酶、半纤维素酶。因此，生产酶制剂时，首先要选育菌种，然后在液态基质中发酵培养，经过过滤、提取、浓缩、粉碎等环节处理制成。

Note

（三）微生物酶制剂的应用

1. 作为饲料添加剂 饲料中加入微生物酶制剂能弥补动物消化酶的不足，促进动物对饲料的消化和利用，明显提高动物的生产性能。淀粉酶、蛋白酶适用于肉食动物、猪崽、肉鸡、断奶羔羊和犊牛等；纤维素酶主要用于育肥猪和泌乳奶牛；木聚糖酶主要用于泌乳奶牛；植酸酶常用于多种草食动物，但反刍类瘤胃中能产生植酸酶，可以不用。

2. 微生物饲料的辅助原料 用含糖量低的豆科植物制作青贮饲料时，加入淀粉酶或纤维素酶制剂，能将部分多糖分解为单糖，促进乳酸杆菌的活动，同时降低果胶含量，提高青贮饲料的质量。

3. 用于饲料脱毒 应用酶法可以除去棉籽饼中的棉籽酚等毒素，酯酶和环氧酶制剂能分解饲料中的玉米赤霉烯酮和单孢菌素。

4. 防病保健，保护环境 纤维素酶对反刍动物前胃弛缓和马属动物消化不良等症具有一定防治效果。酶制剂改善了动物肠道内环境，减少了有害物质的吸收和排泄，降低了空气中氨、硫化氢等有毒气体的浓度，有利于保护人和动物的生存环境，促进健康。

任务五 微生态制剂

二维码 6-5

微生态制剂是指一类可通过有益的微生物活动或相应的有机物质，帮助宿主建立起新的肠道微生物区系，以预防疾病、促进生长的添加剂。根据其组成不同，可将其分为益生菌、益生元和合生元3类。益生菌是指对机体有益的微生物活菌制剂，如乳酸杆菌、双歧杆菌等。益生元指某些不被动物吸收，但能选择性地促进宿主消化道内有益微生物的生长，从而对宿主有益的饲料或食品中的一些功能制剂，如功能性寡糖（低聚糖）中的木糖和果糖等。合生元是指益生菌和益生元的混合制品，同时具有以上两种制剂的作用。

（一）微生态制剂的作用

1. 调整微生态平衡，防治疾病 微生态制剂主要通过结构性竞争和营养性竞争来抑制肠道致病性微生物的生长。致病性微生物如致病性大肠杆菌，通过菌体表面的菌毛吸附于肠黏膜上皮，从而侵入上皮细胞，引起猪崽白痢、黄痢。通过服用微生态制剂，使具有相同结构的非致病菌先于致病菌吸附于肠上皮细胞，使致病菌进入肠道后无法定植而被排出体外，这就是微生态制剂对致病性微生物的结构性竞争作用。微生态制剂中的微生物一般有较强的耗氧能力，进入肠道后能消耗氧气来抑制致病性微生物的需氧呼吸，从而发挥抗病作用，这就是微生态制剂的营养竞争性作用。

通过对鸡、猪等动物肠道微生物群进行的定位、定性和定量研究表明，动物体内微生物菌群与动物的年龄、生理状态及外界环境等有关。如果微生物菌群的平衡被打破（如抗生素等药物作用、动物受到应激等），就会导致微生态失调，易引起致病性微生物入侵。利用健康动物肠道的正常微生物制成微生态制剂，并处理未患病的幼龄动物，能使幼龄动物迅速建立合理的微生物区系，降低对某些致病性微生物的易感性，达到防病目的，这在雏鸡白痢、猪崽白痢的预防中已得到证实。给患病动物服用微生态制剂，能抑制致病性微生物的进一步活动，使动物加速恢复健康。

2. 提供营养物质 微生态制剂中的许多菌体本身就含有大量营养物质，并能代谢产生多种有机酸，合成多种维生素等营养物质。例如乳酸杆菌能合成多种维生素供动物吸收，并产生有机酸降低胃肠道 pH，加强肠道蠕动，同时有利于激活胃蛋白酶，促进常量及微量元素（如铁、锌等）的吸收。另外，一些酵母有富集微量元素的作用，并能将其由无机态转变为动物易消化吸收的有机态。

3. 提高饲料利用率 微生态制剂还能在动物体内产生各种消化酶，提高饲料转化率。如芽孢杆菌可分泌蛋白酶、脂肪酶、淀粉酶、纤维素酶、葡聚糖酶等，能增强畜禽对植物性饲料的消化吸收。用芽孢杆菌和乳酸杆菌等产酸型益生菌饲喂动物后发现，动物小肠黏膜皱褶增多，绒毛加长，黏膜陷窝加深，小肠吸收面积增大，从而提高饲料的利用率。

4. 调节机体免疫功能 由于动物体内正常微生物群对机体的免疫系统具有重要的刺激作用，应用微生态制剂可刺激动物肠黏膜免疫细胞，提高机体的体液免疫和细胞免疫反应，增强局部的免疫功能，提高对致病菌的防御能力，防止疾病的发生。

（二）微生物与微生态制剂

用于制造微生态制剂的微生物菌种可来源于动物体内的正常微生物群，也可以是自然界的非致病性微生物，主要包括细菌、真菌、放线菌或藻类。菌种筛选时，一般先分析已知微生物菌种对致病性微生物的体外抑菌效果，再据此确定微生态制剂所需的菌种。《饲料添加剂品种目录(2013)》中列举的种类，如酿酒酵母、地衣芽孢杆菌、枯草芽孢杆菌、凝结芽孢杆菌、粪肠球菌、屎肠球菌等，都是目前在饲料生产中常用的菌种。

EM是"有效微生物群"的英文首字母缩写，是一种新型多功能复合微生态制剂，主要由光合细菌、双歧杆菌、乳酸杆菌、放线菌、酵母菌、醋酸杆菌及发酵系列的丝状菌等80多种好氧性和厌氧性正常微生物组成，兼有重建正常菌群和调整肠道营养的双重作用，不仅用作动物的饲料添加剂，而且能使农作物增产。EM养殖技术已广泛应用于猪崽、肉羊、家禽等生产中。

微生态制剂一般应密封保存在阴凉、干爽的环境，最好的保存温度为5～15 ℃，并避免与抗生素混用或接触消毒剂，导致微生态制剂中的活菌被杀死。在动物的不同生长时期，微生态制剂的使用效果不尽相同，一般幼龄动物使用效果较好，其他阶段如果动物没有相关疾病则使用效果不明显。

二维码 6-6

任务六 微生物与养殖场粪污处理

随着我国畜牧业的快速发展，养殖业的集约化程度日益扩大，畜禽粪便污染问题也越来越突出，由规模化养殖场所造成的环境污染问题，已引起社会各界的极大关注。

养殖场粪污是指畜禽养殖过程中产生的废弃物，主要包括粪、尿、垫料、冲洗水、动物尸体、饲料残渣和臭气等。由于废弃物中垫料和饲料残渣所占比重很小，动物尸体通常是单独收集和处理，臭气产生后即挥发，因此在养殖场粪污处理过程中一般不考虑这些物质，而主要考虑畜禽粪、尿及其冲洗水形成的混合物。根据粪污中水分含量高低，可将粪污分为固体、半固体、粪浆和液体4种形态。

无害化处理和资源化利用是养殖场粪污处理的基本方向。微生物处理技术因环保、科学合理逐步受到人们的重视。目前，微生物处理养殖场粪污的方法主要包括固体粪便堆肥发酵技术、发酵床养殖技术和沼气发酵技术等。

一、固体粪便堆肥发酵技术

固体粪便堆肥发酵技术是指在人工控制水分、碳氮比(C/N)和通风条件的情况下，通过微生物作用，对固体粪便中的有机物进行降解，使之矿质化、腐殖化和无害化的过程。堆肥过程中的高温不仅可以杀灭粪便中的各种病原微生物和杂草种子，使粪便达到无害化，还能生成可被植物吸收利用的有效养分，具有改良和调节土壤作用。堆肥发酵处理后可将粪便"变废为宝"，在解决粪便污染环境问题的同时，还能生产有机肥。堆肥发酵技术运行费用较低、处理量大、无二次污染，因而被广泛使用。

堆肥分好氧和厌氧堆肥。好氧堆肥是在通气的情况下，依靠专性和兼性好氧微生物的作用，使有机物降解的生化过程，其分解速度快、周期短、异味少、有机物分解充分。厌氧堆肥是在不通气的条件下，依靠专性和兼性厌氧微生物的作用，使有机物降解的过程。该方法分解速度慢、发酵周期长，且堆制过程中易产生臭气。因此，目前主要采用好氧堆肥法。

堆肥过程其实是微生物种群和数量不断变化的过程，是微生物对有机物的不断降解，同时实现微生物自身不断增殖的过程。堆粪过程受温度、有机质、总养分、水分、pH等各种因素的影响。温度

Note

系列变化是堆肥成功与否的重要指标，微生物在堆肥过程中发挥着重要作用，使堆肥出现升温、高温、降温、腐熟保温等阶段。堆肥通过接种微生物菌剂，可以明显提高堆肥初期的发酵温度，加快堆肥物料的水分挥发，改变粪便中的微生物数量，使堆肥温度上升得快，高温维持时间长，缩短堆肥发酵周期，促进堆肥快速腐熟，提高有机肥腐熟质量。常用于接种的菌剂有芽孢杆菌、酵母菌、放线菌、黑曲霉、乳酸杆菌、白腐菌、木霉和链霉菌等。堆肥发酵菌剂一般是多种菌株组成的复合发酵菌剂，不同的菌株具有不同的功能。嗜热芽孢杆菌、地衣芽孢杆菌、凝结芽孢杆菌、黑曲霉等具有提高发酵温度的作用，放线菌、丝状真菌和酵母菌等具有去除臭味的作用，枯草芽孢杆菌、链霉菌、木霉、白腐菌等具有分解纤维素的作用。

二、发酵床养殖技术

发酵床养殖是利用好氧和厌氧微生物对粪尿中的有机物进行降解、转化，结合地面垫料平养的饲养方式，使动物排泄的粪尿免于清扫，就地发酵、降解成为有机肥的养殖模式，也称厚垫料养殖等。目前，在我国主要应用于生猪、肉鸡、肉鸭饲养。

发酵床是指微生物发酵菌剂按一定比例与锯末或木屑、辅助材料、活性剂、食盐等混合发酵制成有机复合垫料。按动物与垫料是否接触可分为接触型垫料和非接触型垫料。接触型垫料的使用方法是将动物直接饲养在发酵床之上，让动物群体直接与垫料接触。通过人工定期的翻动、搅拌以及动物的翻拱、踩踏使动物排泄的粪尿与垫料均匀混合，垫料中微生物将对粪尿进行分解、转化。另外，随着垫料中有益微生物不断繁殖，形成高蛋白的菌丝，被畜禽食入后，可以改善其肠道生态环境，有利于动物对饲料的消化吸收。非接触型垫料是在接触型垫料的基础上结合漏缝地板进行使用，漏缝地板将动物群体与发酵床隔离开，使动物不与垫料直接接触，其排泄的粪尿，通过漏缝地板落到下层发酵床上，再通过机械搅拌使粪尿与垫料均匀混合，保持垫料松散和适宜的发酵环境，实现粪尿的降解。

发酵床的发酵过程是通过不同温区活性菌种的相互配合、多种功能菌群系统的分工协作，由多种物质参与化学转化的复杂的生物化学反应过程。因此，理想的发酵床功能菌群要具备自身活力强大、休眠性好、对粪尿降解效率高、不产生明显有害物质等特点。目前，发酵床功能菌剂主要来源有两方面，一是土著菌种，即在当地落叶和腐殖质丰厚区域采集土壤中的土著菌种，进行培养扩繁生产菌剂；二是商品菌剂，由专业化公司提供的商业化产品，其菌种较土著菌种更丰富，一般包含光合细菌、乳酸杆菌、酵母、芽孢杆菌、醋酸杆菌、双歧杆菌、放线菌等好氧有益微生物。需注意的是，由于各专业化公司选择的原始菌种、生产菌剂工艺不同，各类商品菌剂的使用方法、适用条件也会存在差异，在实际生产中要注意区分。发酵床功能菌剂使用时一般要先用麸皮、玉米粉或米糠等预稀释，一是确保菌剂与垫料混合均匀，二是为菌群提供快速复活、发酵的高浓度营养物质。

三、沼气发酵技术

沼气发酵技术是指在无氧的条件下，依靠专性和兼性厌氧微生物将粪污中的有机物转化成沼气（甲烷和二氧化碳）的畜禽粪污处理方式。沼气发酵技术能有效杀死粪污中的病原微生物，产生的沼气可以转化为热能、电能。另外，沼气发酵后的沼渣和沼液含有丰富的微量元素和氨基酸，有较高的营养价值，俗称沼肥，在种植业和养殖业得到较为广泛的应用。

沼气发酵要经历 3 个阶段：第一阶段为水解阶段，该阶段兼性厌氧菌和发酵性细菌将原料中的较大分子水解成可溶于水的有机酸和醇类等；第二阶段为酸化阶段，产氢产乙酸菌将水解阶段产生的有机酸和醇类继续分解成简单的有机酸，同时产生氢气和二氧化碳；第三阶段为甲烷化阶段，产甲烷菌将酸化阶段生成的小分子物质转化为甲烷和二氧化碳气体，即发酵的最终产物沼气。

沼气的形成是一个微生物代谢的过程，因此良好的发酵菌种是沼气发酵的必备条件。沼气发酵微生物主要包括水解发酵性细菌、产氢产乙酸菌和产甲烷菌。其中，水解发酵性细菌主要有纤维素分解菌、半纤维素分解菌、淀粉分解菌、蛋白质分解菌和脂肪分解菌等，主要参与沼气发酵的第一阶

Note

段，将纤维素、半纤维素、蛋白质和脂肪等大分子分解为小分子脂肪酸及醇类等中间产物。产氢产乙酸菌在沼气发酵过程中起着承上启下的重要作用，将水解发酵性细菌代谢产生的小分子脂肪酸及醇类等进一步降解为乙酸、氢气和二氧化碳，而产甲烷菌又能将酸化阶段产生的氢气、二氧化碳和乙酸进一步代谢为甲烷。产甲烷菌处于沼气发酵食物链的末端，是沼气发酵的核心菌群。该菌是一种厌氧细菌，对氧十分敏感，在生长、发育、繁殖、代谢等生命活动中不需要空气，空气中的氧气会使其生命活动受到抑制，甚至死亡，所以修建沼气池要严格密闭，不漏水，不漏气。沼气发酵技术处理畜禽粪污对设备要求高，基础设施投入大，所需成本较高。

复习思考题

1. 名词解释：青贮饲料、发酵饲料、微生态制剂。
2. 简述青贮饲料中的微生物种类及其作用。
3. 简述微生物酶制剂的种类及作用。
4. 简述微生态制剂的作用与使用过程中的注意事项。
5. 简述微生物处理养殖场粪污的方法。

Note

参考文献

[1] 陆承平. 兽医微生物[M]. 5 版. 北京:中国农业出版社,2013.
[2] 杨汉春. 动物免疫学[M]. 2 版. 北京:中国农业大学出版社,2011.
[3] 李舫. 动物微生物与免疫技术[M]. 3 版. 北京:中国农业出版社,2019.
[4] 黄静芳,黄加忠,孙中文. 微生物与免疫学基础[M]. 镇江:江苏大学出版社,2012.
[5] 胡桂学,陈金顶,陈培富. 兽医微生物学实验教程[M]. 3 版. 北京:中国农业大学出版社,2022.
[6] 张红英. 动物微生物学[M]. 4 版. 北京:中国农业出版社,2017.
[7] 裴春生,张进隆. 动物微生物免疫与应用[M]. 北京:中国农业大学出版社,2014.
[8] 李凡,徐志凯. 医学微生物学[M]. 9 版. 北京:人民卫生出版社,2018.
[9] 白惠卿,安云庆,鲁凤民. 医学免疫学与微生物学[M]. 5 版. 北京:北京大学出版社,2014.
[10] 蔡凤,祝继英,陈明琪. 微生物学与免疫学[M]. 3 版. 北京:科学出版社,2015.
[11] 潘丽红,高江原. 医学免疫学与病原生物学[M]. 2 版. 北京:科学出版社,2014.
[12] 肖纯凌,吴松泉. 病原生物学和免疫学[M]. 8 版. 北京:人民卫生出版社,2018.
[13] 刘文辉,田维珍. 免疫学与病原生物学[M]. 4 版. 北京:人民卫生出版社,2018.
[14] 韩文瑜,雷连成. 高级动物免疫学[M]. 北京:科学出版社,2016.
[15] 郭鑫. 动物免疫学实验教程[M]. 2 版. 北京:中国农业大学出版社,2017.
[16] 杭柏林,胡建和,徐彦召,等. 畜牧微生物学[M]. 北京:科学出版社,2017.
[17] 赵良仓. 动物微生物及检验[M]. 2 版. 北京:中国农业出版社,2009.
[18] 陈金顶,黄青云. 畜牧微生物学[M]. 6 版. 北京:中国农业出版社,2017.